准噶尔盆地油气勘探开发系列丛书

准噶尔盆地油气田典型油气藏

（准东北部分册）

中国石油新疆油田公司 编

石油工业出版社

内 容 提 要

本书以准噶尔盆地准东北部5个油气田不同类型的典型油气藏为重点解剖对象，从区带油气田勘探开发历程、勘探经验与启示、油气藏典型石油地质特征和开发现状等几个方面进行了系统的研究和总结，并以图件为主、图注为辅的形式进行展示。该书兼容了专著、图册和志书的特点，具有简练直观、快速入门和查询方便的功能，同时，兼具专业工具书和培训教材的特点。

本书可供从事油气勘探开发和石油地质研究领域的科研人员及相关院校师生学习和参考。

图书在版编目（CIP）数据

准噶尔盆地油气田典型油气藏. 准东北部分册 / 中国石油新疆油田公司编. — 北京：石油工业出版社，2020.12

（准噶尔盆地油气勘探开发系列丛书）

ISBN 978-7-5183-4393-5

Ⅰ.①准… Ⅱ.①中… Ⅲ.①准噶尔盆地 – 油气藏 Ⅳ.① P618.13

中国版本图书馆 CIP 数据核字（2020）第 229541 号

出版发行：石油工业出版社
（北京安定门外安华里2区1号　100011）
网　　址：www.petropub.com
编辑部：（010）64523543　　图书营销中心：（010）64523633
经　　销：全国新华书店
印　　刷：北京中石油彩色印刷有限责任公司

2020年12月第1版　2020年12月第1次印刷
889×1194毫米　开本：1/16　印张：12.75
字数：280千字

定价：180.00元
（如出现印装质量问题，我社图书营销中心负责调换）
版权所有，翻印必究

准噶尔盆地油气田典型油气藏
（准东北部分册）

编 委 会

主　　任：支东明

副 主 任：宋　永

委　　员：朱　明　郭旭光　梁则亮

编写项目组

组　　长：李学义

副 组 长：王屿涛

编写人员：李艳平　高新峰　邹红亮　杨迪生
　　　　　黄　芸　任江玲　马万云　杨思迪
　　　　　李　婷　胡　鑫　李　雷　李世宏
　　　　　伍菁华　张　进　肖　燕　曹元婷

前言 / FOREWORD

准噶尔盆地油气资源丰富，油气藏类型多样。经历了60多年的勘探开发，截至2019年底，共发现油气田33个。其中，按油气藏圈闭成因类型可划分为构造油气藏、岩性油气藏、地层油气藏和混合型油气藏；按油气藏岩性可划分为砾岩油气藏、砂岩油气藏和火山岩油气藏；按原油性质可划分有稀油油藏、稠油—超稠油油藏和凝析油气藏；按勘探开发难度和连续油气藏成藏理论可划分为常规油气藏和非常规油气藏等。因此，准噶尔盆地是目前国内陆上油气资源量当量超百亿吨且油气藏类型最为丰富的含油气盆地之一。

为了全面总结和再现准噶尔盆地不同类型油气田和油气藏的石油地质特征、勘探开发历程，并为今后深化油气勘探开发提供可借鉴的经验和可类比的资料，同时，也为后人留下珍贵的、可追溯的油气藏勘探开发历史印记，《准噶尔盆地油气田典型油气藏》以准噶尔盆地腹部、南缘、东部和西北缘四大区带和33个油气田为基础，选择不同类型的典型油气藏为重点解剖对象，即分区带、油气田、油气藏三个层次并以勘探开发图件为主、图注（知识点）为辅的展现形式进行归纳和提炼。

该套丛书分七个分册进行编纂，即腹部分册、南缘分册、准东北部分册、准东南部分册、西北缘克拉玛依油田分册、西北缘红—车—拐分册、西北缘乌—夏—玛湖分册。本书综合了知识点的提炼和勘探开发历程的追溯、经验与认识的总结以及地质图件展示的特点，是一部通俗易懂、快速入门、简练直观、查询方便的专业工具书，又是一部抚今追昔、育人成才的教科书和培训教材，可为从事油气勘探开发研究的科研人员提供重要的参考和启迪。

西南石油大学路俊刚，新疆侏罗纪石油技术开发有限公司谢鹏鲲、陶正桦，新疆油田公司准东采油厂为本书提供了部分图件、实验数据和资料，在此一并致谢。

本分册自启动编写以来，得到国家油气重大专项"准噶尔前陆冲断带油气成藏、关键勘探技术及新领域目标优选"（编号：2016ZX05003-005），"准噶尔盆地致密气地质评价与勘探目标优选"（编号：2016ZX05047-001-004）和中国石油天然气股份有限公司新疆重大科技专项"准噶尔盆地天然气藏主控因素及关键技术研究与应用"（编号：2017E-0403）课题的资助。

由于笔者水平有限，加之对该专著内容和形式的创新编纂，不妥之处在所难免，敬请读者批评指正。

目录 / CONTENTS

第一章　准噶尔盆地准东北部概况 …………………………………………………… 1

第二章　火烧山油田 …………………………………………………………………… 5

　第一节　地质概况及勘探开发历程 ………………………………………………… 5

　第二节　火烧山背斜二叠系平地泉组油藏 ………………………………………… 13

　第三节　火南背斜二叠系平地泉组油藏 …………………………………………… 31

第三章　彩南油田 ……………………………………………………………………… 46

　第一节　地质概况及勘探开发历程 ………………………………………………… 46

　第二节　彩9井区侏罗系三工河组、西山窑组油藏 ……………………………… 52

　第三节　彩31井区侏罗系西山窑组油气藏 ………………………………………… 72

第四章　五彩湾气田 …………………………………………………………………… 89

　第一节　地质概况及勘探开发历程 ………………………………………………… 89

　第二节　彩25井区、彩201井区石炭系气藏 ……………………………………… 93

第五章　滴水泉油田 …………………………………………………………………… 108

　第一节　地质概况及勘探开发历程 ………………………………………………… 108

　第二节　滴12井区侏罗系八道湾组油藏 …………………………………………… 114

　第三节　滴20井区侏罗系八道湾组油藏 …………………………………………… 132

第六章　沙北油田……………………………………………………… 150

　第一节　地质概况及勘探开发历程……………………………………… 150

　第二节　沙19井区侏罗系西山窑组油藏………………………………… 155

　第三节　沙20井区侏罗系西山窑组油藏………………………………… 172

参考文献……………………………………………………………… 190

第一章　准噶尔盆地准东北部概况

地理特征

准噶尔盆地准东北部位于卡拉麦里（又称克拉美丽）山前带，主体在新疆阜康市、福海县、富蕴县、吉木萨尔县、奇台县境内，东西长约125km，南北约90km。地表为沙漠、丘陵、戈壁覆盖，植被很少，地面海拔550～790m。冬夏温差悬殊，夏季干热，最高气温超过40℃，冬季严寒，最低气温低于−40℃，年平均降水量小于200mm。卡拉麦里山有蹄类野生动物自然保护区，有国家保护动物野马、野驴和随处可见的鹅喉羚，还有狼、兔和候鸟等。216国道从该区通过，阜康市至彩南油田公路、彩南至火烧山油田及彩南至石西油田、克拉玛依市的沥青公路，分别与国道316、国道217连接，交通便利（图1-1）。

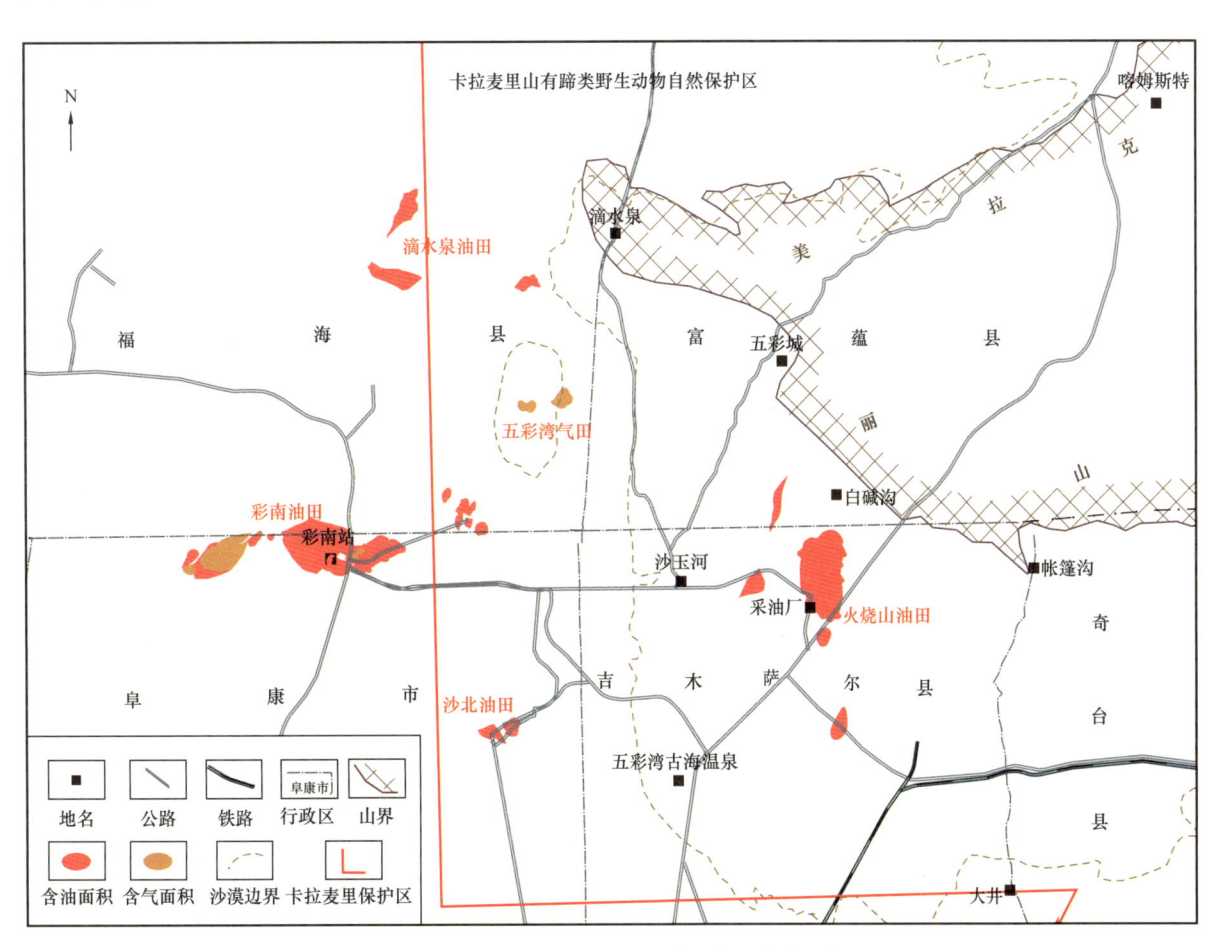

● 图1-1　准噶尔盆地准东北部地理与行政区划图

资源状况

准东北部探区勘探面积约 $1.1 \times 10^4 \text{km}^2$，根据中国石油天然气股份有限公司第四次油气资源评价结果，石油资源量为 $2.19 \times 10^8 \text{t}$，占盆地石油总资源量的 2.74%；天然气资源量为 $644 \times 10^8 \text{m}^3$，占盆地天然气总资源量的 2.79%；致密油资源量为 $3.20 \times 10^8 \text{t}$，占盆地致密油总资源量的 16.20%（图 1-2）。截至 2018 年，累计探明原油地质储量 $12.57 \times 10^8 \text{t}$，探明率为 23.30%；累计探明天然气储量为 $35.18 \times 10^8 \text{m}^3$，探明率为 5.50%，处于油气勘探的早中期（图 1-3）。目前发现有火烧山油田、彩南油田、五彩湾气田、滴水泉油田及沙北油田 5 个油气田。

(a) 常规石油资源占比　　(b) 天然气资源占比　　(c) 致密油资源占比

● 图 1-2　准噶尔盆地准东北部油气资源量占比图

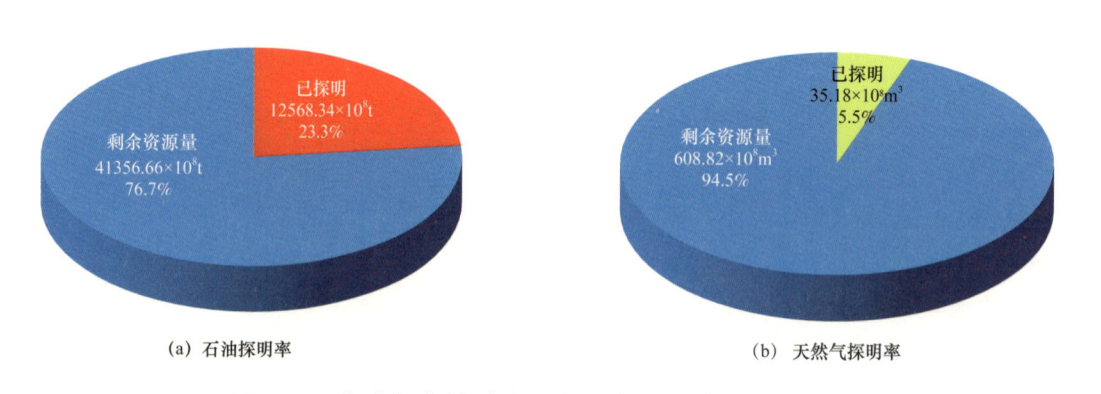

(a) 石油探明率　　(b) 天然气探明率

● 图 1-3　准噶尔盆地准东北部油气资源探明程度示意图

地质特征

准东北部探区构造上包括东部隆起的五彩湾凹陷、沙帐断褶带、石树沟凹陷、黄草湖凸起、石钱滩凹陷及沙奇凸起西段、中央坳陷的白家海凸起东北部及陆梁隆起的滴南凸起东段（图 1-4）。该区地层整体沉积较全，石炭系—古近系均有发育。其中滴南凸起东段缺失二叠系、三叠系，侏罗系八道湾组与石炭系直接接触，头屯河组局部剥蚀尖灭；白家海凸起东段缺失中—下二叠统；五彩湾凹陷北部缺失三叠系；沙帐断褶带西部因剥蚀强烈而缺失二叠—三叠系；沙帐断褶带东部缺失侏罗系、白垩系；石钱滩凹陷东部因构造抬升缺失白垩系。该区经历了二叠系—三叠系断陷挤压、侏罗系坳陷拉张及白垩系—新近系坳陷萎缩三大构造演化阶段，形成了深层古生界—三叠系逆断层和中—浅层侏罗—白垩系正断层两大断裂系统，深层断裂为油源断裂，中—浅层断裂为油气运移和遮挡断裂。该区气源岩为石炭系松喀尔苏组上段，油源岩主要为二叠系平地泉组及侏罗系煤系烃源岩。石炭系烃源岩自三叠纪末开始生气，中—晚侏罗世大量生气；平地泉组生油岩于侏罗纪开始生油，侏罗纪—白垩纪是其主要生烃期。该区发育石炭系火山岩气藏，五彩湾凹陷、白家海凸起均有发现；二叠系主要为构造、构造—岩性油藏，分布在沙帐断褶带，白家海凸起等二叠系尖灭带也将地层型圈闭作为勘探目标；侏罗系整体为向南西倾斜的单斜，发育北东向、北西向两组断裂，构成断层背斜或断层岩性圈闭油气藏。断裂、圈闭和成藏聚集期匹配关系良好（图1-5、图1-6）。

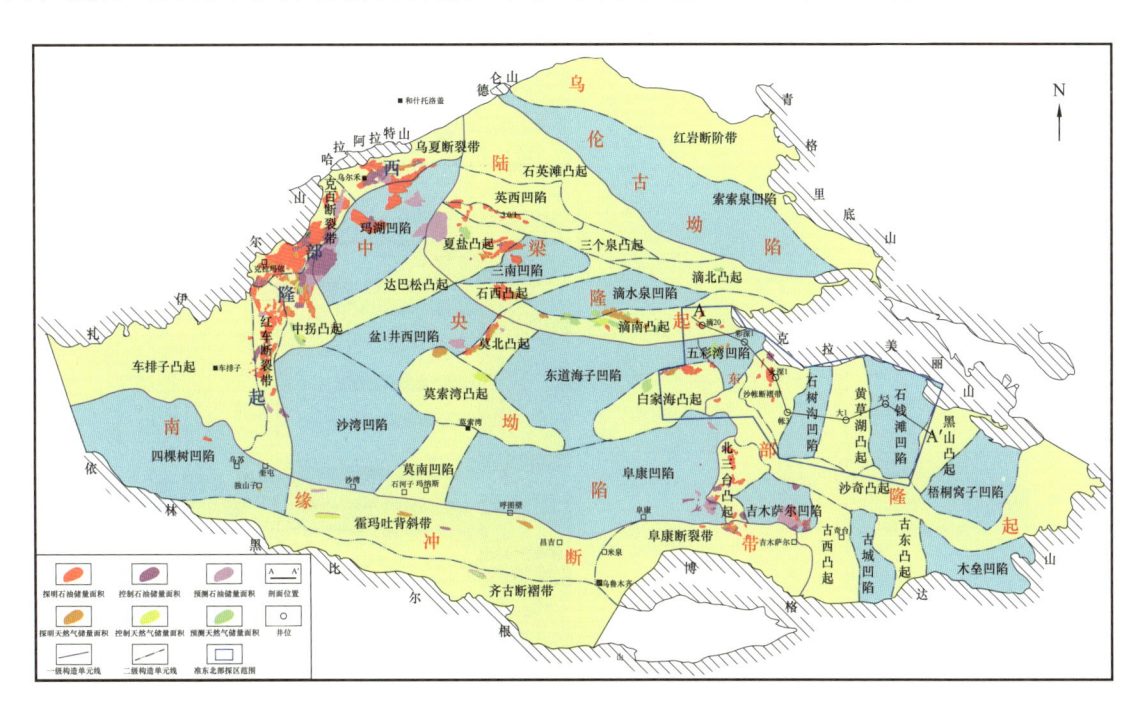

图1-4 准噶尔盆地构造单元及油气藏分布图

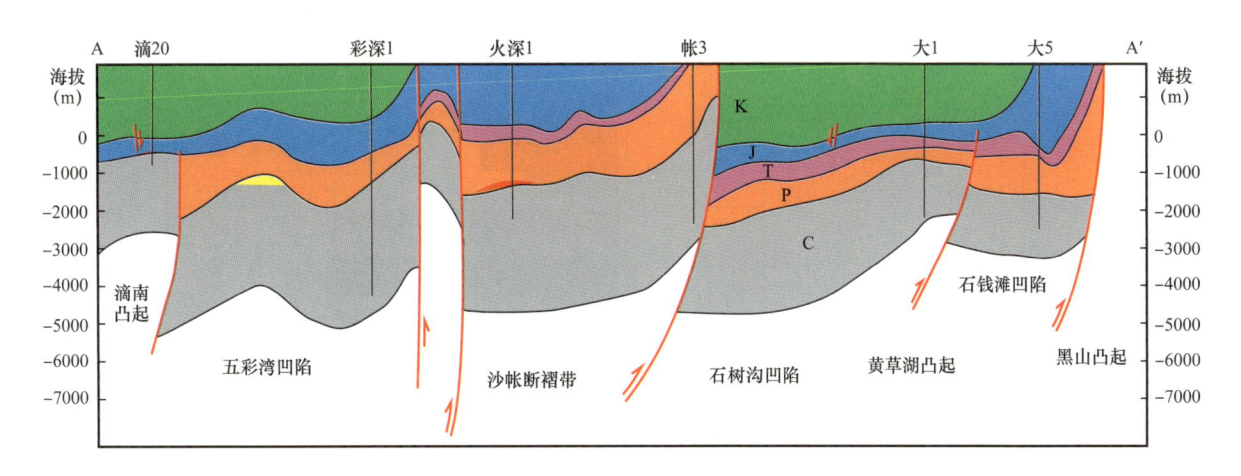

图1-5 过滴20井—彩深1井—火深1井—帐3井—大1井—大5井成藏示意图

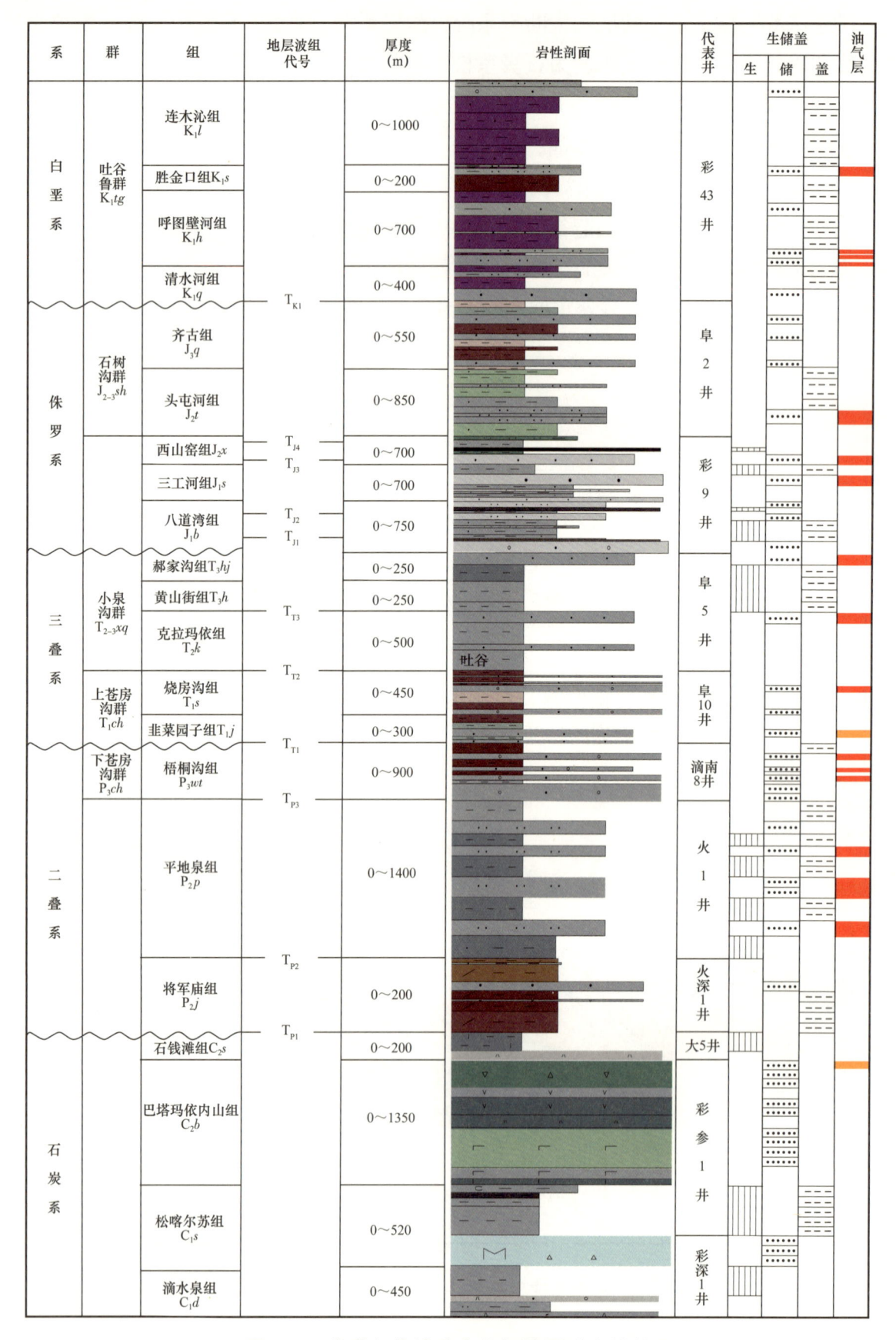

系	群	组	地层波组代号	厚度(m)	岩性剖面	代表井	生储盖 生 储 盖	油气层
白垩系	吐谷鲁群 K_1tg	连木沁组 K_1l		0~1000		彩43井		
		胜金口组 K_1s		0~200				
		呼图壁河组 K_1h		0~700				
		清水河组 K_1q		0~400				
侏罗系	石树沟群 $J_{2-3}sh$	齐古组 J_3q	T_{K1}	0~550		阜2井		
		头屯河组 J_2t		0~850				
		西山窑组 J_2x	T_{J4} T_{J3}	0~700		彩9井		
		三工河组 J_1s		0~700				
		八道湾组 J_1b	T_{J2} T_{J1}	0~750				
三叠系	小泉沟群 $T_{2-3}xq$	郝家沟组 T_3hj		0~250		阜5井		
		黄山街组 T_3h	T_{T3}	0~250				
		克拉玛依组 T_2k		0~500				
	上苍房沟群 T_1ch	烧房沟组 T_1s	T_{T2}	0~450		阜10井		
		韭菜园子组 T_1j		0~300				
	下苍房沟群 P_3ch	梧桐沟组 P_3wt	T_{T1}	0~900		滴南8井		
二叠系		平地泉组 P_2p	T_{P3}	0~1400		火1井		
		将军庙组 P_2j	T_{P2}	0~200		火深1井		
石炭系		石钱滩组 C_2s	T_{P1}	0~200		大5井		
		巴塔玛依内山组 C_2b		0~1350		彩参1井		
		松喀尔苏组 C_1s		0~520				
		滴水泉组 C_1d		0~450		彩深1井		

图1-6 准噶尔盆地准东北部地层综合柱状图

第二章 火烧山油田

第一节 地质概况及勘探开发历程

一、地质概况

火烧山油田地处准噶尔盆地古尔班通古特沙漠以东50km，克拉美丽山南麓，南距吉木萨尔县城100km，西南距乌鲁木齐市210km，距阜康市120km。位于昌吉回族自治州吉木萨尔县境内。在构造区划上位于准噶尔盆地东部隆起沙帐断褶带（图1-4）。地表为丘陵荒漠，植被很少，平均地面海拔590～600m，西南低东北高。216国道从油田旁穿过，交通较为便捷。

地层自下而上发育石炭系（C），二叠系将军庙组（P_2j）、平地泉组（P_2p）、下苍房沟群（P_2ch），三叠系上苍房沟群（T_1ch）、小泉沟群（$T_{2-3}xq$）、侏罗系八道湾组（J_1b）、三工河组（J_1s）、西山窑组（J_2x）、石树沟群（$J_{2-3}sh$），白垩系吐谷鲁群（K_1tg）。其中侏罗系石树沟群及白垩系吐谷鲁群遭受剥蚀，零星分布。石炭系与二叠系、二叠系与三叠系、三叠系与侏罗系、侏罗系与白垩系为区域性不整合。

至2018年底，火烧山油田由火烧山、火南、火8井区、沙东1井区、沙东2井区共5个油藏组成（表2-1）。含油层系为二叠系平地泉组中—下部。平地泉组一段、二段发育深灰色泥岩与粉砂岩互层，夹油页岩和白云岩，泥岩与油页岩为烃源岩、粉砂岩与白云岩为储层，这套自生自储的含油层系被称为火烧山含油层系，以H表示。自上而下分为H_1、H_2、H_3、H_4四套开发层系。火烧山背斜四套含油层系均有分布，沙东1井区、沙东2井区含油层为H_3、火南背斜含油层为H_4（图2-1）。

表2-1 火烧山油田探明储量汇总表

油藏	层位	储量类别	计算面积（km²）	探明储量 原油（10⁴t）	探明储量 溶解气（10⁸m³）	油藏类型
火烧山	P_2p	探明已开发	34.9	5438.63	32.54	构造—岩性
火南	P_2p	探明已开发	3.7	265.08	0.15	构造
火8井区	P_2p	探明已开发	2.0	47.83	0.29	构造—岩性
沙东1井区	P_2p	探明已开发	2.8	113.52	0.57	构造—岩性
沙东2井区	P_2p	探明已开发	3.9	282.78	1.41	构造—岩性
合计			47.3	6147.84	34.96	

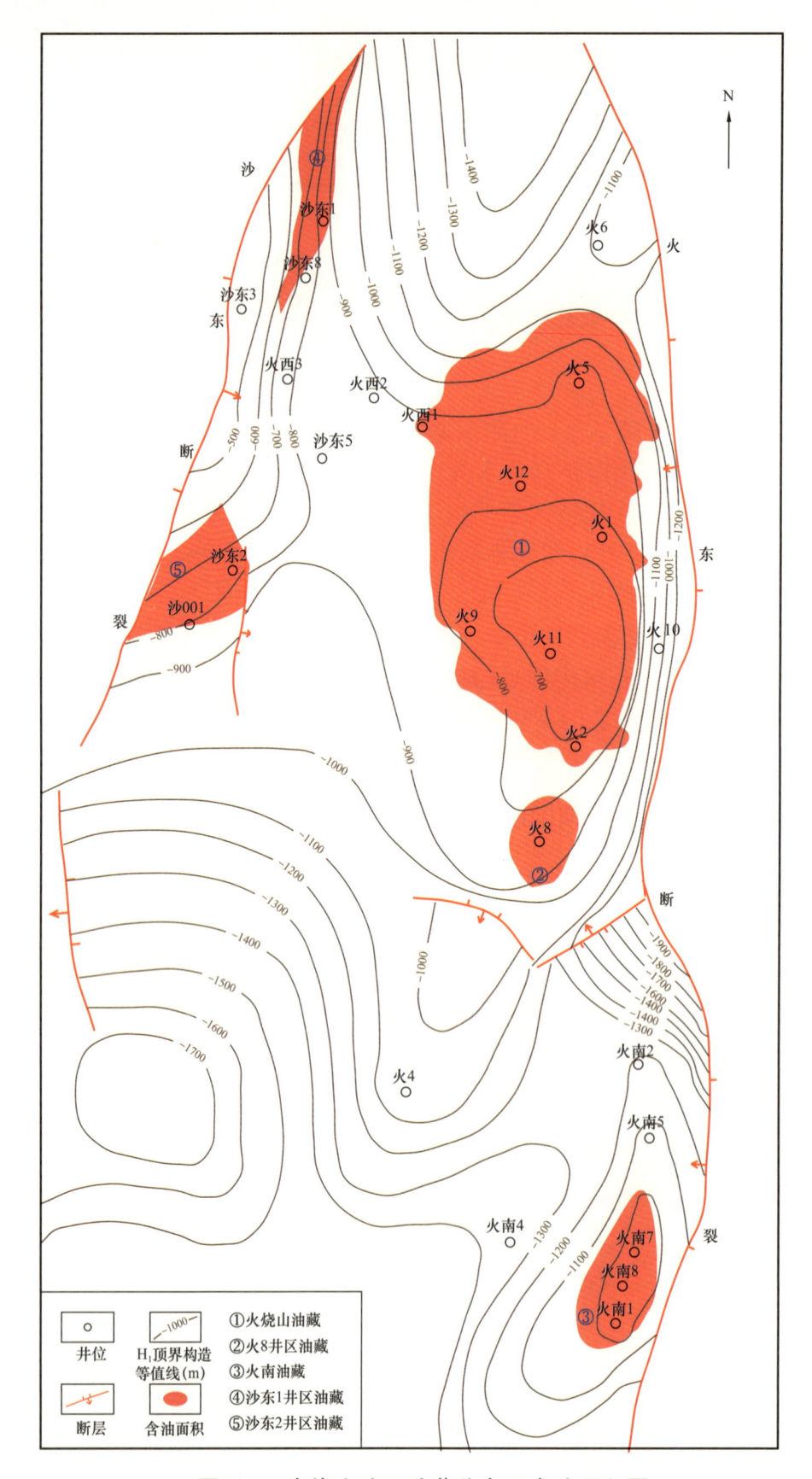

图 2-1 火烧山油田油藏分布及含油面积图

二、勘探历程

(一)地面调查阶段(1955—1980年)

火烧山油田的发现与盆地东部地面地质调查息息相关。准噶尔盆地东部克拉美丽山区规模全面的地面调查始于20世纪50年代。1955年地质矿产部631队在克拉美丽山前西部区域进行了1:50万、1:20万的石油地质普查,发现了沙丘河、帐篷沟等背斜及沙丘河油砂。1956年开始由新疆石油管理局主持本区的勘探工作,完成了1:5万的地质详查和1:20万的重磁力调查,以及部分地区的电法和光点地震、水文地质调查。测制了相应的工区地形图,划分了地层单元,查清了二叠系和中生界的地表出露状况,明确了红山背斜等28个构造,发现了120余条断裂。发现的火烧山鼻状构造是位于帐篷沟鼻状构造和沙丘河鼻状构造之间的一个小鼻状构造,长12~15km,宽2.5~3km,在八道湾组中—上部及以上地层显现。地面调查发现油气显示分布于帐篷沟构造以西及西南地带,以东至煤窑一带地面未发现任何油气直接显示,认为油源与中央地台区二叠系生油岩相关,肯定了优良烃源岩的存在及烃源岩中同时发育优良的砂层储集体。在沙丘河构造及以西地区,发现直接超覆在二叠系之上的八道湾组砂岩中形成了饱含油的油砂,绵延数平方千米。帐篷沟构造轴部平地泉组裂缝充填了黑色的沥青脉,平地泉组泥岩荧光显示8级,初步认定平地泉组为生油层,岩性可与南缘二叠系油页岩对比。这一时期围绕地面油气显示较好的沙丘河及帐篷沟构造,钻了6口浅探井(沙2井、沙4井、沙5井、沙7井、沙11井、帐10井),进尺3995.03m,沙丘河构造井下八道湾组底部砂岩见油气显示,帐篷沟构造帐10井二叠系底部发现沥青脉。

1964年,对前期勘探成果进行了比较系统的研究,确定了中二叠统是主力烃源岩,对有利的含油区块进行了全面评价,认为五彩湾凹陷是最有利的含油领域。随后由于南疆会战该区的研究工作暂停。

1978年该区的勘探工作再次提上日程,1980年6月新疆石油管理局成立《准噶尔盆地生油岩评价及油源对比》课题研究组,与南京古生物研究所专家一起深入东部,进行地质调查。历时两个多月,途经北山煤窑、石树沟、老鹰沟、老山沟、帐篷沟、西大沟抵达火烧山。所获资料证明东部二叠系、石炭系拥有良好生油构造,为后来大规模的地质勘探、地质详查提供了可靠的依据。

(二)地震勘探阶段(1980—1982年)

1980年10月新疆石油管理局在盆地东部克拉美丽山前开展大网格地震概查,至1982年共完成2800km的地震测线,形成了12km×15km的地震概查测网。地震解释新发现了火南构造、火东断裂。火南构造长20km,宽4km,走向南北转北东—南西，闭合度290m，东翼伴生一逆断层——火东断裂。构造处于帐北隆起带的相对低洼处，中—下侏罗统及三叠系、二叠系保存较完整，未遭强烈剥蚀，油气保存条件好。在M015这条北东方向穿越克拉美丽山前的地震剖面上，还发现二叠系向克拉美丽山前加厚的新情况，山前独立存在一个二叠系的生油凹陷，面积约2500km²。1982年2月，新疆石油管理局成立盆地勘探研究大队，对盆地内的地震大剖面做系统分析和综合研究，确认在古生代二叠纪时盆地东部是南北两个独立的沉积盆地，北部为大井凹陷，南部为昌吉凹陷，两个凹陷构造、地质演化史不同，油气分布也有不同。中生代时（二叠纪末）准噶尔盆地东部逐步形成一个统一的沉积盆地，这是准噶尔东部勘探认识上的一大飞跃，为火烧山油田的发现奠定了认识基础。

（三）钻探发现阶段（1983—1988年）

1983年3月18日火南背斜构造二叠系高点上火南1井开钻，5月1日在二叠系平地泉组获得含油岩心，7月1日射孔后自喷获工业油流，机抽试产19.5t/d，发现火南油藏。随后在翼部、斜坡直至构造低处开展部署，以期用最少的井迅速控制含油范围。然而到1983年下半年，构造高度不同的3口探边井（火南2井、火南3井、火南4井）显示虽好，但均未获得工业油流，仅构造最低的火南3井获日产1.19t的低产油流。火南1井产层为平地泉组中—下部，岩性为泥岩、细砂岩、粉砂岩薄互层，储层为孔隙型泥质粉砂岩和细砂岩，裂缝被油浸，泥岩断面见朵状油斑，地球化学指标证明泥岩为良好的生油岩，泥岩抽提物与原油的特征参数及色质图谱一致，表明油藏是自生自储的。

火南1井含油砂层薄而致密，油层能量有限，按地震剖面分析，沉积坳陷在以北方向；按沉积物源方向判断，往北砂层增多、厚度增大，储层条件变好。1983年在确认火烧山地区二叠系背斜圈闭形态完整，轴向南北，长7.9km，宽3.4km，闭合面积17.64km²，闭合差130m，是生油坳陷中心很难得的一个圈闭，决定于构造顶部部署火1井，同时在沙东断块部署沙东1井和沙东2井，在火烧山鞍部部署火西1井。1984年3月火1井开钻，9月在平地泉试油3层，获日产12~33t工业油流，发现火烧山油田，准东新油区勘探获重大突破。随后火西1井、火2井、火5井、火7井、火9井、火11井、火12井相继出油。火烧山利用三年时间，7口探井，13487.07m进尺获得远大于构造闭合范围的41.4km²含油面积，在没有统一油水界面的平地泉一段和二段多层油藏中，共获得控制储量8749×10⁴t。至1987年底已投注2口，投产12口，平均日产量23.5t。1988年3月，审定火烧山油田探明地质储量6741×10⁴t，含油面积40.7km²。

三、勘探经验与启示

（一）平地泉组生油层系的确立是火烧山油田发现的关键

1979年以前，准噶尔盆地的勘探开发领域，受勘探技术、设备的限制，仅以盆地西北缘地区为主。广阔的盆地腹部（主要被沙漠覆盖）、东部和南缘（山前复杂构造带）均未有发现。1980年开展的准噶尔盆地东部的新区勘探，涉及的范围达 $2\times10^4\text{km}^2$。以往仅打过4口2000多米深探井和16口浅探井，均未发现油气藏，也无可用的地震资料。在这种勘探程度极低的地区实施新一轮油气勘探，首要目的是确定生油层系。

早在20世纪50年代的地面地质调查中即明确沙丘河侏罗系下部油浸砂岩的油源是下伏二叠系生油层中残余油再次运移的结果，还在二叠系内发现了大量的沥青砂岩和沥青脉。二叠系是盆地东部潜在的烃源岩层。

1980年夏，时隔20余年后，为明确盆地东部生油层系及构造特征，地质人员再次深入克拉美丽山腹地，系统采集烃源岩地球化学岩样，帐篷沟剖面平地泉组有机碳含量为0.72%～4.44%，平均为2.22%，R_o为0.92%，生烃潜量（S_1+S_2）为1.58～9.16mg/g，平均为4.85mg/g，证明克拉美丽山区二叠系平地泉组属于低成熟—成熟的中等—好的生油岩。在此基础上，1982年所做的油气资源评价中，明确指出了五彩湾凹陷二叠系平地泉组是该区的主要生油岩。

平地泉组生油层系的确立使得东部区勘探工作有的放矢，提出了"查凹定带"的工作方针，即首先查明平地泉组生油中心，然后再围绕其分布去寻找油气可能成藏的有利区带。把唯一的一个地震队部署在克拉美丽山前，开展大网格的地震勘查工作，以查明生油凹陷所在位置和地质构造。

（二）构造格局的重新认识明确了油气的勘探发现方向

尽管勘探家们将平地泉组视作盆地东部最有生油潜力的油源层，以其为中心的生储盖组合是最有远景的目的层系。但勘探早期一直认为北部的五彩湾、沙丘河、帐篷沟及大井以东地区的二叠系及南部山前阜康—吉木萨尔一带是不生油或不能生成大量油气的。同时认为帐北隆起（1980年前传统构造分区）发育的一系列向南倾没的北东—南西向鼻状构造基底隆起高、盖层多遭严重剥蚀、缺乏保存条件，远景评价不高。这一时期东部最有勘探远景的区域是五彩湾凹陷，1981年在五彩湾凹陷部署东部探区首口探井——彩参1井，1982年在生油凹陷边缘沙奇凸起部署第二口探井——沙南1井（火南构造南18km处），二者在二叠系内均落空，生油有机地球化学指标很不理想，使得勘探工作大有方向不明的危险。

1982年对盆地内的地震大剖面做系统分析和综合研究，构造解释发现在北西向的地震剖面上五彩湾、沙帐和大井地区的负性和正性构造形态非常醒目，但在北东向剖面上，浅层中—新生界的南倾斜坡背景下，深层的二叠系有南北分割现象，大致在沙丘河—奇台一线的沙漠区以北，剖面上能明显看到二叠系由南往北加厚，最厚处靠近克拉美丽山，上、下二叠统底部由北往南的下超现象明显，从而发现了克拉美丽山前独立存在一个二叠系的生油凹陷（图2-2、图2-3）。从此茫茫的东部探区，油气成藏方向也已明确。彩参1井、沙南1井失利后，勘探领域迅速北移至火南构造及火烧山背斜，催生了准噶尔盆地东部第一个大油田——火烧山油田的快速发现。

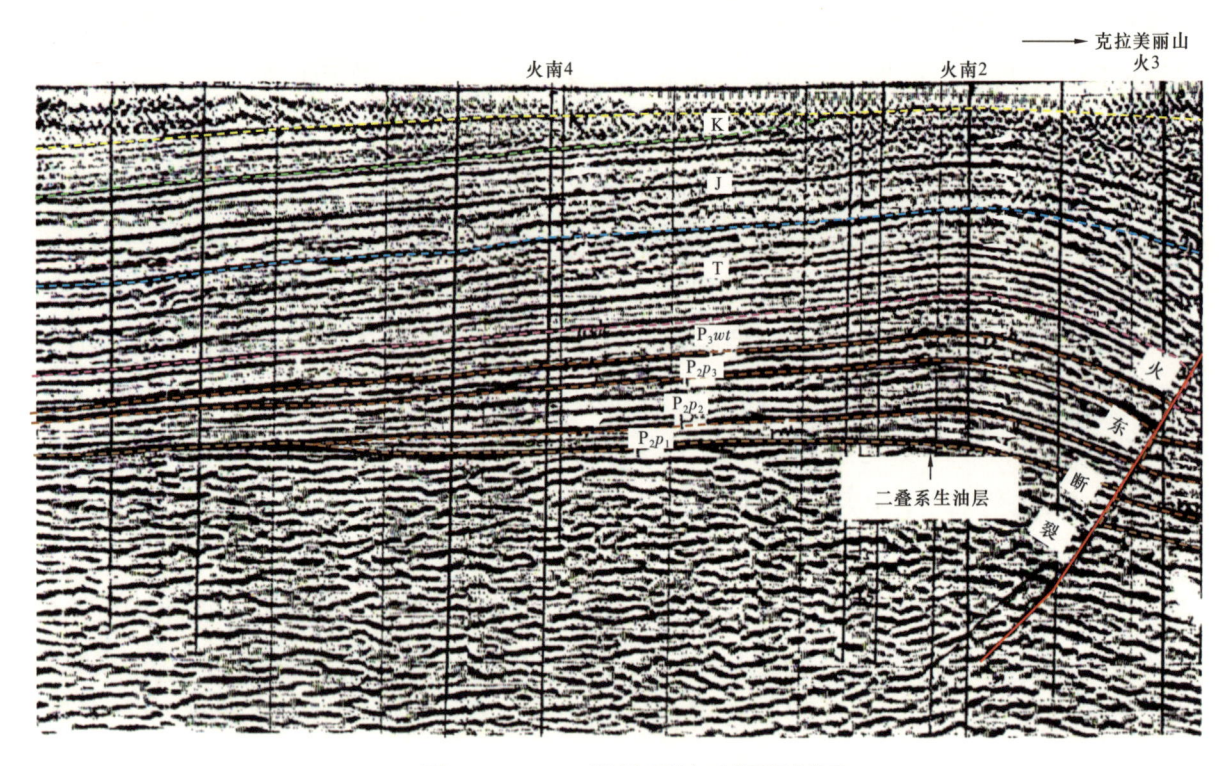

图2-2 M015线地震地质解释剖面

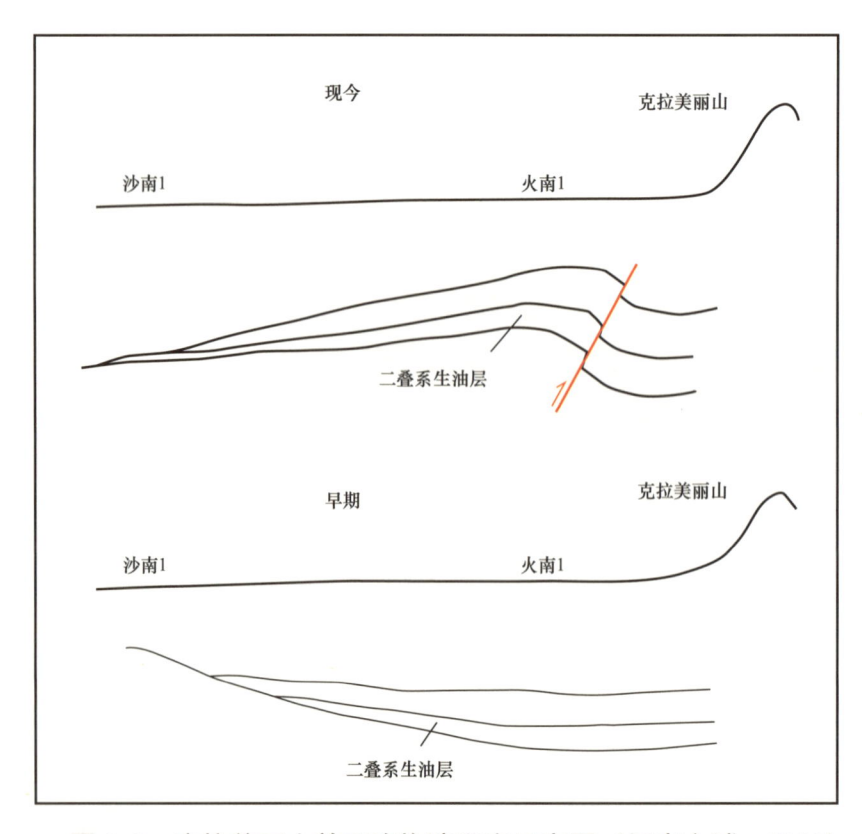

图2-3 克拉美丽山前凹陷构造发育示意图（据李立诚，2012）

（三）"源中隆"是火烧山油田油气富集的原因

生油凹陷发现之后，找准有利油气成藏带中的圈闭是发现油气藏的关键。1982年发现了在生油凹陷中的小背斜——火南背斜，经钻探于1983年7月1日获得了工业油流，宣告了该区油气勘探的突破。1983年火南1井的出油，肯定了平地泉组的生烃能力，同时还确立了它作为储层的地位。储油的粉—细砂岩呈薄层状交互地夹于生油的暗色泥岩之中，尽管砂层较薄，粒度偏细，横向变化大，不稳定，胶结不均匀，孔隙度不高，但因为是生油层系内部的砂层，是唯一可为原油提供孔隙储集空间的场所，不管砂层物性好坏，都饱含原油。没进入砂层中的油残留在泥岩中成为分散的斑块。这不是外来油源形成的次生油藏的运移、聚集机制，而是自生自储原生油藏的特征。

随后用2km×3km的地震测网，在火南背斜以北数千米处发现了更大的背斜构造——火烧山背斜，闭合面积17.64km^2，闭合差130m，这是生油凹陷中心区内难得的先于烃成熟期的背斜圈闭。相比沙丘河构造及帐篷沟构造，尽管火烧山背斜面积规模较小，但它早期沉降，烃源岩厚度大、成熟度高；靠近山前物源区，粗碎屑储层发育；隆起幅度适中，上覆地层发育齐全，保存条件好。1984年9月火1井获得了工业油流，利用三年时间就探明了储量6741×10^{4}t的大油田。

四、开发简况

1984年9月火烧山油田火1井投入试采到2018年12月，火烧山油田经历了产能建设、产量递减、综合治理稳产三个阶段。

（一）产能建设阶段

该阶段主要为1987—1989年。1984年9月火烧山油田火1井投入试采，经过三年的前期开采试验，1988年全面投入开发，纵向上分为四套开发层系，平面上部署两套350m井距反九点面积注水，部署井位391口，动用含油面积35.6km^2（叠加），原油地质储量5234×10^{4}t。该阶段特点是随着投产井数的增加，产量大幅度上升，含水也迅速上升，1989年年产油量最高，达到74.59×10^{4}t，同年12月综合含水达25%，为减缓水淹、水窜，平均单井日注水量由50m^{3}降至25m^3。

（二）产量递减阶段

该阶段主要为1990—1994年。油田开发方案实施后，没有稳产期，很快进入产量递减阶段，水淹水窜严重，产量大幅度下降，含水大幅度上升，地层压力下降严重，部分地区地层压力下降到饱和压力以下，1994年年产油量下降到35.8×10^{4}t，含水上升到50.7%（月度含水率最高达到64.5%），地层压力保持程度只有81.3%，由于供液不足和高含水，累计关井达到65口，占总井数的22.5%。

(三)综合治理稳产阶段

该阶段主要为1995—2018年。为改变油田产量递减过快的被动局面,期间编制实施火烧山油田综合治理方案,油田递减明显减缓,地层压力稳步上升,剖面动用程度大幅度增加,含水上升速度得到遏制,水驱状况明显改善。油田产能恢复到$20×10^4$t以上,年均产油量达到$30×10^4$t,油田递减明显减缓,开采趋势朝好的方向发展(图2-4)。

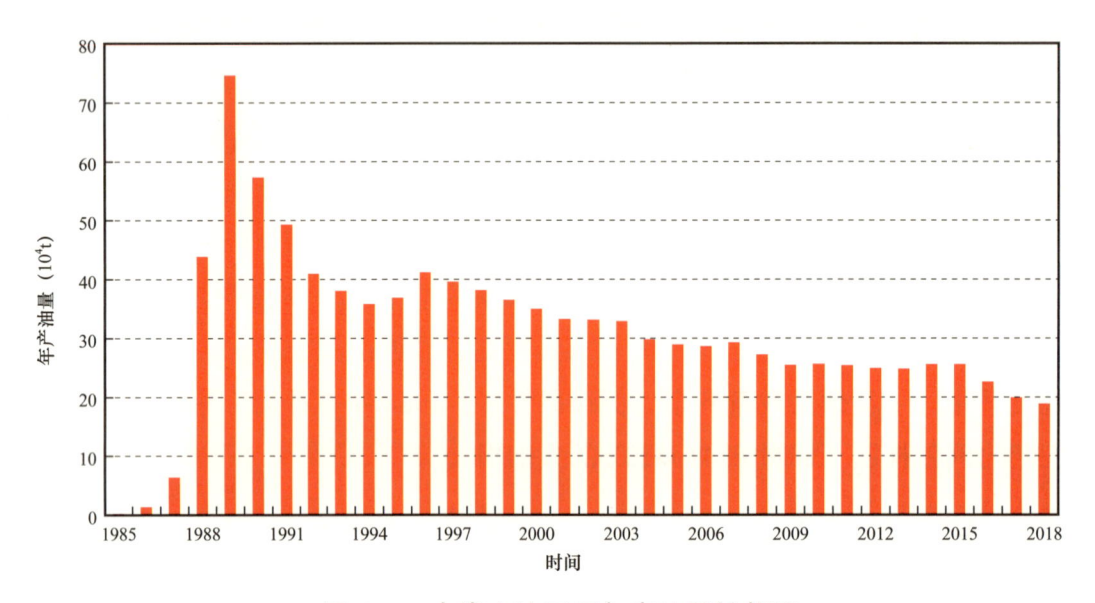

图 2-4 火烧山油田历年产油量柱状图

截至2018年12月,火烧山油田已探明含油面积113.3km²(叠加),原油地质储量$6147.8×10^4$t。全油田共有油井369口,开井数262口;注水井142口,开井数123口,累计产油$1056.8×10^4$t,累计产液$2733.4×10^4$t,综合含水80.7%,采出程度17.2%(图2-5)。

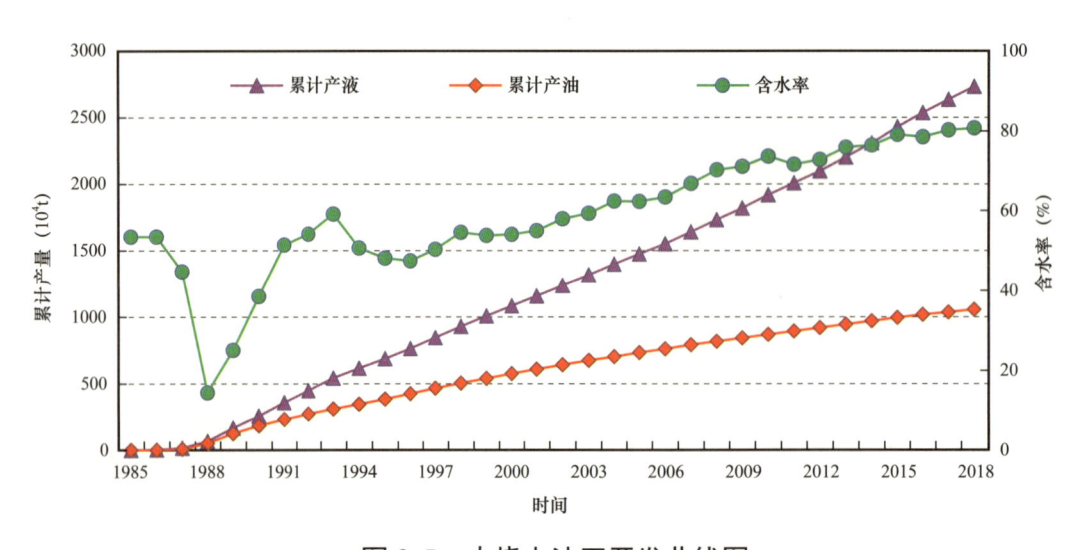

图 2-5 火烧山油田开发曲线图

第二节　火烧山背斜二叠系平地泉组油藏

一、石油地质特征

（一）构造特征

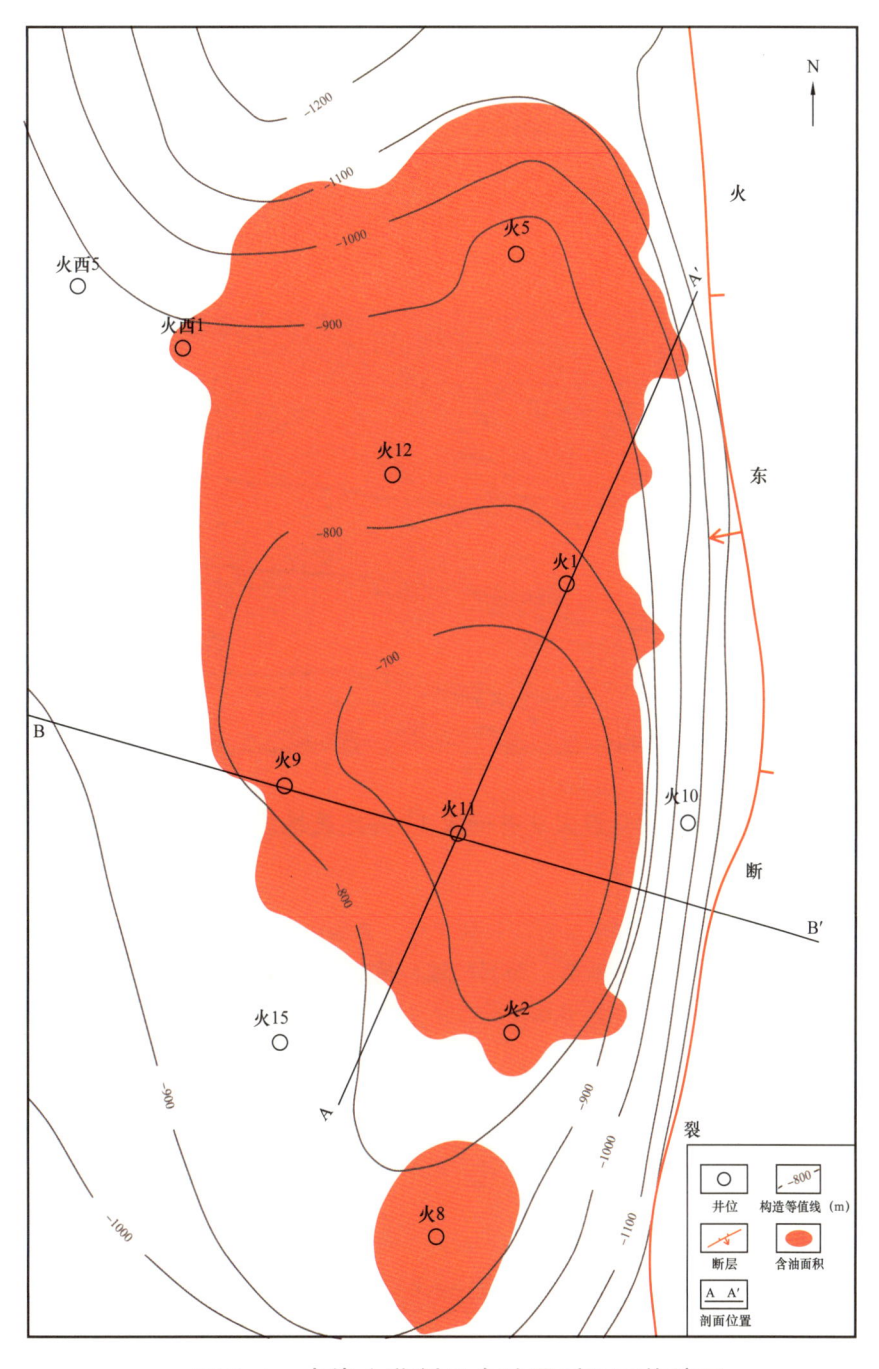

图 2-6　火烧山背斜 H 含油层系顶面构造图

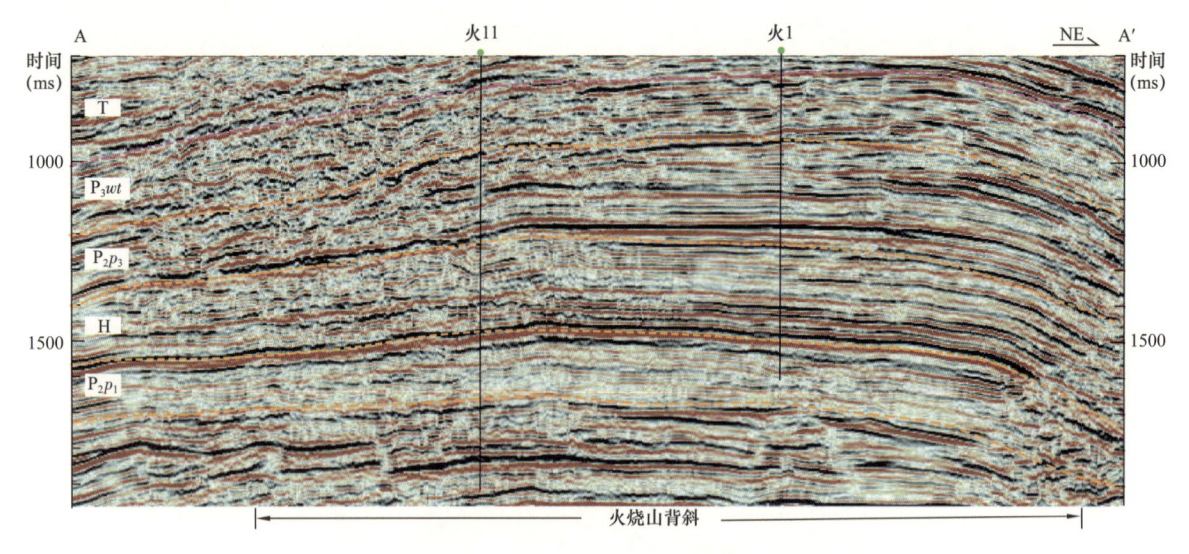

● 图 2-7 过火 11 井—火 1 井地震地质解释剖面

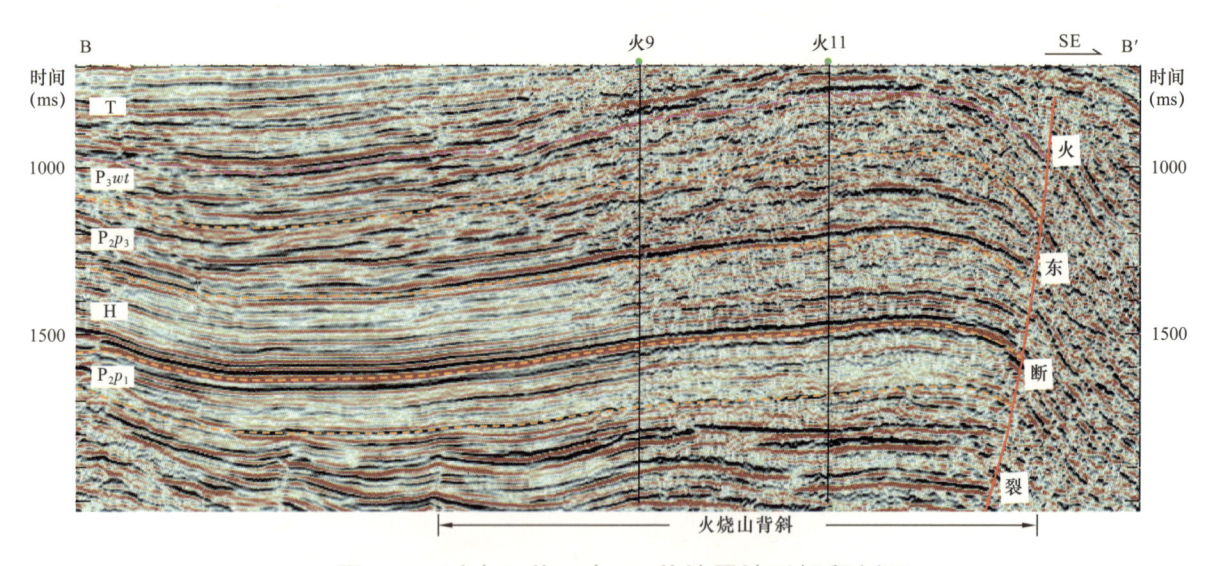

● 图 2-8 过火 9 井—火 11 井地震地质解释剖面

图注 火烧山背斜构造特征为一"冬瓜状"长轴背斜。其轴向近南北向，东西两翼不对称，东翼较陡，地层倾角 20° 左右，伴有火东断裂。西翼较缓，地层倾角 6° 左右。H 含油层组顶界背斜面积为 32.9km²，闭合度为 140m，南北长 9km，东西宽 4.8km。

表 2-2 火烧山背斜二叠系油藏断裂要素表

断裂名称	断层性质	断开层位	断距（m）	断层产状			
				走向	倾向	倾角	延伸长度（km）
火东断裂	逆	E—C	50～300	S—N	W	75°～80°	30.6

表注 火烧山背斜主控断裂是火东断裂，为逆断裂，近南北走向，断面较陡，断距在 50～300m。

（二）地层分布

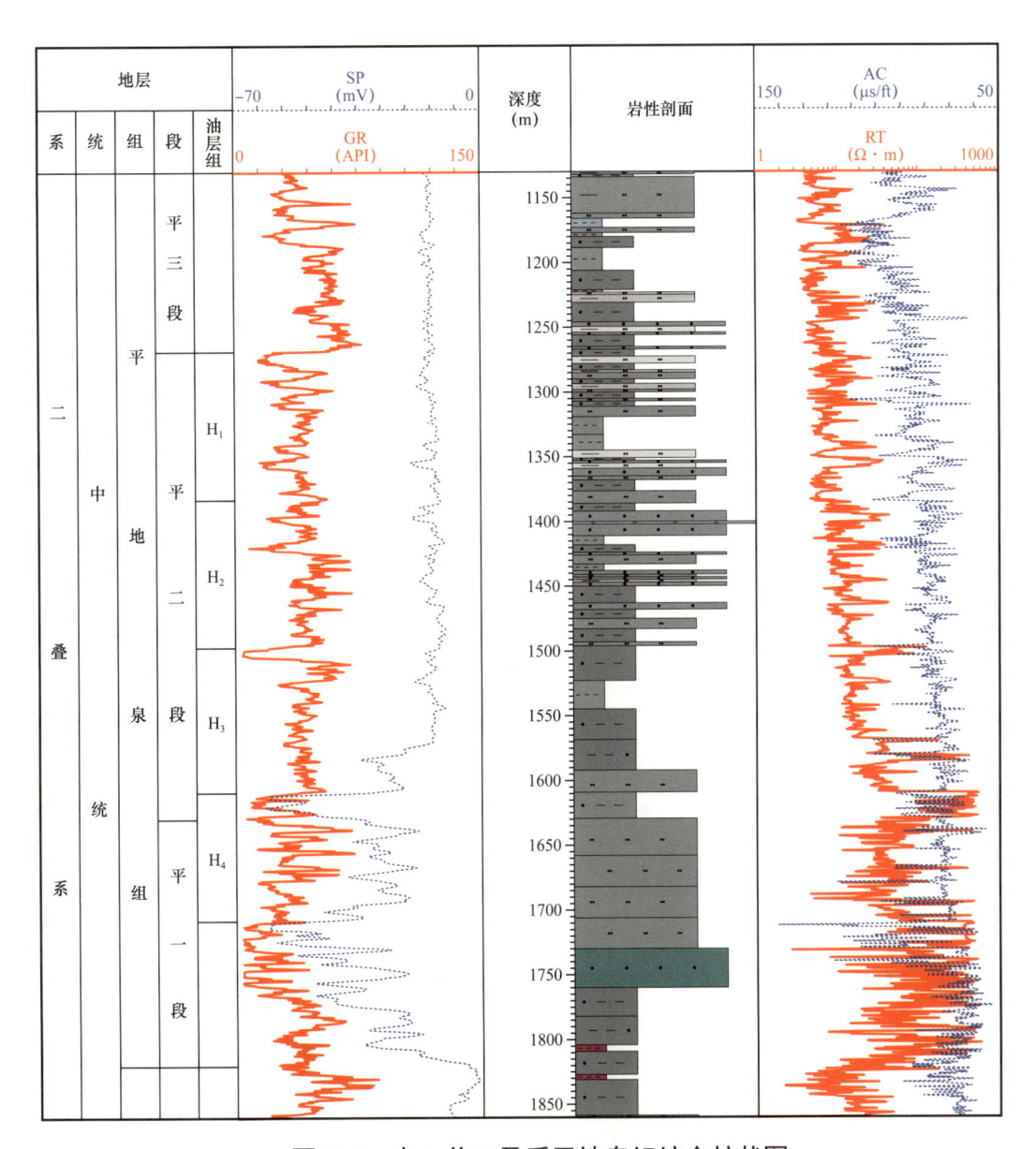

图 2-9　火 1 井二叠系平地泉组综合柱状图

表 2-3　火烧山背斜二叠系厚度数据表

井号	完钻层位	地层厚度（m）				
		梧桐沟组	平地泉组			将军庙组
		P_3wt	P_2p_3	P_2p_2	P_2p_1	P_2j
火1	P_2j	211	456	360	191	44（未穿）
火2	C	164	346	292	156	42
火5	P_2p	204	516	420	34（未穿）	
火9	P_2j	163	318	312	182	116（未穿）
火西1	P_2j	177	454	374	204	185（未穿）

图表注　① 钻揭的地层分别为二叠系梧桐沟组、平地泉组和将军庙组，其中平地泉组自上而下分别钻揭平三段（P_2p_3，310～520m）、平二段（P_2p_2，290～420m）和平一段（P_2p_1，150～220m）；② 目的层二叠系平地泉组与其上下地层为整合接触，平地泉组二段及平一段的上部为主要含油层，称为火烧山含油层系，以 H 表示，可细分为 4 个含油层 12 个砂层组。

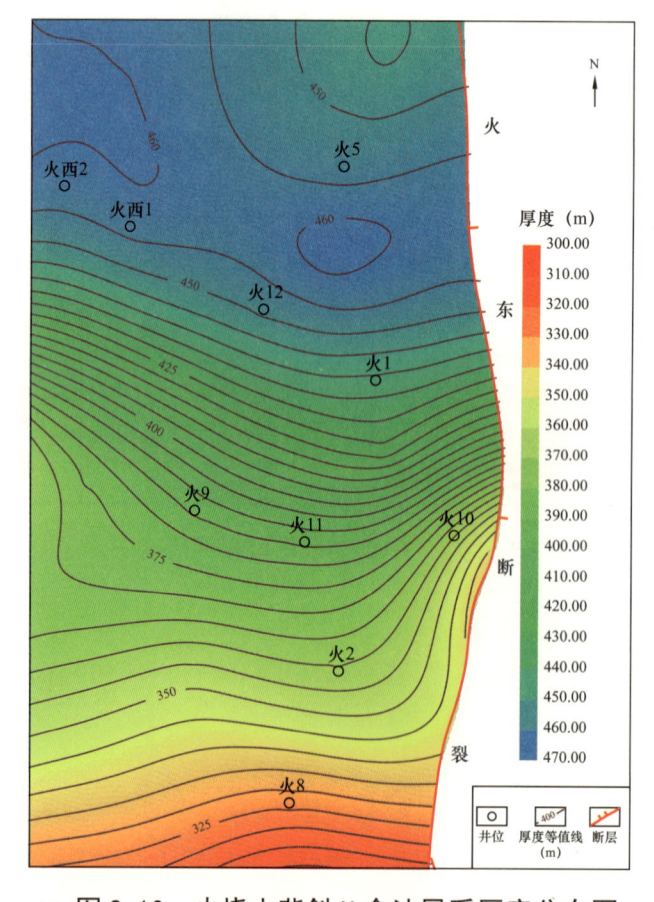

● 图 2-10　火烧山背斜 H 含油层系厚度分布图

图注　① 火烧山背斜 H 含油层系沉积总厚度在 310～460m，平均厚度 402m；② 沉积厚度由南向北增厚，火 18 井最厚达 460m。

（三）沉积特征

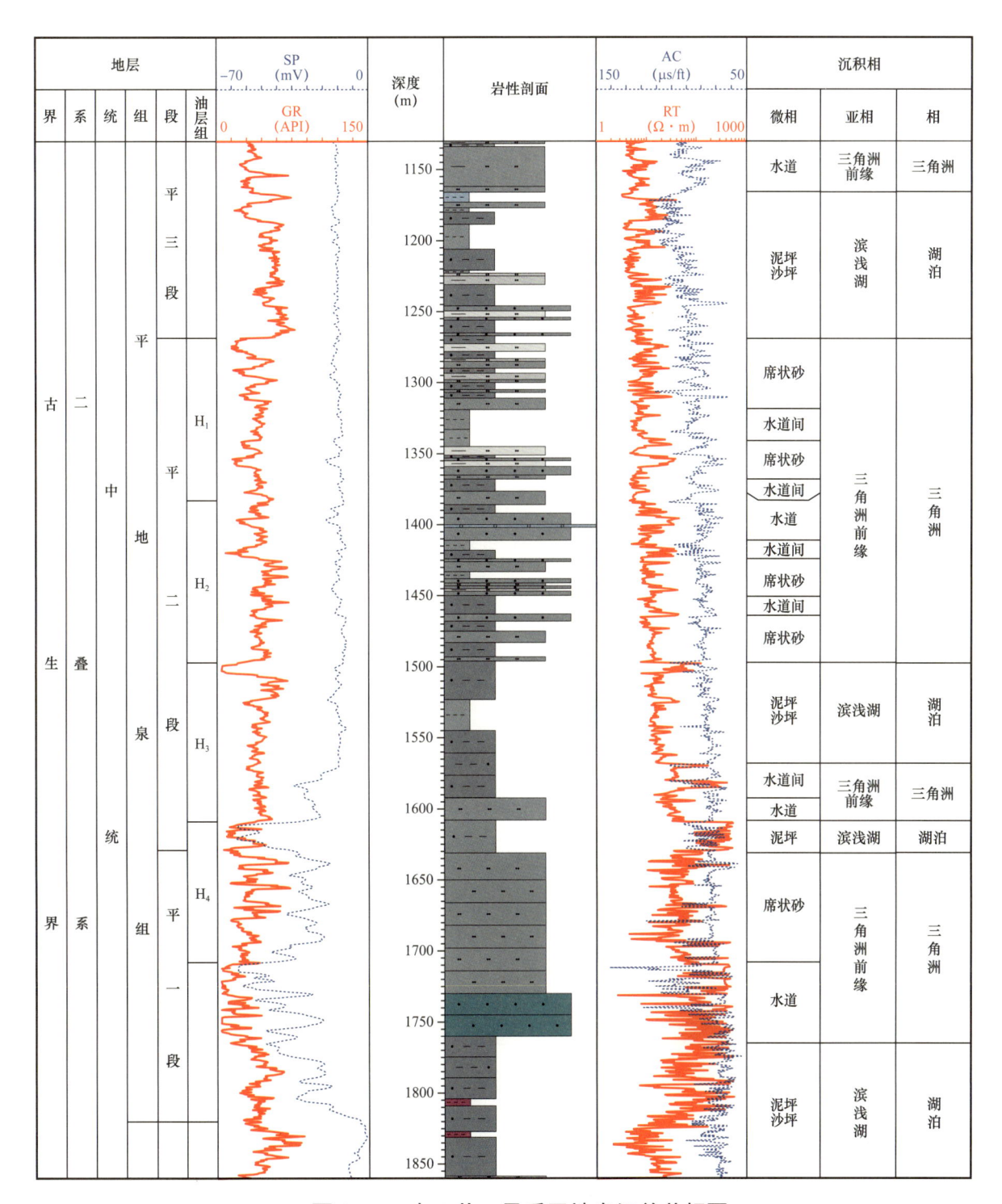

图 2-11　火 1 井二叠系平地泉组单井相图

图注　① 火烧山背斜平地泉组主要发育三角洲相的三角洲前缘亚相和湖泊相的滨浅湖亚相；② 垂向上水道、席状砂、水下分支河道间和沙坪、泥坪多种微相相互叠置；③ 主力储层为席状砂、水道沉积，电阻率曲线呈漏斗形，$4.5 \leqslant RT < 431 \Omega \cdot m$，伽马曲线表现为齿化箱形，$10 \leqslant GR \leqslant 72 API$，自然电位曲线呈箱形，$-45 \leqslant SP < -17 mV$。

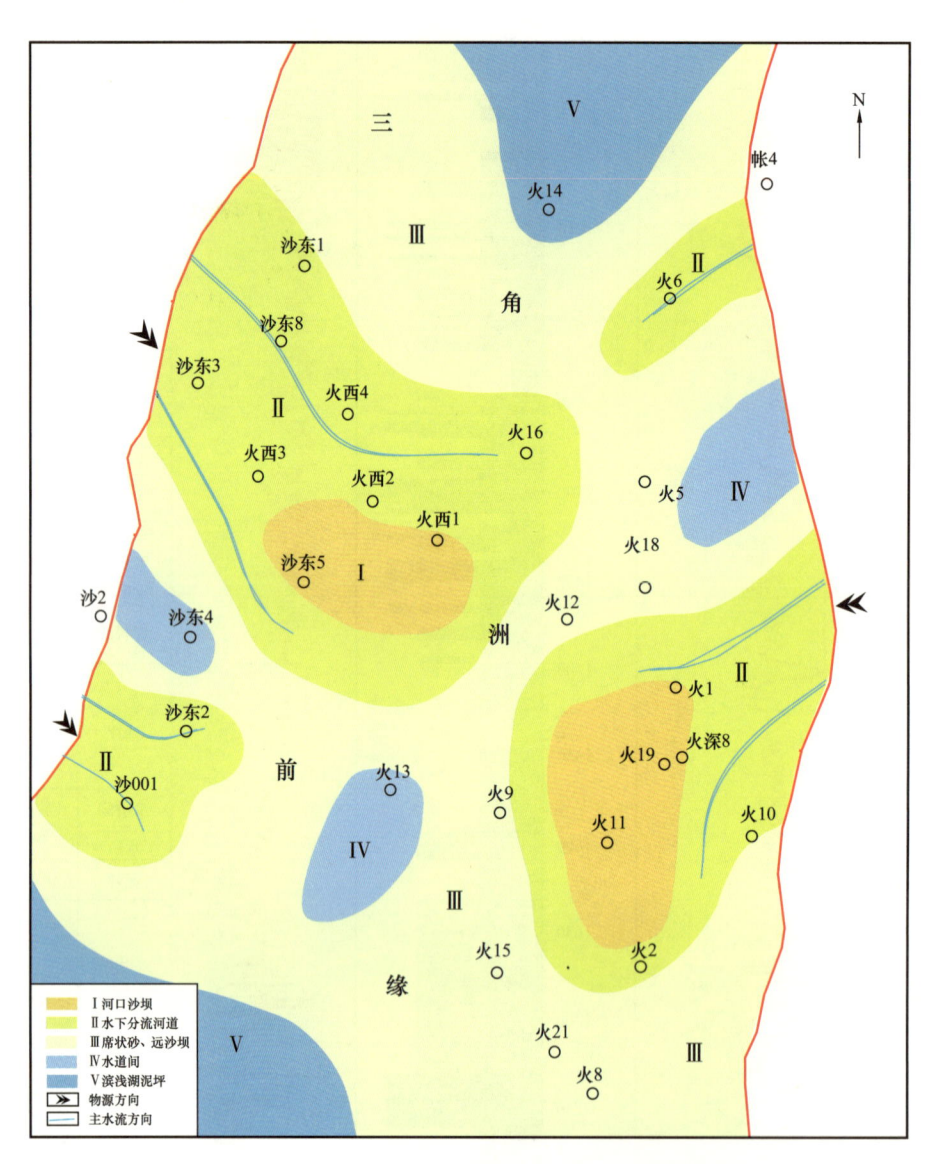

图 2-12 火烧山背斜 H₄ 沉积相平面图

图注 ①区域上看沙帐断褶带二叠系平地泉组为小型河流三角洲沉积。物源来自西北、东北两个方向；②火烧山背斜物源来自东北方向，广泛发育河口坝、水下分流河道及席状砂。

（四）油源分析

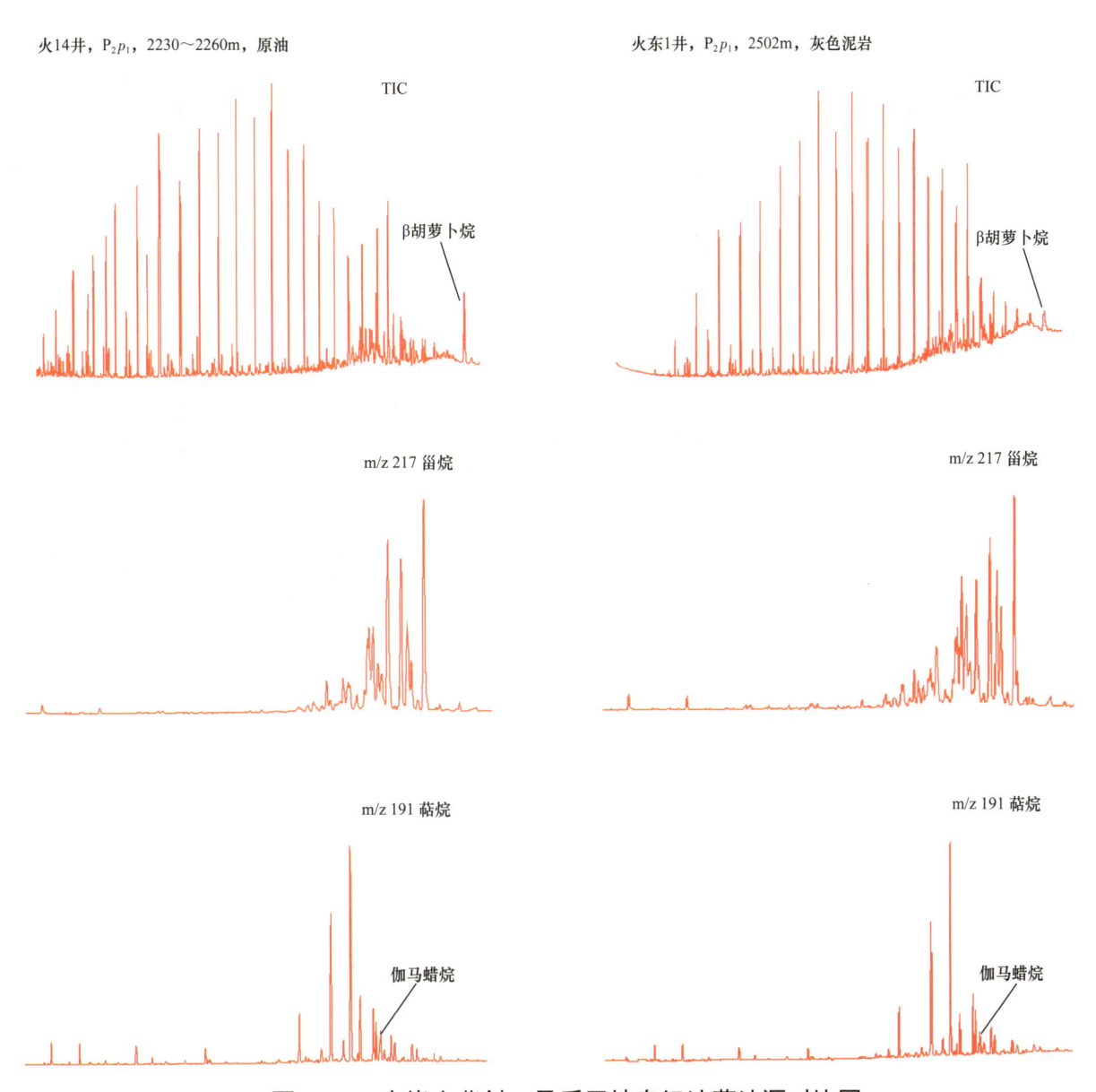

火14井，P_2p_1，2230~2260m，原油　　　　　　　火东1井，P_2p_1，2502m，灰色泥岩

TIC　　　　　　　　　　　　　　　　　　　　TIC

β胡萝卜烷　　　　　　　　　　　　　　　　　β胡萝卜烷

m/z 217 甾烷　　　　　　　　　　　　　　　　m/z 217 甾烷

m/z 191 萜烷　　　　　　　　　　　　　　　　m/z 191 萜烷

伽马蜡烷　　　　　　　　　　　　　　　　　伽马蜡烷

● 图2-13　火烧山背斜二叠系平地泉组油藏油源对比图

图注　①火烧山背斜平地泉组原油形成于还原的半咸水生源环境，母质类型以腐泥型—腐殖腐泥型为主；②火烧山背斜平地泉组原油为成熟阶段原油；③烃源层和烃源区主要是其自身的中二叠统平地泉组烃源岩，具有自生自储成藏特征。

（五）储层特征

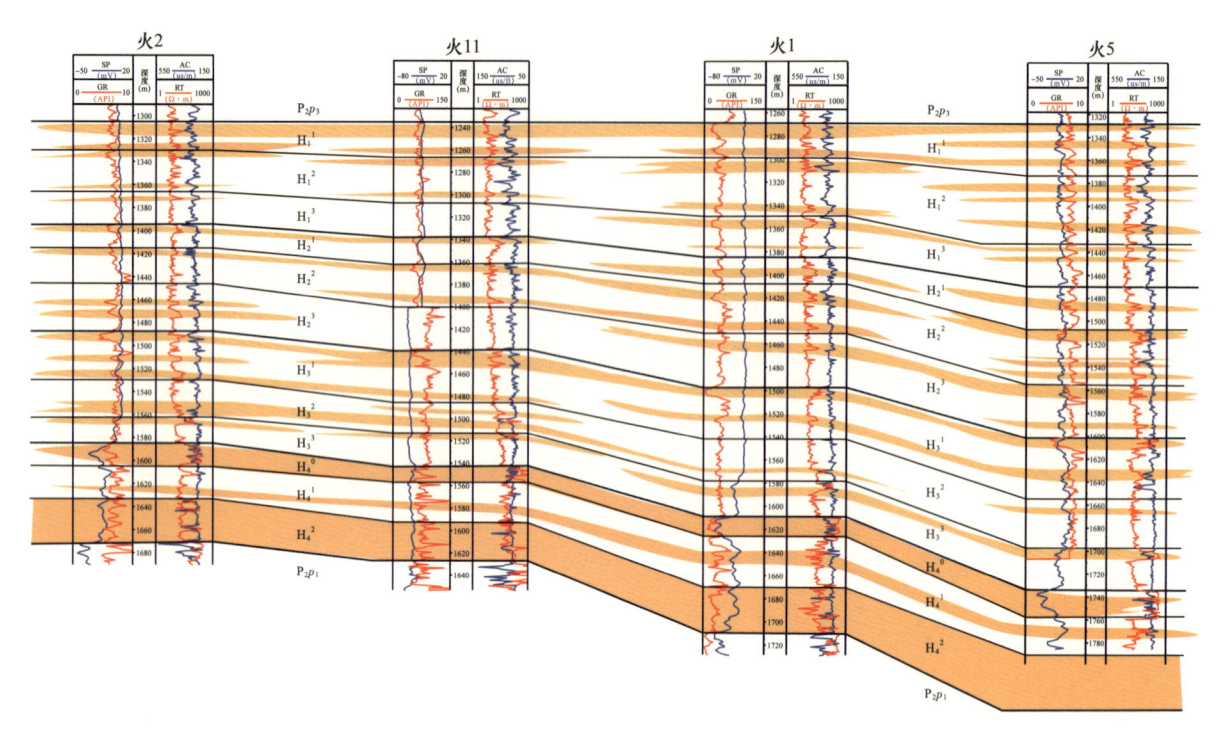

● 图 2-14　火烧山背斜 H 含油层系砂体对比图

图注　① 火烧山背斜 H 含油层系自上而下分 H_1、H_2、H_3、H_4 4 个含油层，进一步细分为 12 个砂层组，分别为 H_1^1、H_1^2、H_1^3、H_2^1、H_2^2、H_2^3、H_3^1、H_3^2、H_3^3、H_4^0、H_4^1、H_4^2，其中 H_4^2、H_4^0 为主力储层，砂体横向连通较为稳定；② 储层岩性主要为细砂岩，其次为粉砂岩和中砂岩，含砾砂岩少见。

表 2-4　火烧山背斜 H 含油层系储层物性数据表

含油层系	小层	孔隙度（%）样品数	变化范围	平均	渗透率（mD）样品数	变化范围	平均
H	H_1	73	2.14～18.29	10.74	73	0.01～38.79	1.74
	H_2	94	4.35～16.52	10.45	39	0.01～5.79	0.36
	H_3	255	4.07～43.2	10.97	248	0.01～52.71	0.61
	H_4	138	8.72～33.49	20.04	133	0.01～73.04	9.34
全区平均		560	2.14～43.2	13.09	439	0.01～73.04	3.11

表注　① 储层孔隙度分布在 2.14%～43.2%，平均值为 13.09%；渗透率分布在 0.01～73.04mD，平均值为 3.11mD；② 含油饱和度为 65%。

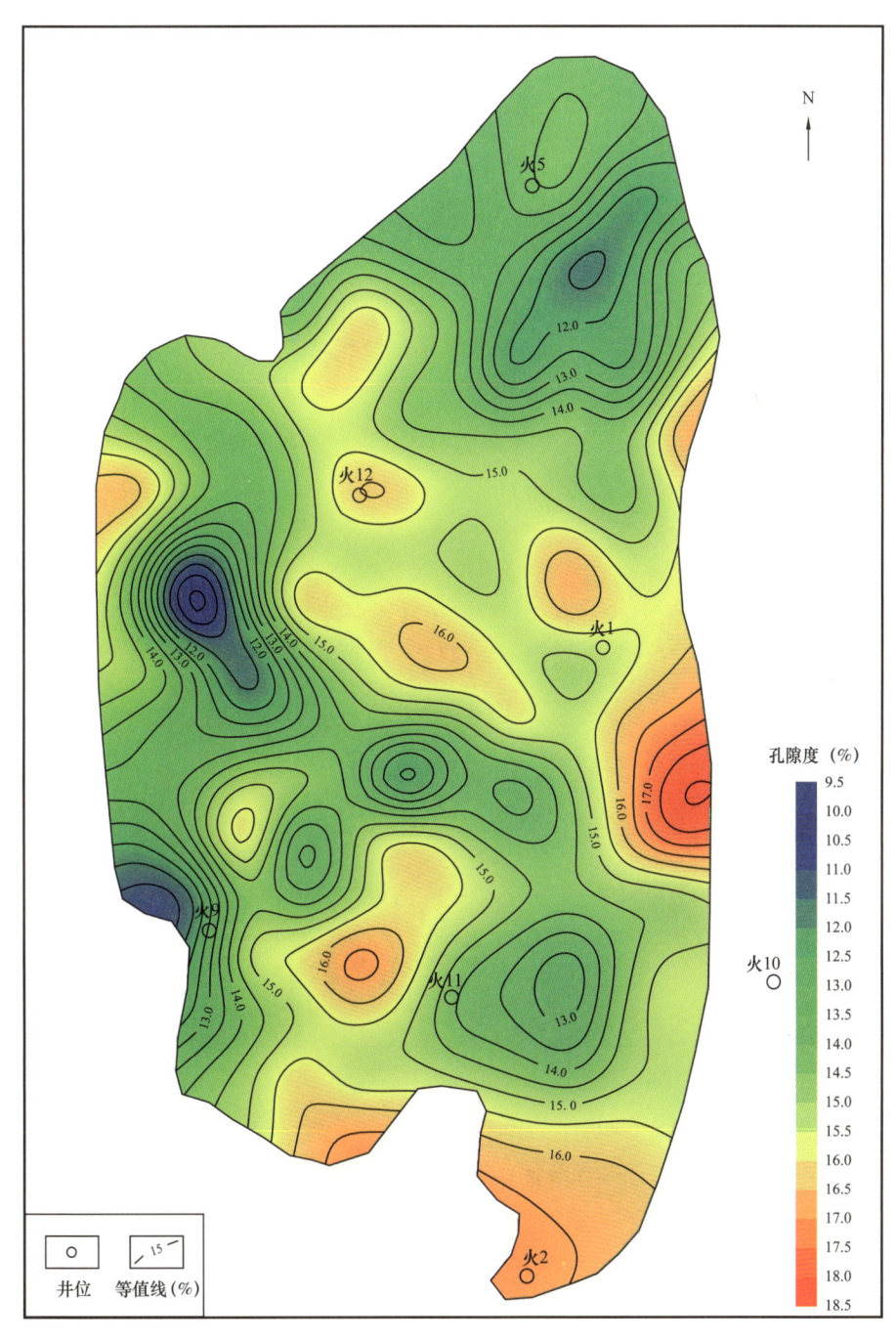

● 图 2-15 火烧山背斜 H₃ 孔隙度分布图

图注 ① H₃ 含油层平均孔隙度范围为 9.5%～18.5%；② 火 1 井区、火 12 井区、火 9 井区—火 11 井区及火 2 井区出现局部高值。

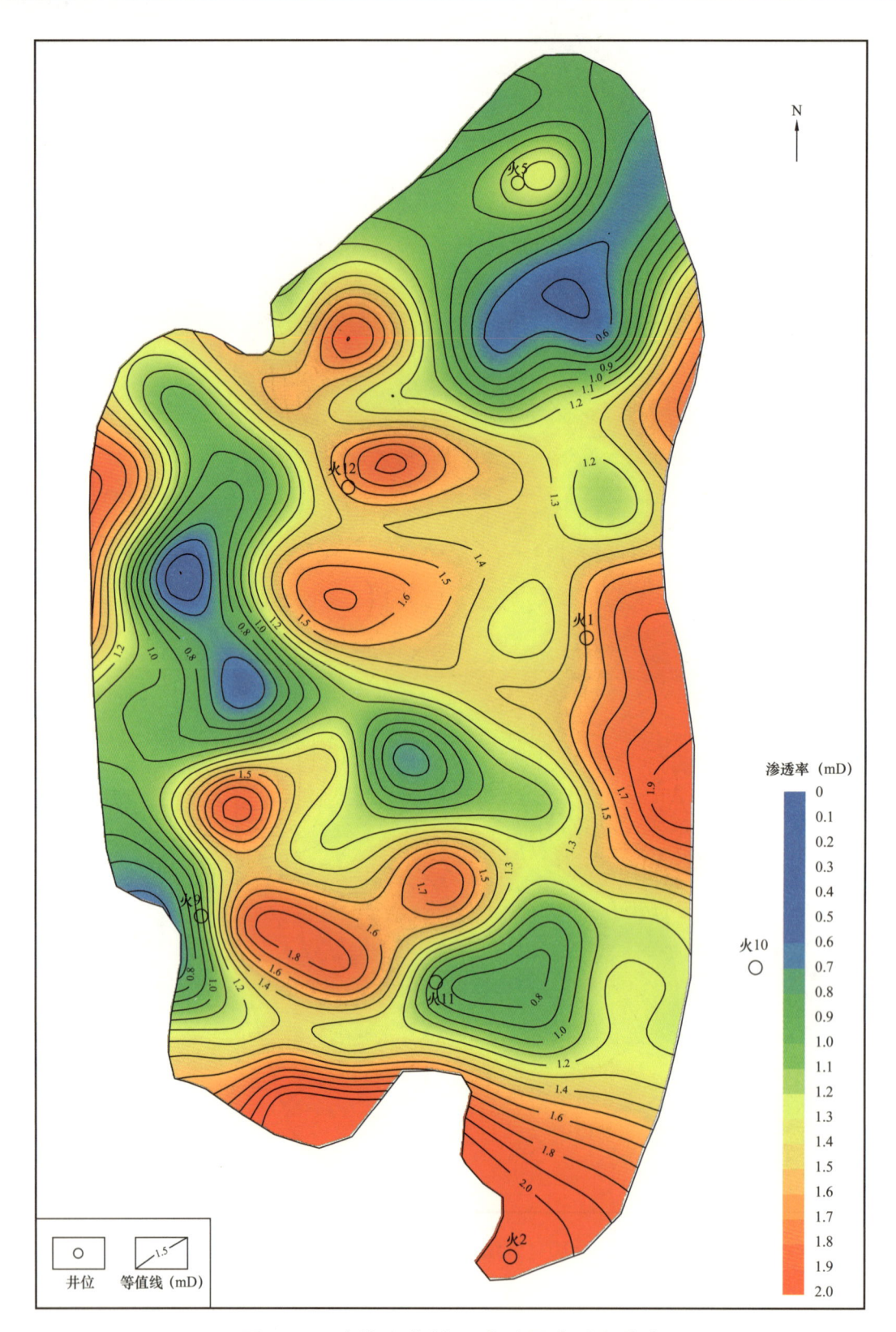

图 2-16　火烧山背斜 H₃ 含油层渗透率分布图

图注　① H₃ 含油层平均渗透率范围为 0.01～2.0mD；② 火 1 井区、火 12 井区、火 9 井区—火 11 井区及火 2 井区出现局部高值。

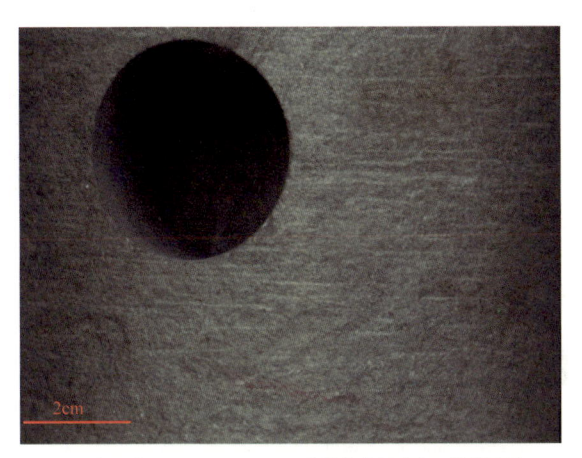

(a) 火11井，P_2p_1，1425.25m，灰绿色中细砂岩，块状层理

(b) 火13井，P_2p_2，1488.83m，灰黑色泥岩，水平纹层，虫迹

(c) 火11井，P_2p_1，1425.73m，灰黑色粉细砂岩，波状层理

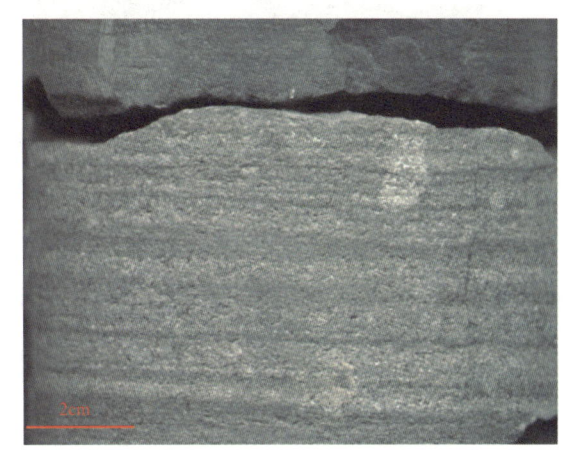

(d) 火15井，P_2p_1，1607.27m，灰绿色细砂岩，平行层理

● 图 2-17 火烧山背斜H含油层系岩心照片

图注 ①火烧山背斜二叠系平地泉组H含油层系储层岩性主要为细砂岩，其次是粉砂岩和中砂岩；②发育平行层理、波状层理、块状层理及虫孔和生物搅动构造；③沉积构造观察统计反映平地泉组为小型河流入湖三角洲环境。

(a) 火5井，H₃，1642.19m，细砂岩，粒间溶孔、粒内溶孔，×100（−）

(b) 火18井，H₂，1426.58m，细砂岩，微裂缝、粒内孔、粒间溶孔，×100（−）

(c) 火9井，H₄，1659.16m，中砂岩，粒间溶孔、粒内溶孔，×63（−）

(d) 火20井，H₃，1788.33m，中砂岩，粒间溶孔、粒内溶孔、微裂缝，×50（−）

● 图2-18　火烧山背斜H含油层系铸体薄片照片

图注　①根据铸体薄片鉴定分析，储层储集空间以粒间溶孔、粒内溶孔、微裂缝为主；②细—中砂储层，具有孔隙大、面孔率大、连通性中等的特点，粉—细砂储层，孔隙呈星点状分布；③自上而下胶结类型由压嵌—孔隙型变为孔隙—压嵌型；④裂缝类型主要分为直劈缝和微裂缝两大类。直劈缝多属构造缝；微裂缝为沟缝、层间缝、垂溶缝。裂缝的发育使储层有效渗透率大幅提高，并具有较高的生产能力。

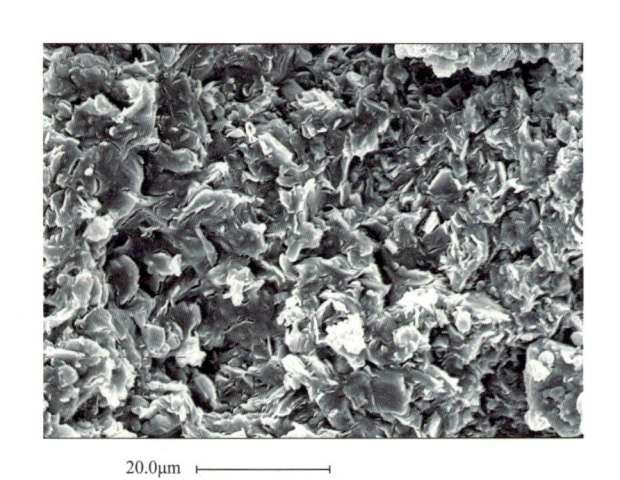

(a) 火北1井，P_2p_1，2452.83m，不规则状伊/蒙混层矿物

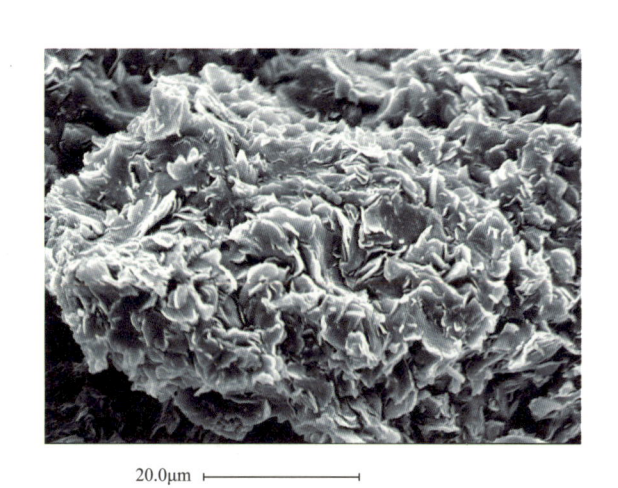

(b) 火北1井，P_2p_1，2452.83m，弯曲片状伊利石

(c) 火北1井，P_2p_1，2453.93m，不规则状伊/蒙混层矿物

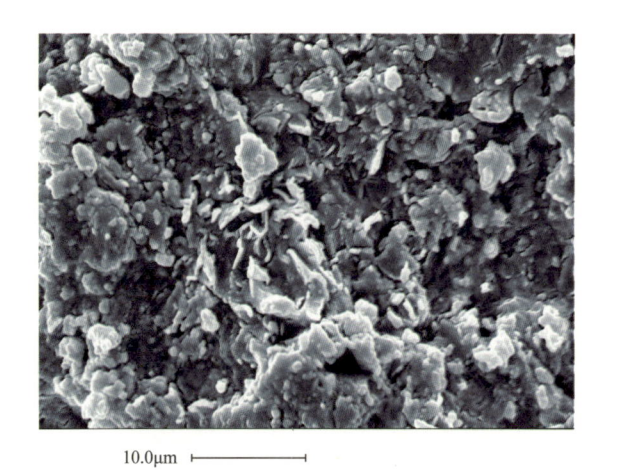

(d) 火北1井，P_2p_1，2453.93m，不规则状伊/蒙混层矿物

● 图 2-19 火北地区二叠系平地泉组扫描电镜图

图注 ①火北地区二叠系平地泉组泥质含量占 2%~4%；②黏土矿物以伊/蒙混层为主（61.5%），其次为绿/蒙混层（26.2%）、绿泥石（6.8%）、伊利石（5.5%）；③黏土矿物形态有不规则状、弯曲片状。

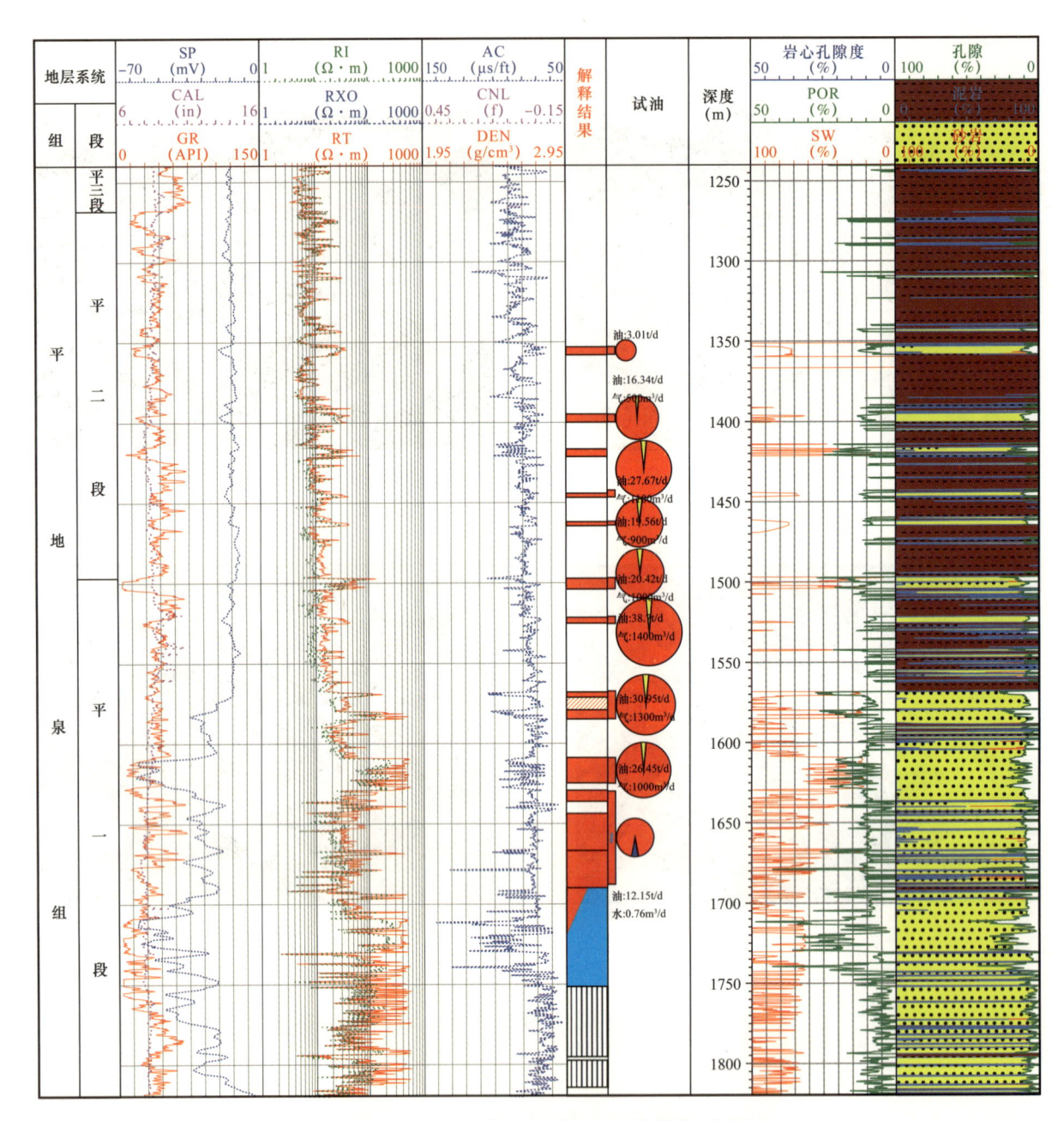

图 2-20　火 1 井平地泉组测井解释成果图

图注　①火 1 井平地泉组共解释油层 109.5m/13 层、含油水层 61.6m/1 层、干层 60.6m/2 层；②累计试油 164.4m/11 层，获得油层 119.8m/9 层，水层 33.8m/1 层，干层 10.8m/1 层。

（六）油藏剖面

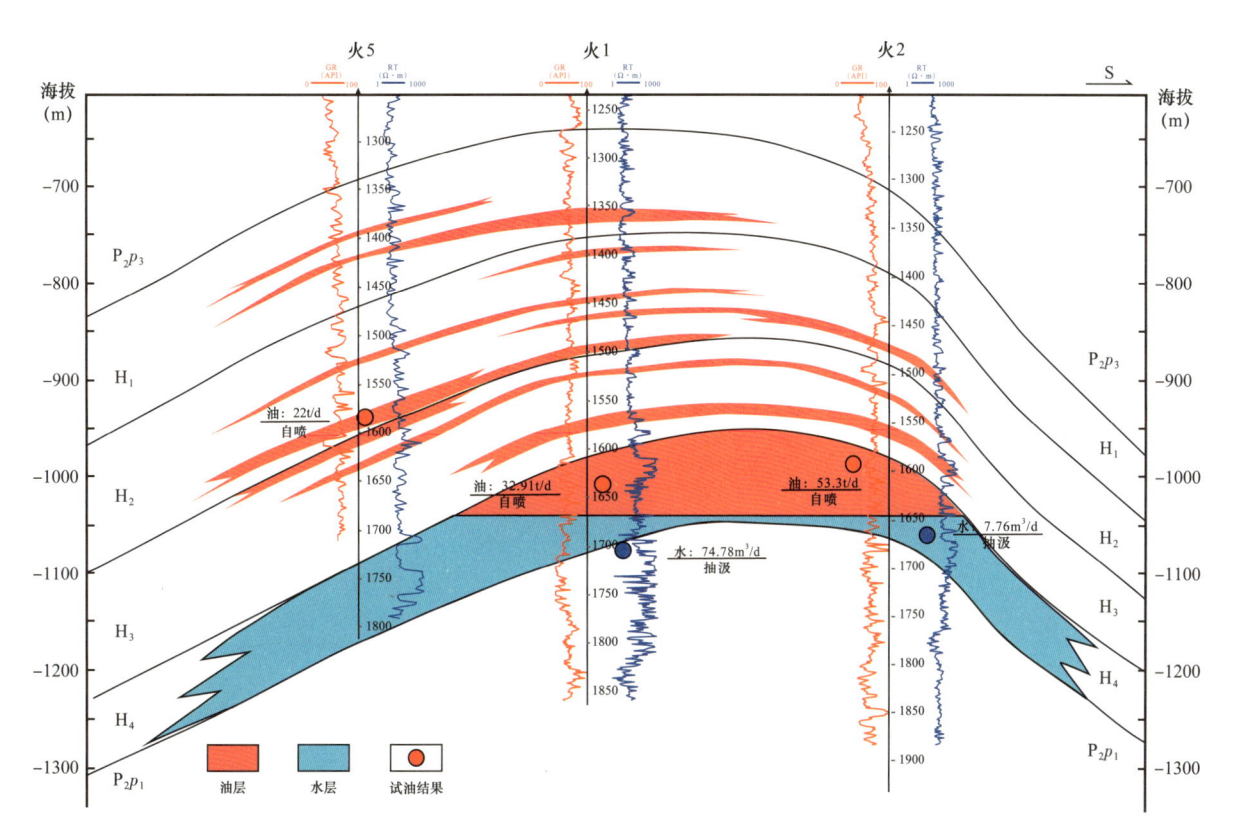

● 图 2-21　火烧山背斜过火 5 井—火 1 井—火 2 井 H 含油层系油藏剖面图

图注　① 火烧山背斜平地泉组 H 含油层系自上而下划分为 H_1、H_2、H_3、H_4 四个油层组，油藏受构造和岩性双重控制。其中 H_4 油藏类型为构造油藏；H_3—H_1 油藏类型为构造—岩性油藏。各油层基本受统一的油水界面控制，油水界面海拔 –1042m；② H_1 平均有效厚度 10.9m，H_2 平均有效厚度 19.1m，H_3 平均有效厚度 25.0m，H_4 平均有效厚度 30.3m；③ H_1、H_2 砂体厚度小，连续性差，主力油层 H_3、H_4 在全区内基本连续分布。

（七）流体性质

表 2-5　火烧山背斜 H 含油层系地面原油性质参数表

层位	密度 （g/cm³）	50℃黏度 （mPa·s）	含蜡量 （%）	凝固点 （℃）
H	0.886	57	12.50	11

表注　H 含油层系原油性质单一，受边水和底水氧化影响，原油具有密度较大（0.886g/cm³）、含蜡量较高（12.50%）、凝固点高（11℃）、酸值低、含硫低（0.08%）的特点。

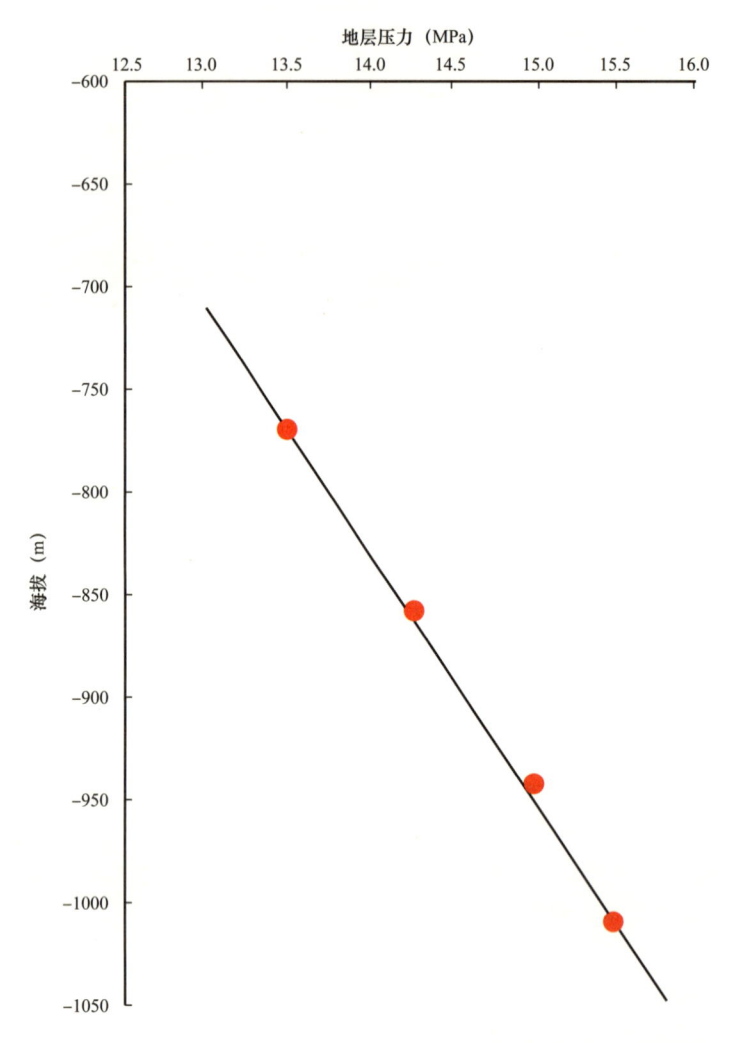

图 2-22 火烧山背斜二叠系平地泉组油藏压力梯度图

图注 火烧山背斜二叠系平地泉组油藏中部地层压力变化范围为13.51～15.50MPa，平均为14.94MPa，压力系数变化范围为0.95～0.98，平均为0.96。

（八）成藏模式

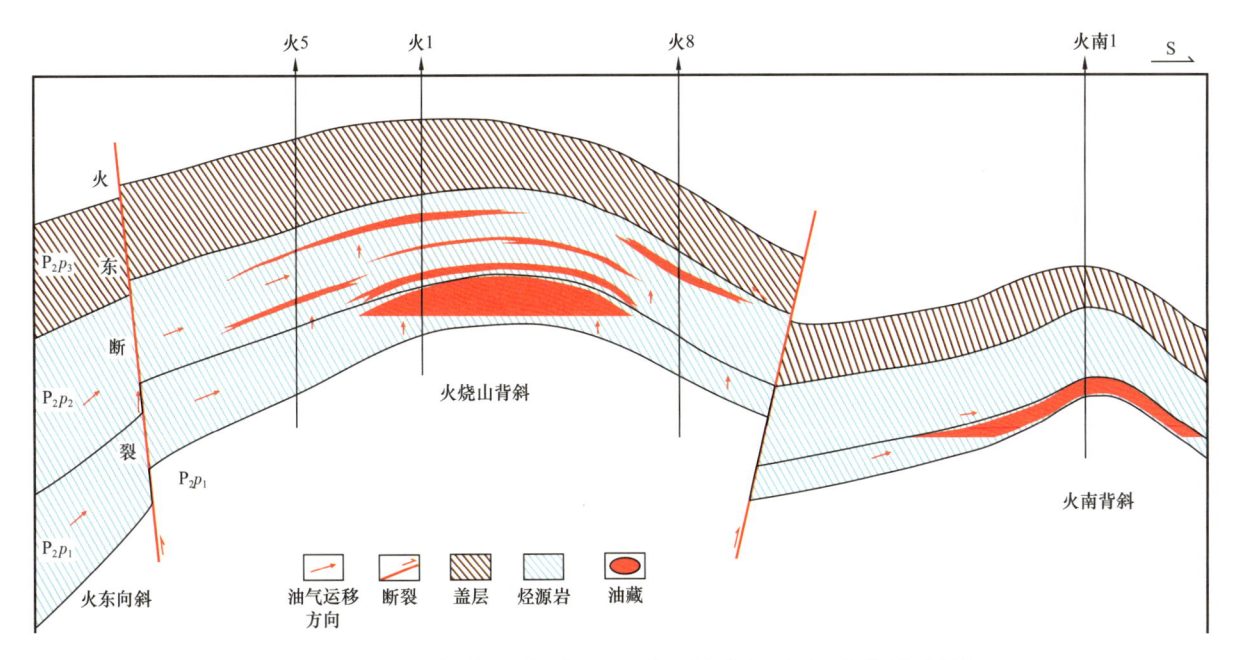

图 2-23　火烧山背斜二叠系平地泉组油气成藏模式图

图注　① 火烧山油田二叠系平地泉组油藏为自生自储油藏，本地区中二叠统平地泉组平一段、平二段泥岩、油页岩为烃源层；同层位细砂岩、粉砂岩、中砂岩为储层；平三段泥岩为主要盖层；② 火烧山背斜区平地泉组一段烃源岩在早三叠世进入生烃门限，中—晚侏罗世—白垩纪达到成熟阶段，后期地层抬升，演化停止，处于成熟阶段早期；③ 火东向斜区在构造演化过程中主体处于持续沉降阶段，平地泉组烃源岩埋深较大，演化程度相对较高。平一段烃源岩在早三叠世进入生烃门限，晚三叠世—中侏罗世达到成熟阶段，在晚白垩世达到高成熟阶段；④ 火烧山背斜区原油和储层抽提物甾烷成熟度明显高于自身烃源岩而低于火东向斜烃源岩产物特征，说明该区存在两期成藏，即火东向斜平地泉组相对高成熟的原油通过火东断裂运移至火烧山背斜，与火烧山背斜区自身相对成熟度较低的原油混合成藏。

二、开发特征

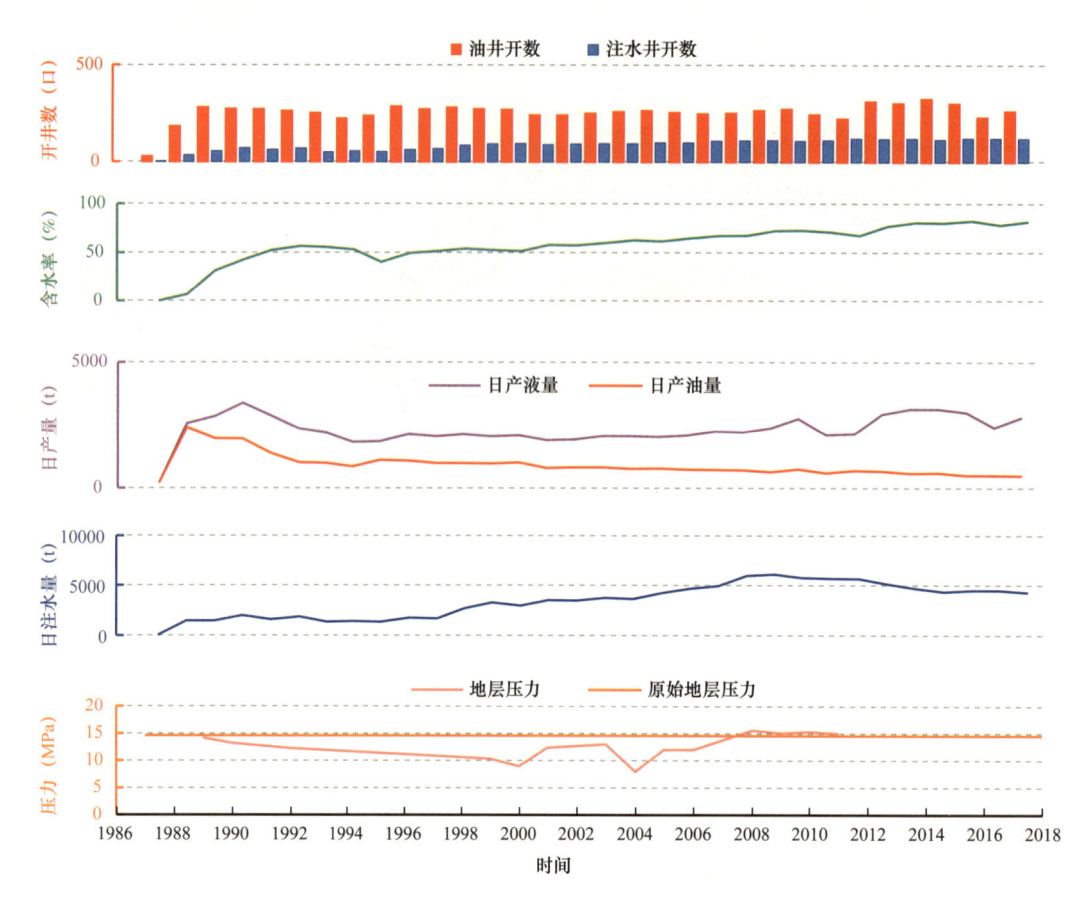

图 2-24　火烧山背斜二叠系平地泉组油藏年度综合开发曲线

图注　截至 2018 年底，火烧山背斜二叠系平地泉组油藏累计生产原油 1010.2×10^{4}t，平均年产油 32.6×10^{4}t，1999 年达高峰产油量 67.8×10^{4}t，采出程度 18.6%，综合含水 82.2%，采油速度 0.35%。

第三节 火南背斜二叠系平地泉组油藏

一、石油地质特征

（一）构造特征

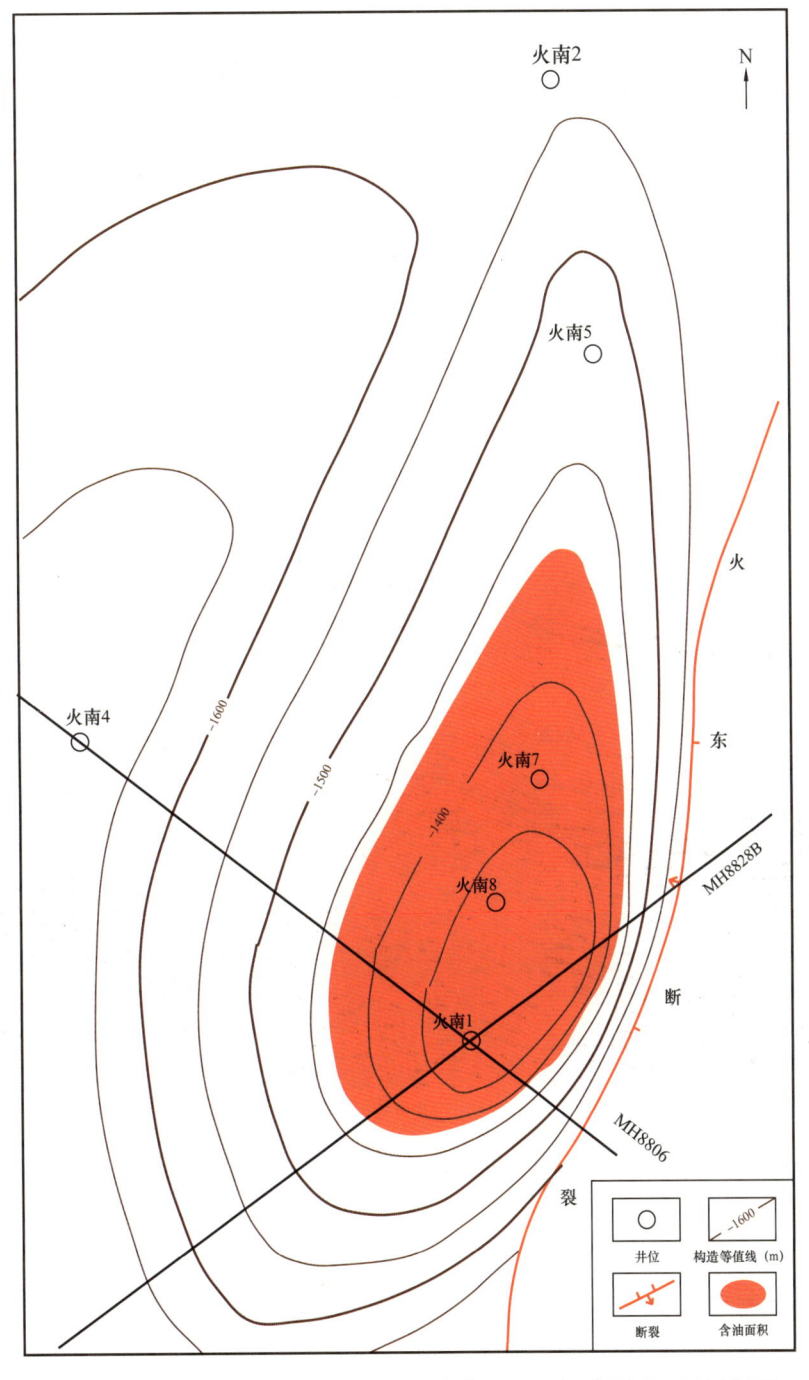

图 2-25 火南背斜二叠系平地泉组 H_4 含油层顶面构造图

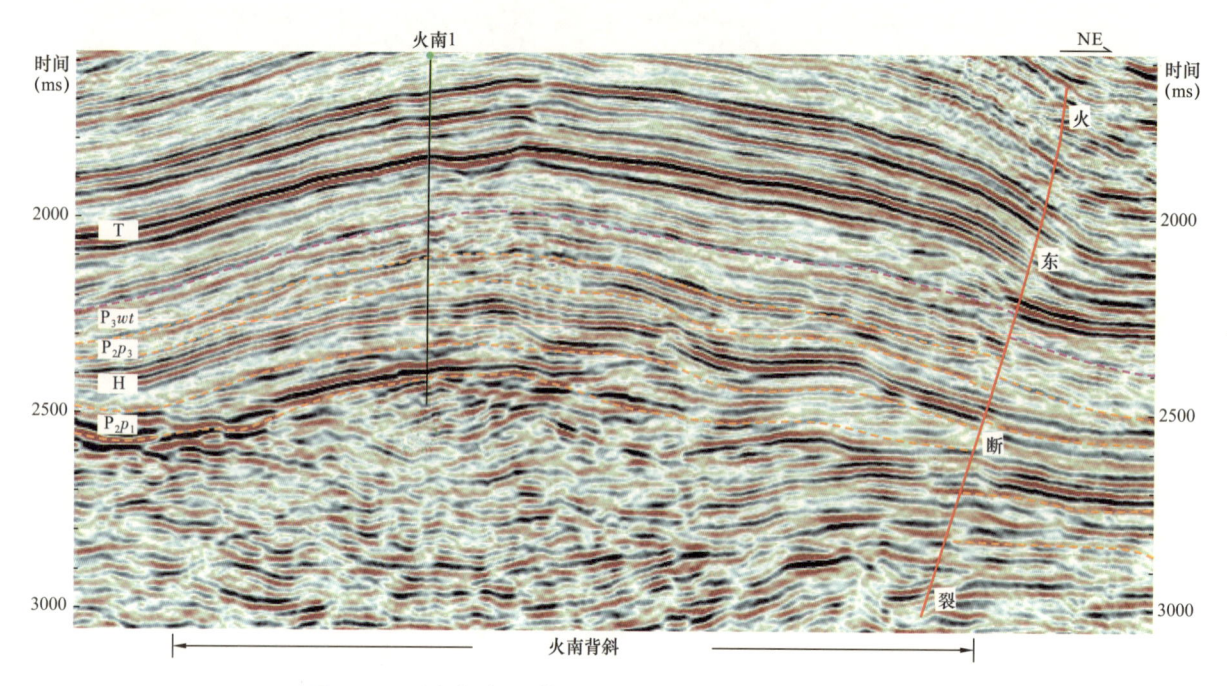

● 图 2-26 过火南 1 井 MH8828B 测线地震地质解释剖面

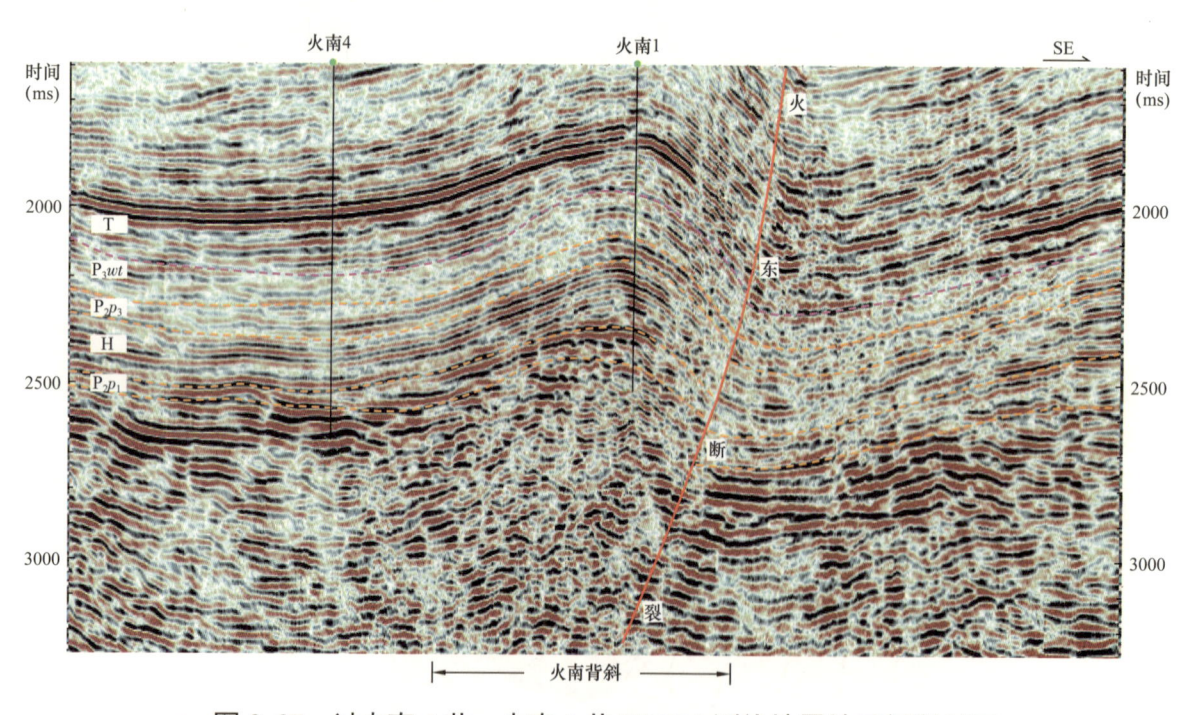

● 图 2-27 过火南 4 井—火南 1 井 MH8806 测线地震地质解释剖面

图注 ① 火南背斜为一近南北向的短轴背斜，轴部及西翼产状平缓开阔，东翼因受断层影响近断层处产状变陡并遭到切割，两翼呈不对称形；② 背斜长轴约 7.0km，短轴约 2.5km，H_4 顶闭合面积 11.6km^2，闭合高度约 200m。

表 2-6　火南地区二叠系油藏断裂要素表

断裂名称	断层性质	断开层位	断距(m)	断层产状			延伸长度(km)
				走向	倾向	倾角	
火东断裂	逆	E—C	50~300	S—N	W	75°~80°	30.6

表注　火南背斜主控断裂为火东断裂，为逆断裂，近南北走向，断面较陡，断距在 50~300m。

（二）地层分布

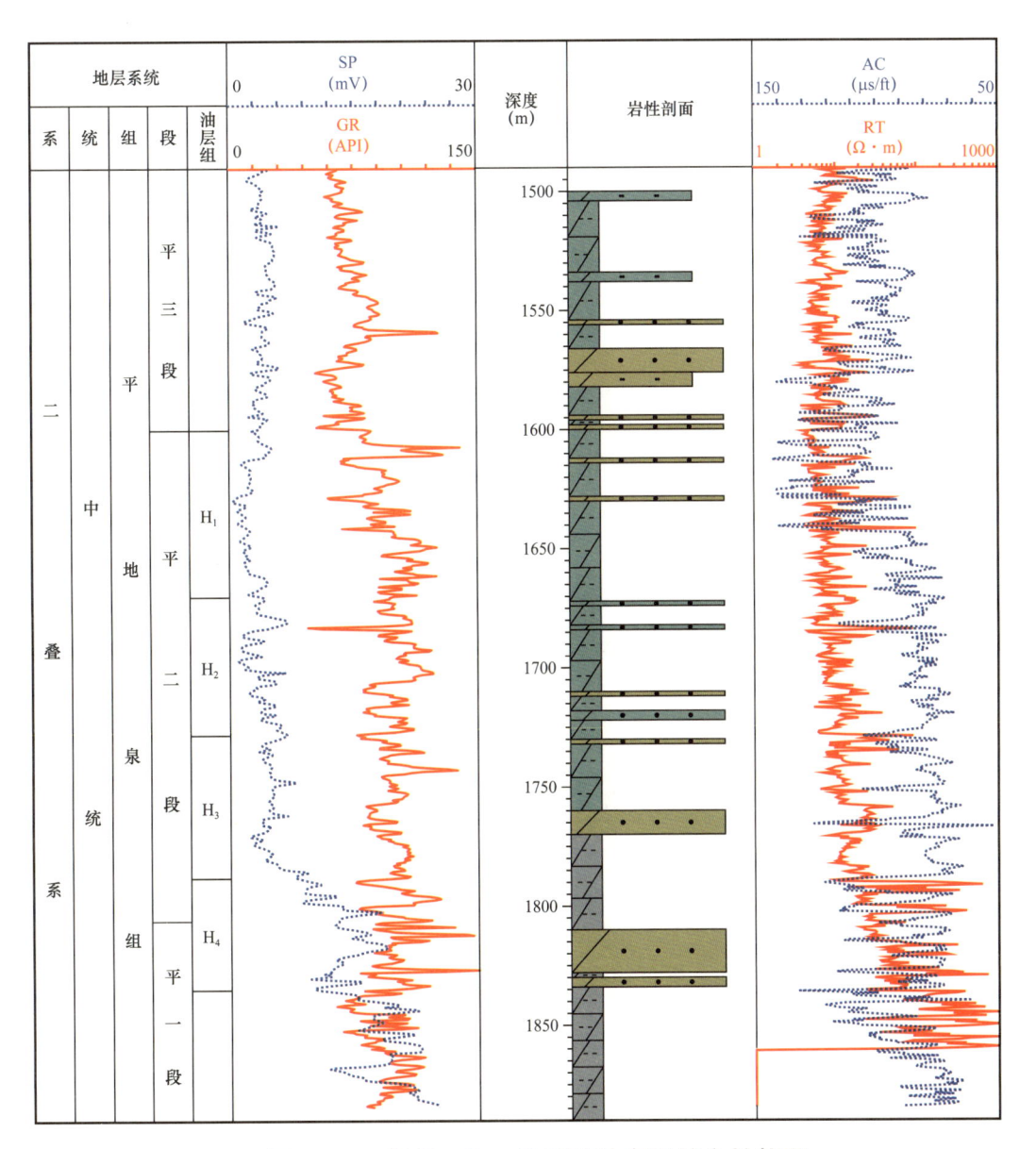

图 2-28　火南 8 井二叠系平地泉组综合柱状图

表 2-7　火南地区二叠系厚度数据表

井号	完钻层位	地层厚度（m）			
		梧桐沟组	平地泉组			
		P_3wt	P_2p_3	P_2p_2	P_2p_1	P_2j
火南 1	P_2j	144	86	228.5	122	
火南 2	C	175	102	347	104	153
火南 3	C	142	48	224	47	
火南 4	C	125	113	242	85	
火南 5	P_2j	115	107	329	90.5	
火南 6	C	142	77	260	62	
火南 7	C	131	108	251.5	80.5	
火南 8	C	125	104	235		

图表注　① 火南背斜二叠系钻揭的地层分别为梧桐沟组、平地泉组和将军庙组，其中平地泉组自上而下分别钻揭平三段（P_2p_3，48～113m）、平二段（P_2p_2，224～347m）和平一段（P_2p_1，47～122m）；② 目的层二叠系平地泉组与其上下地层为整合接触，火南背斜主要含油层组为 H_4。

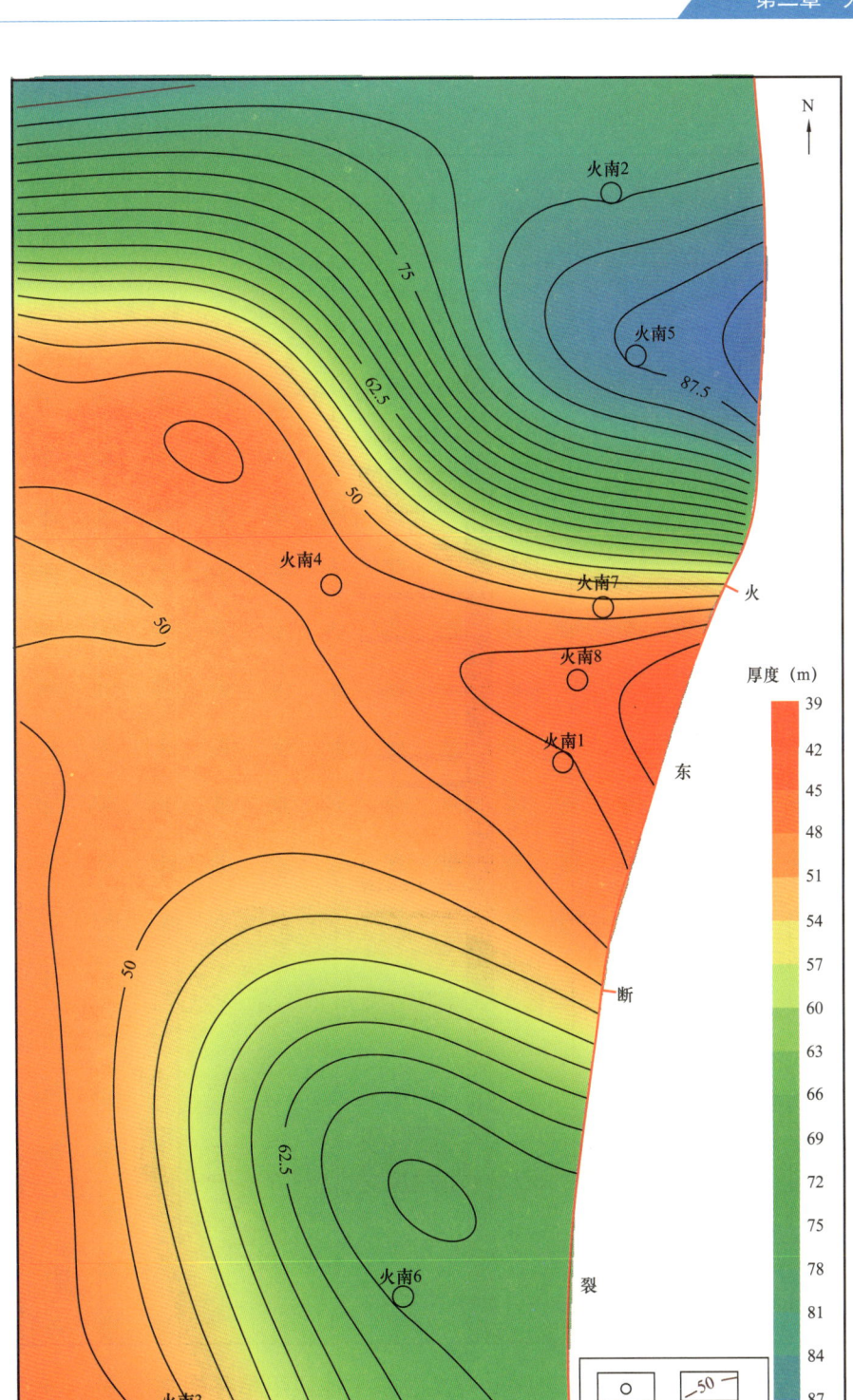

● 图 2-29　火南背斜平地泉组 H_4 含油层厚度分布图

图注　① 火南背斜 H_4 含油层沉积总厚度在 45.5~92m，平均厚度为 60m；② 沉积厚度在火南 5 井、火南 6 井存在高值区，最厚达 92m。

(三）沉积特征

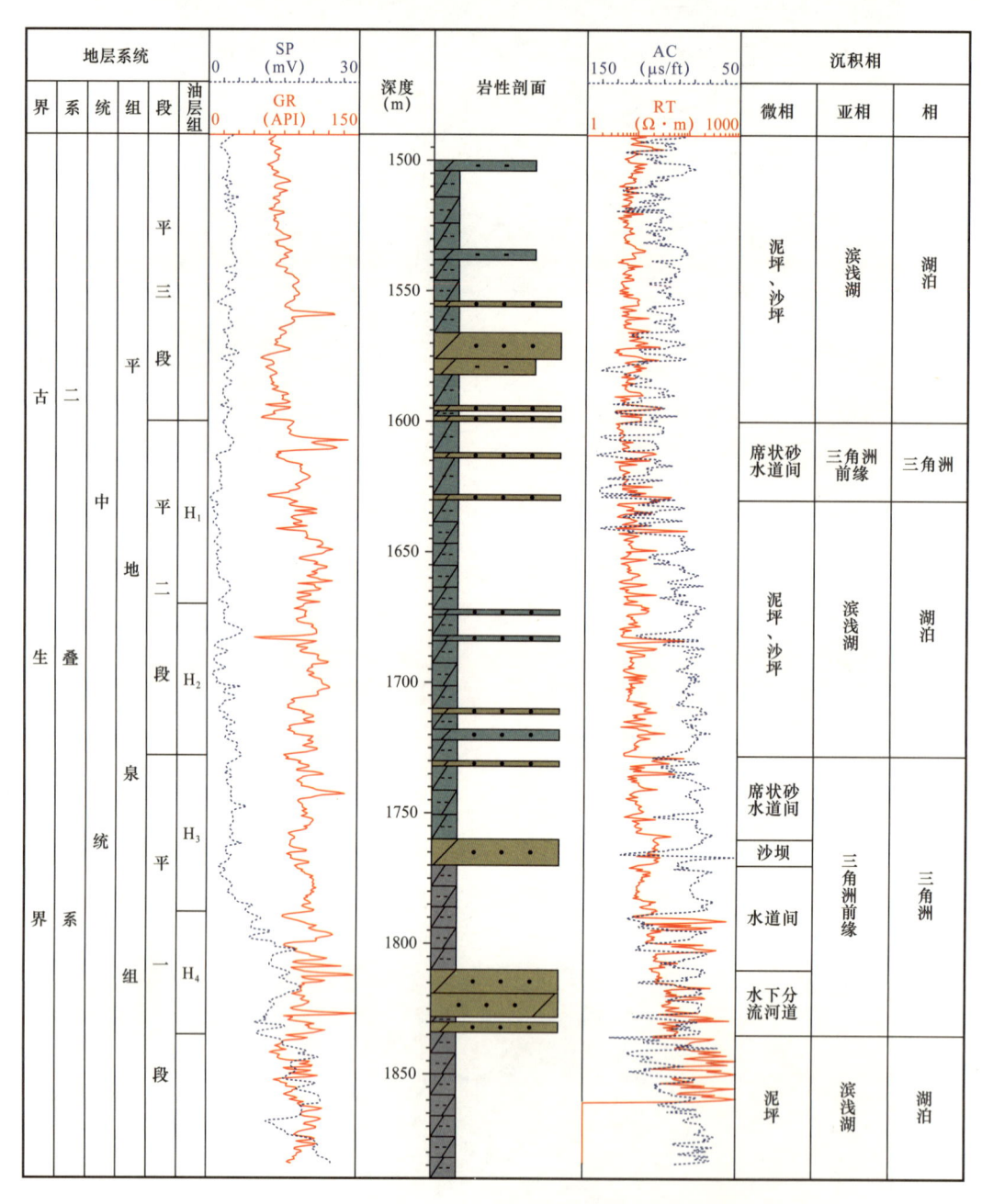

图 2-30　火南 8 井二叠系平地泉组单井相图

图注　① 火南背斜平地泉组主要发育滨浅湖与三角洲前缘亚相；② 垂向上席状砂、水下分流河道间和沙坪、泥坪多种微相相互叠置；③ 主力储层为水下分流河道砂体，电阻率曲线呈齿化箱形，23≤RT＜732Ω·m，伽马曲线上表现为齿化箱形，62≤GR＜150API，自然电位曲线呈箱形，9≤SP＜20mV。

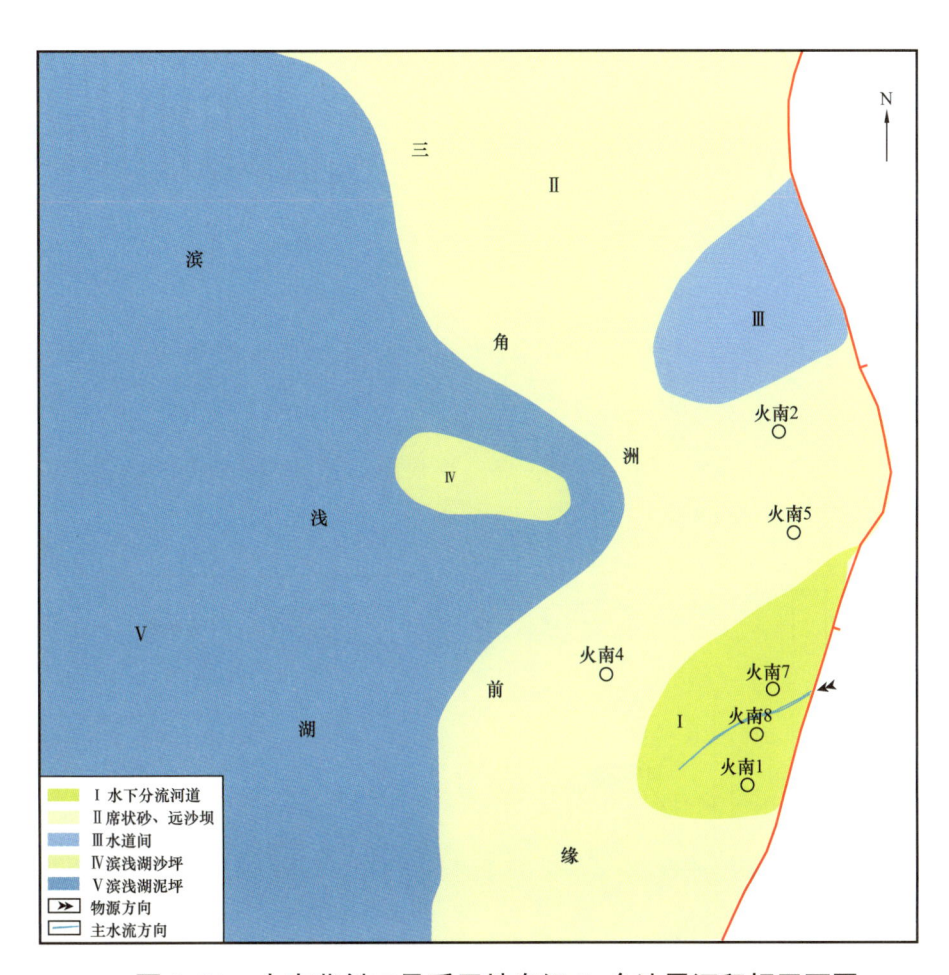

图 2-31 火南背斜二叠系平地泉组 H₄ 含油层沉积相平面图

图注 ①火南背斜二叠系平地泉组 H₄ 含油层发育三角洲前缘及滨浅湖亚相；砂体主要以席状砂和沙坪为主；砂层厚度 6.0～16m，向南北减薄；②物源来自东北方向。

（四）油源分析

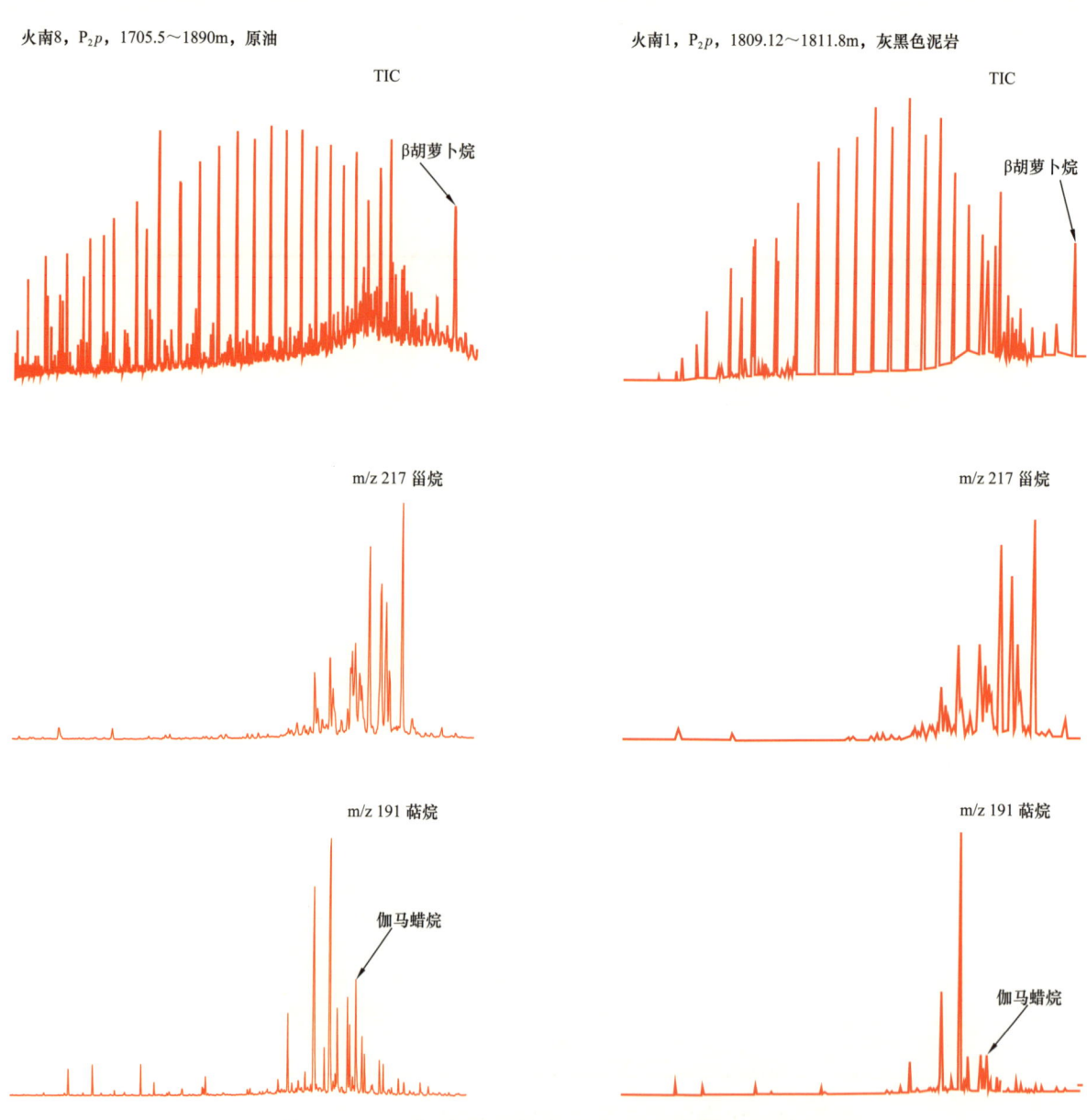

火南8，P_2p，1705.5~1890m，原油

TIC

β胡萝卜烷

火南1，P_2p，1809.12~1811.8m，灰黑色泥岩

TIC

β胡萝卜烷

m/z 217 甾烷

m/z 217 甾烷

m/z 191 萜烷

伽马蜡烷

m/z 191 萜烷

伽马蜡烷

● 图 2-32　火南背斜二叠系平地泉组油藏油源对比图

图注　① 火南背斜二叠系原油形成于还原的半咸水生源环境，母质类型以腐泥型—腐殖腐泥型为主；② 火南油藏二叠系原油为成熟阶段早期原油；③ 烃源层和烃源区主要为火南地区二叠系平地泉组烃源岩。

（五）储层特征

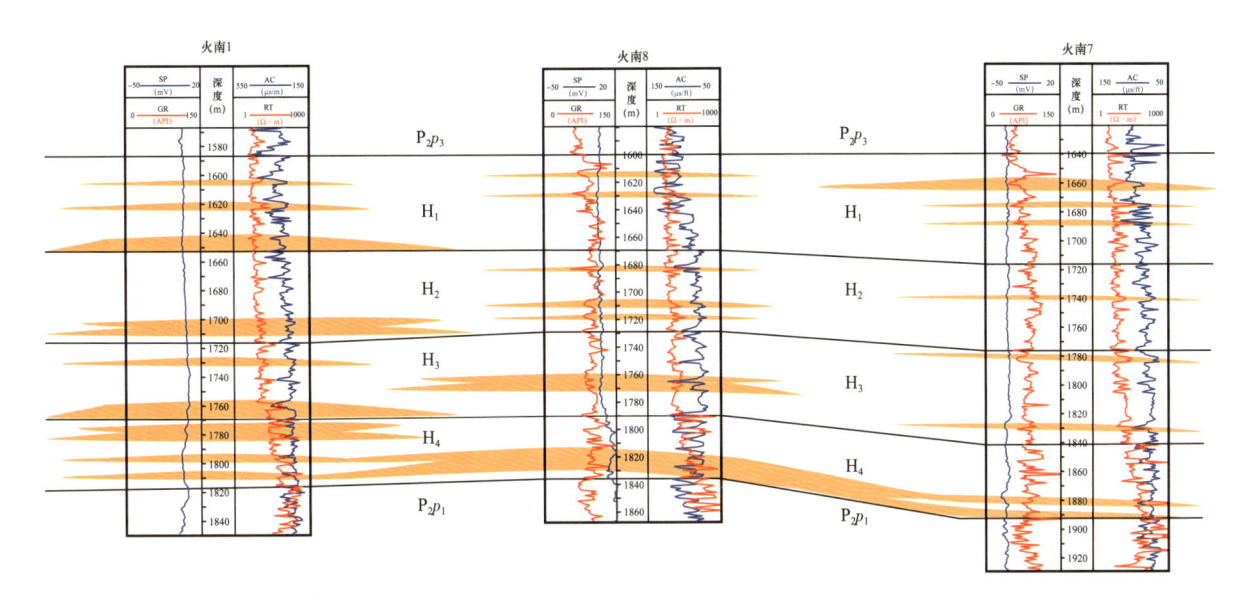

● 图 2-33　火南背斜二叠系平地泉组 H 含油层系砂体对比图

图注　① 火南背斜与火烧山背斜地层分布具有一致性，仅 H_4 含油；② 储层岩性主要为粉砂岩、细砂岩，除 H_4 外，其余层系砂体连通性较差。

表 2-8　火南背斜二叠系平地泉组储层物性数据表

层位	小层	孔隙度（%）样品数	孔隙度（%）变化范围	孔隙度（%）平均	渗透率（mD）样品数	渗透率（mD）变化范围	渗透率（mD）平均
P_2p_2	H_2	15	4.20～14.27	7.23	9	0.01～7.44	1.42
P_2p_2	H_3	45	2.88～22.04	6.26	30	0.01～6.90	0.30
P_2p_1	H_4	187	0.34～39.74	10.66	135	0.01～13.24	0.51
	全区平均	247	0.34～39.74	9.79	174	0.01～13.24	0.74

表注　① 储层孔隙度分布在 0.34%～39.74%，平均为 9.79%；渗透率分布在 0.01～13.24mD，平均为 0.74mD；② 含油饱和度为 64%。

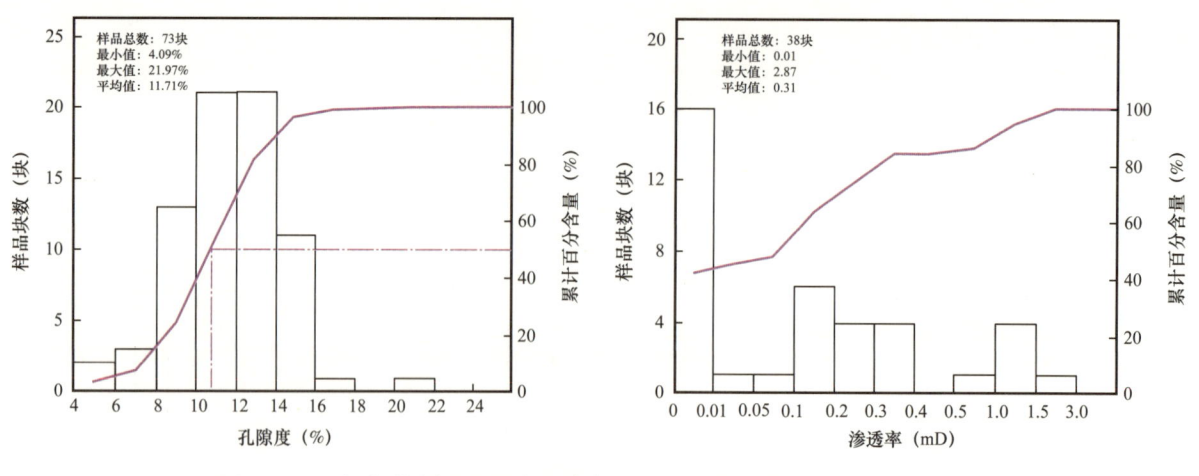

图 2-34 火南背斜二叠系平地泉组 H_4 油层孔隙度、渗透率分布图

图注 ① 火南背斜 H 含油层系平均孔隙度范围在 4.09%~21.97%，平均值 11.71%；② 火南背斜 H 含油层系平均渗透率范围为 0.01~2.87mD，平均值 0.31mD。

(a) 火南1井，H_2，1666.18m，灰色粉细砂岩，微细波状纹层

(b) 火南1井，H_2，1667.02m，灰黑色砂质泥岩，波状纹层

(c) 火南1井，H_4，1800.17m，深灰色砂质泥岩，波状纹层

(d) 火南1井，H_4，1800.4m，深灰色泥质粉砂岩，水平纹层

图 2-35 火南背斜 H 含油层系岩心照片

图注 ① 火南背斜平地泉组 H 含油层系岩石类型主要为粉砂岩、细砂岩；② 发育微细波状纹层、波状纹层；③ 沉积构造观察统计反映平地泉组沉积时水动力条件较弱，沉积环境为三角洲前缘—湖泊相。

(a) 火南7井，H_3，1836.95m，细砂岩，微裂缝，×80（−）

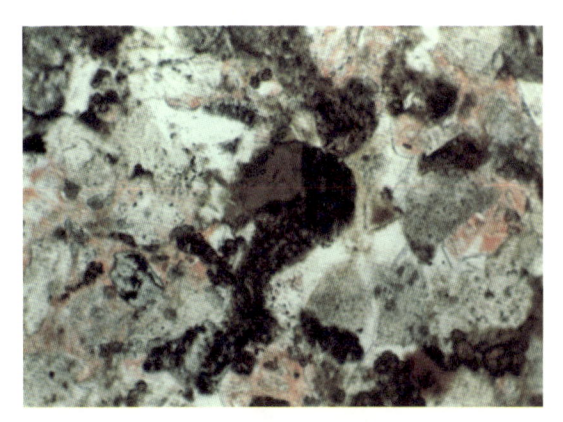

(b) 火南7井，H_4，1863.28m，细砂岩，粒间溶孔，粒内溶孔，×80（−）

(c) 火南8井，H_4，1821.70m，细—粉砂岩，粒间溶孔，×50（−）

(d) 火南8井，H_4，1825.50m，粉砂岩，粒间溶孔，×50（−）

图 2-36　火南背斜 H 含油层系铸体薄片照片

图注　①根据铸体薄片鉴定分析，储层储集空间以粒间溶孔、微裂缝为主，含少量粒内溶孔；②胶结物主要为碳酸盐类矿物及少量沸石；③胶结类型为孔隙型，其次有孔隙—压嵌型及压嵌型，碎屑颗粒磨圆度多为次棱角状，分选中等—好。

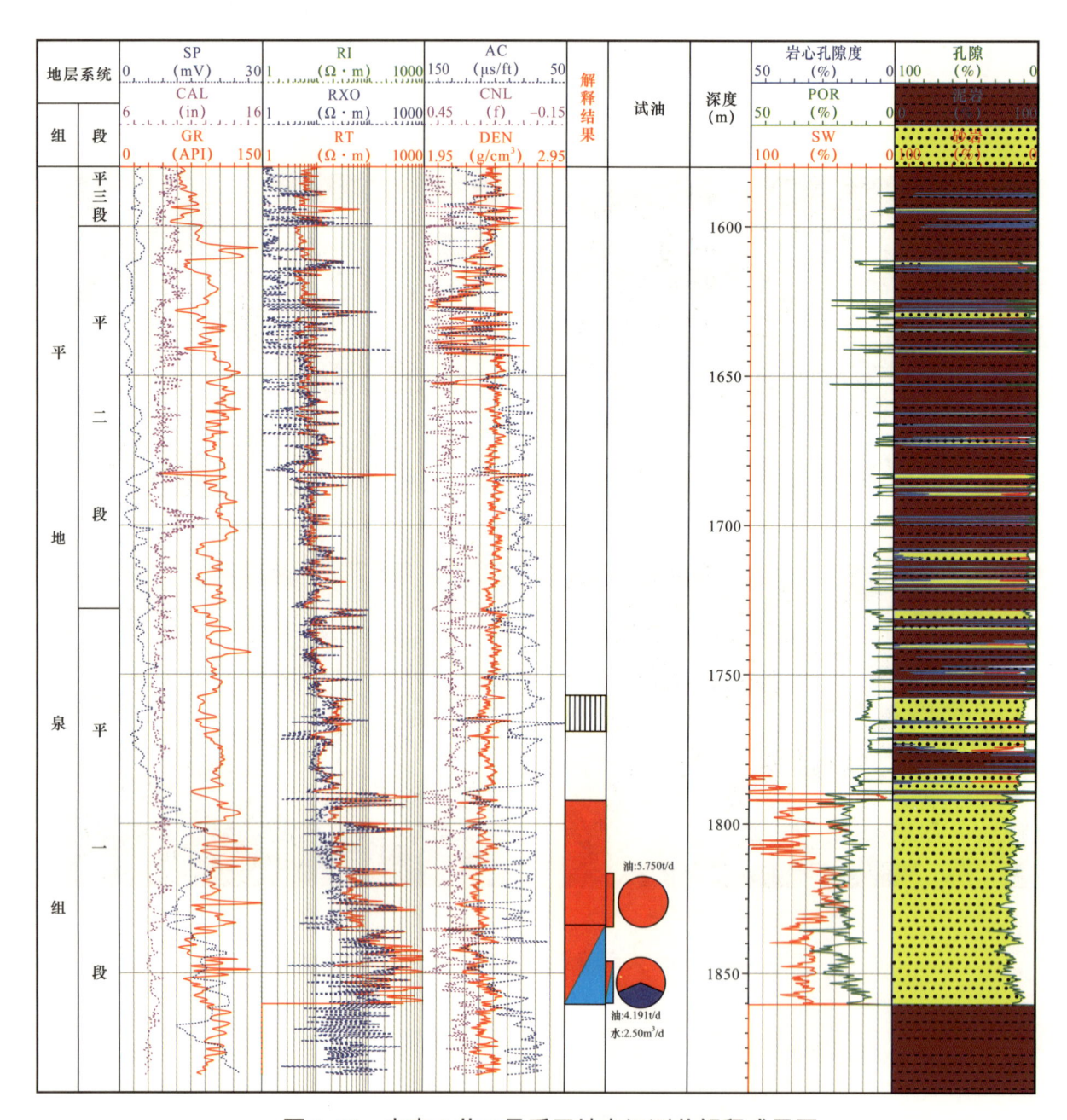

● 图 2-37 火南 8 井二叠系平地泉组测井解释成果图

图注 ① 火南 8 井平地泉组共解释油层 41.7m/1 层、油水同层 26.5m/1 层、干层 12 m/1 层；② 累计试油 32m/2 层，获得油层 18m/1 层，油水同层 14m/1 层。

（六）油藏剖面

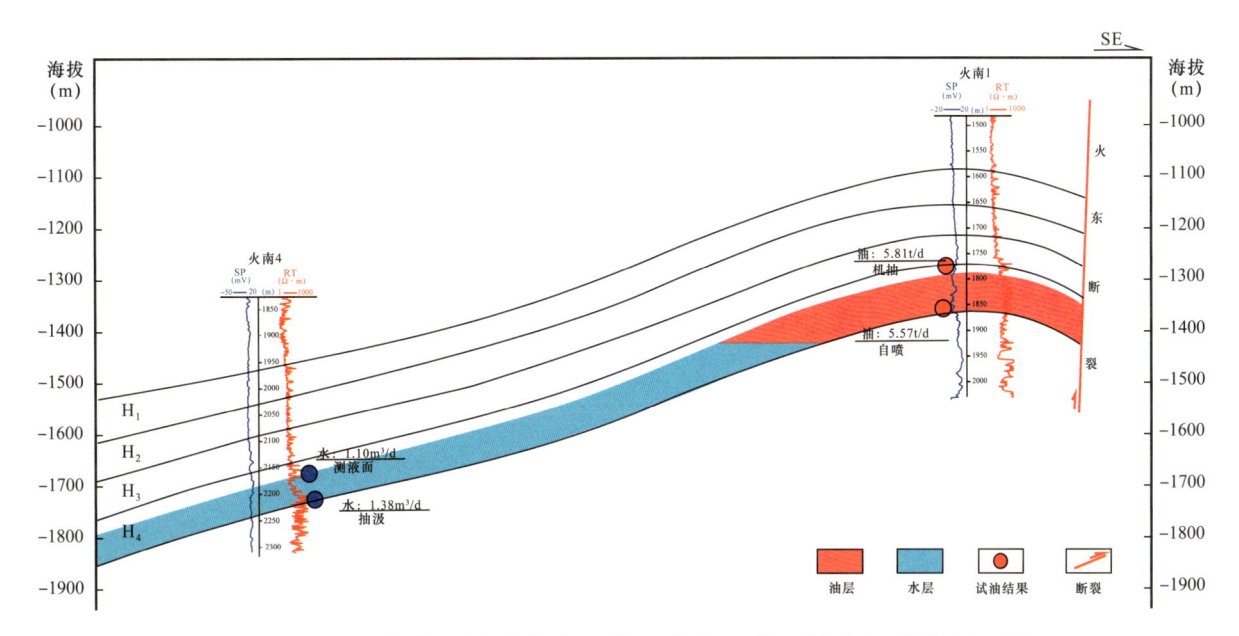

图 2-38　火南背斜过火南 4 井—火南 1 井平地泉组油藏剖面图

图注　① 火南背斜平地泉组油藏为背斜构造油藏。主要含油层位 H_4，油水界面以最低出油层底面为界，海拔 -1430m；② H_4 油层平均有效厚度 10.1m。

（七）流体性质

表 2-9　火南背斜 H_4 含油层系地面原油性质参数表

层位	密度 （g/cm³）	50℃黏度 （mPa·s）	含蜡量 （%）	凝固点 （℃）
H_4	0.888	51	8.2	18.1

图注　油藏原油密度在 0.8828～0.8922g/cm³，平均为 0.888g/cm³；50℃黏度为 41.97～69.36mPa·s，平均为 51mPa·s；含蜡量变化范围在 3.81%～14.1%，平均为 8.2%；凝固点 -10～26℃，平均为 18.1℃。

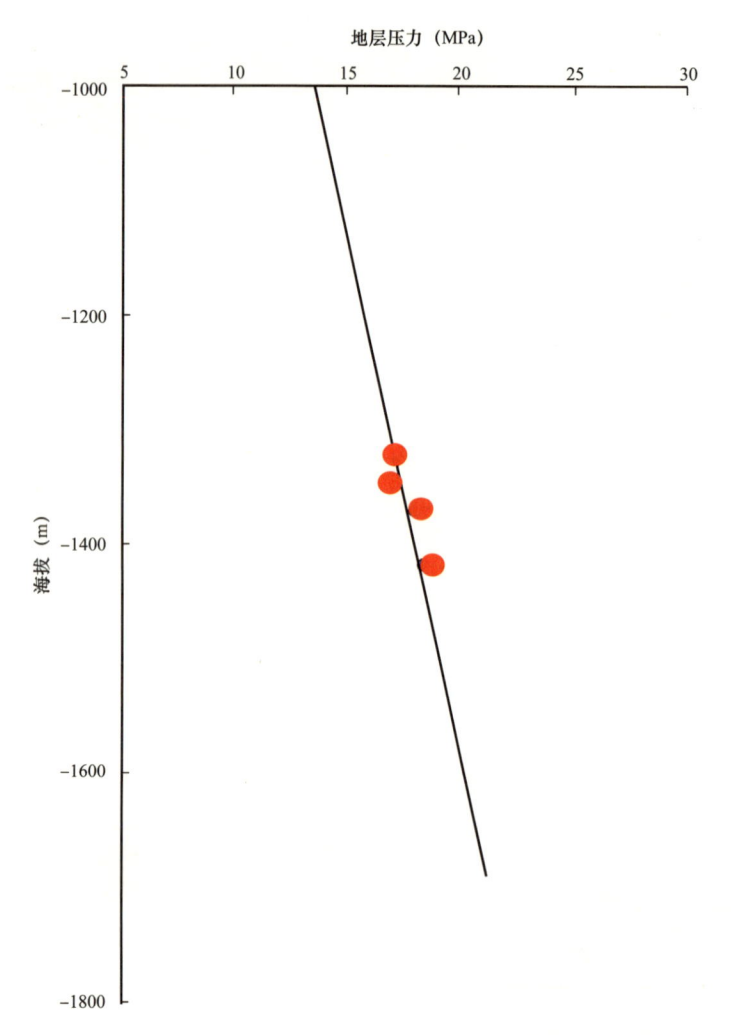

● 图 2-39 火南背斜二叠系平地泉组油藏压力梯度图

图注　火南背斜二叠系平地泉组油藏中部地层压力变化范围在 17.06～19.10MPa，平均为 18.5MPa，压力系数为 0.996。

二、开发特征

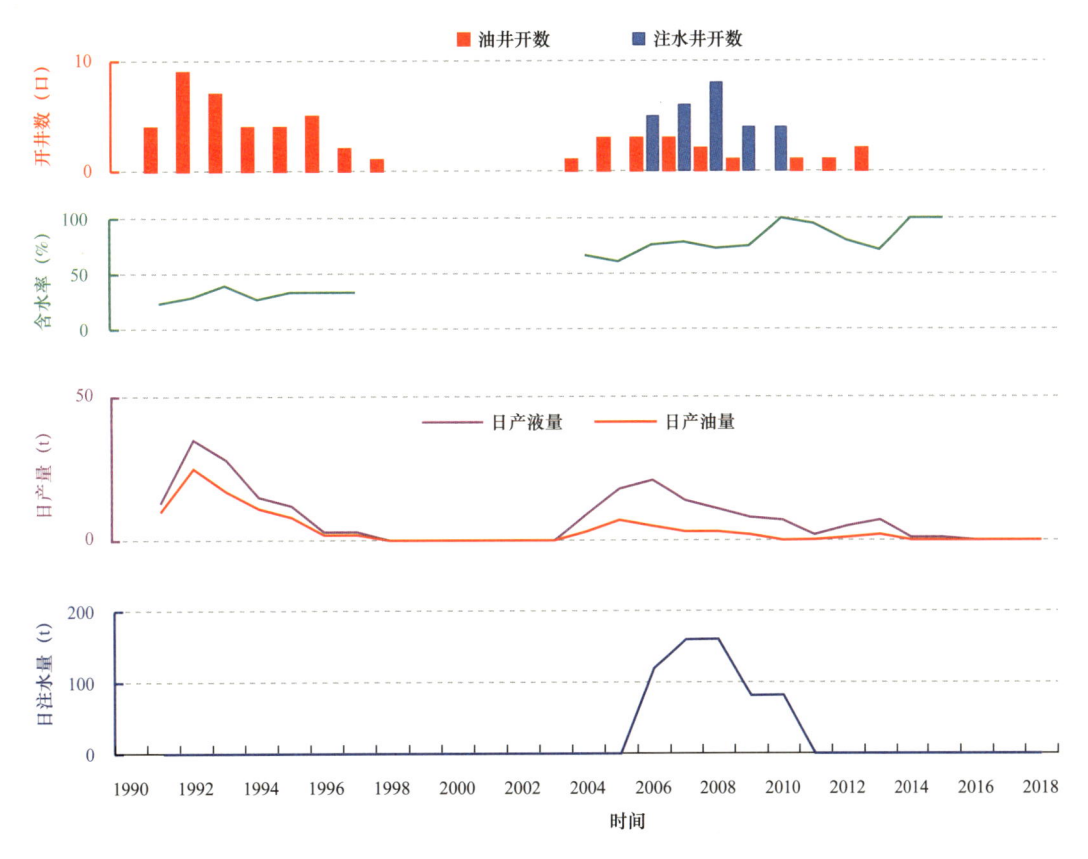

图 2-40 火南背斜二叠系平地泉组油藏综合开发曲线

图注 截至2018年底，火南背斜二叠系平地泉组油藏累计生产原油 $4.4×10^4$t，平均年产油 $0.2×10^4$t，1993年达高峰产油量 $1.2×10^4$t，采出程度1.6%，于2016年关井。

第三章 彩南油田

第一节 地质概况及勘探开发历程

一、地质概况

彩南油田位于准噶尔盆地东部沙漠覆盖区，进入古尔班通古特沙漠腹地80km，距乌鲁木齐市约140km，距阜康市区约110km，位于福海县境内。在构造区划上位于准噶尔盆地中央坳陷白家海凸起上（图1-4）。油田范围内地表布满沙梁，流沙覆盖厚度200～350m，平均地面海拔690m。已建成从准东石油基地直达彩南油田的柏油公路，交通较为便利。

地层自下而上发育石炭系（C）、二叠系下仓房沟群（P_2ch）、三叠系上仓房沟群（T_1ch）、小泉沟群（$T_{2-3}xq$）、侏罗系八道湾组（J_1b）、三工河组（J_1s）、西山窑组（J_2x）、石树沟群（$J_{2-3}sh$）和白垩系吐谷鲁群（K_1tg）。其中石炭系与二叠系、二叠系与三叠系、三叠系与侏罗系、侏罗系与白垩系为区域性地层不整合接触。

至2018年底，彩南油田由彩南背斜区的彩9井区、彩10井区、彩参2井区及彩8井区、彩31井区、彩43井区、彩508井区、彩133井区、彩135井区、彩017井区共10个油藏组成（表3-1）；含油气层系主要为侏罗系三工河组及西山窑组。彩9井区、彩10井区、彩参2井区含油层位为三工河组、西山窑组；彩43井区、彩508井区、彩8井区、彩135井区含油层位为三工河组；彩31井区、彩133井区含油气层位为西山窑组；彩017井区含油气层位为侏罗系石树沟群，油气受砂体的物性控制，一砂一藏，横向连续性较差，储量规模较小（图3-1）。

表3-1 彩南油田探明储量汇总表

油藏		层位	储量类别	计算面积（km²）	探明储量 原油（10⁴t）	探明储量 溶解气（10⁸m³）	油藏类型
彩南背斜	彩9井区	J_2x	探明已开发	27.00	2162.75	23.36	构造—岩性
		J_1s	探明已开发	13.60	1209.34	11.61	构造
	彩参2井区	J_2x	探明已开发	2.40	70.67	0.76	构造—岩性
		J_1s	探明已开发	3.50	445.93	4.28	构造—岩性
	彩10井区	J_2x	探明已开发	10.20	250.66	2.71	构造—岩性
		J_1s	探明已开发	6.50	798.15	7.66	构造

续表

油藏	层位	储量类别	计算面积（km²）	探明储量 原油（10⁴t）	探明储量 溶解气（10⁸m³）	油藏类型
彩43井区	J_1s	探明已开发	1.40	61.88	0.49	构造
彩31井区	J_2x	探明已开发	7.38	199.38	8.16	构造
彩508井区	J_1s	探明已开发	1.40	44.11	0.40	构造
彩8井区	J_1s	探明已开发	2.30	72.56	0.59	构造
彩133井区	J_2x	探明已开发	0.85	22.95	0.07	构造
彩135井区	J_1s	探明已开发	2.33	82.71		构造
彩017井区	$J_{2-3}sh$	探明已开发	1.49	150.91	1.75	岩性
合计			80.35	5572.00	61.84	

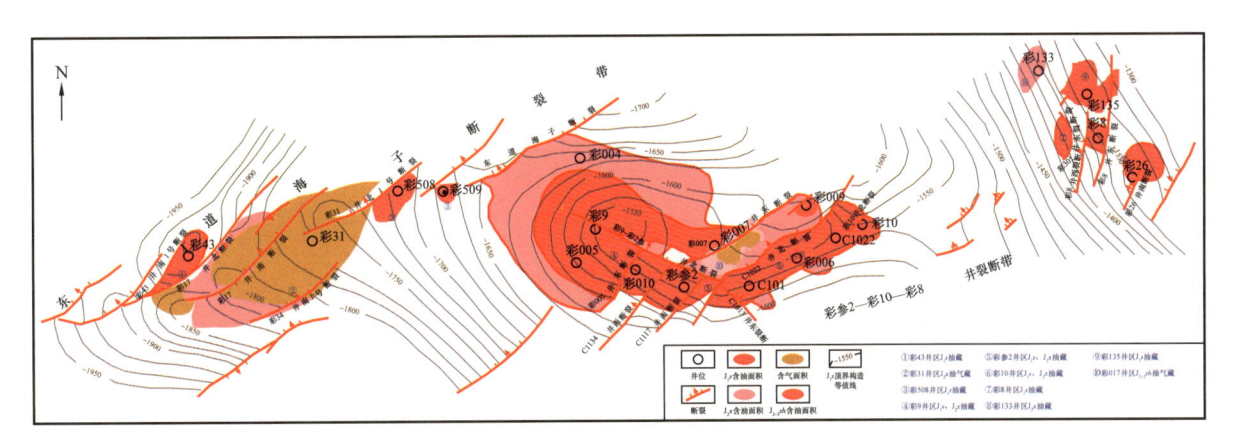

图 3-1 彩南油田油藏分布及含油面积图

二、勘探历程

（一）重力勘探阶段（1957—1963年）

彩南地区的油气勘探工作始于 1957 年，在 1∶20 万的重磁力调查中，根据地面重力资料，将克拉美丽山前地区划分为五彩湾凹陷、帐北隆起、大井凹陷等构造单元，彩南背斜是五彩湾凹陷深处的凹中隆。当时认为五彩湾凹陷二叠系很发育，且可纳入盆地腹部地区油气运移体系中，地表也见良好显示，区带评价地位很高，1963 年曾根据重力资料提出了钻探彩南构造的首钻井位，但是限于当时的设备、技术条件难以满足沙漠区的钻探任务且重力目标的识别精度低而未能实施。

（二）地震勘查阶段（1980—1990年）

1980 年 10 月新疆石油管理局引进法国 CGG 公司的三个沙漠地震队对准噶尔盆地北部、腹地和东部进行多次覆盖数字地震，彩南地区开始进入地震勘查阶段。"六五"

后期编制"七五"规划时，在经过彩南背斜顶部的M011测线上确定了井位。后来发现平地泉组生油岩由五彩湾向西南减薄尖灭，彩南背斜上已经没有平地泉组生油层。根据克拉美丽山前地区的勘探经验，油气与平地泉组紧密相关，在平地泉组变差和尖灭以后，上覆中生界的勘探效果都不好。加上交通条件的限制，彩南背斜又被淡忘了。

20世纪80年代后期，随着沙漠地震采集技术和相应设备保障能力的提升，盆地腹部中央沙漠区开展了区域网格大剖面地震概查，首次获得了准噶尔盆地腹部地震反射资料，明确了准噶尔盆地新凹隆构造格局，同时勾画出盆地大断裂分布图、二叠系埋深图等基础图件，以此提出了"放眼全盆地，立足大凹陷（生油），在隆起区寻找大油田"的部署思想。白家海凸起是一个三面环绕凹陷的继承性大型鼻状隆起，是油气聚集的有利指向区，而彩南背斜则是白家海凸起上的一个大型背斜构造。

1988年开始白家海地区的二维地震勘探工作量逐年增长，至1991年地震测网密度达到1km×1km，基本满足了目标刻画的需求。研究人员在细化二叠系解释方案时，于原来解释的二叠系之下识别出一套较难追踪对比的层序，区域对比将其划归为二叠系。该认识拓展了准东地区二叠系分布范围，在彩南背斜落实了约200m厚的二叠系。不同解释方案的争论很激烈，但在盆地东部勘探踏步不前的情况下，二叠系解释方案取代了主流。

（三）钻探发现阶段（1990—1992年）

彩南背斜被重新认定发育二叠系，又是长期继承性的古隆起，应进行钻探。彩南背斜上的二叠系厚度仅存约200m，很可能缺失生油层，为降低预探风险，需寻找兼探目的层。经地震资料对比分析，在仅有的4条地震测线上，初步确定了一个侏罗系的低幅度断背斜。于是1990年10月31日白家海凸起第一口（也是盆地腹部新一轮油气勘探的第一口）参数井——彩参2井开钻，主探二叠系，兼探侏罗系。

1991年5月11日彩参2井在三工河组2381.5~2389.0m井段试油，5mm油嘴获日产油72.105t，日产气7260m^3，从而发现了彩南油田。1991年上半年，在彩南背斜几个不同高点上部署的彩9井、彩10井、彩8井均在三工河组获得工业油气流。于是一个由侏罗系砂层储油，属背斜层状油藏的整装大型油田——彩南油田诞生了。

彩参2井获得突破后，彩南油田实施了第一块大面元三维地震勘探，面积122.5km^2。通过三维地震资料精细处理解释，在构造相对较高部位陆续部署评价井14口，除彩008井未获油流、彩001井在西山窑组获低产油流外，其余均获工业油气流。其中彩002井1992年4月在西山窑组2288.0~2303.0m井段，用3mm油嘴试采，获日产9.34t的工业油流，进而发现了西山窑组油藏。至1992年底共钻探井22口，进尺5.58×10^{4}m，试油21井45层；钻开发井42口，投产20口；探明含油面积57.2km^2，储量6252×10^{4}t，随即彩南油田迅速转入了自控开发建设。

三、勘探经验与启示

（一）彩南油田是油气发现偶然中的必然

20世纪80年代，准噶尔盆地东部勘探成果表明：油气与二叠系平地泉组烃源岩紧密相关，远离平地泉组生烃中心的地区勘探效果均不好。20世纪90年代初，研究人员于原来解释的二叠系之下识别出一套较难追踪对比的层序，区域对比将其划归为二叠系。该认识拓展了准东地区二叠系分布范围。新认识在彩南背斜落实了相当厚的二叠系。正是基于地质认识的深化，才锁定彩南地区为盆地沙漠区勘探的首选领域。

二维沙漠地震落实彩南背斜后，针对彩南背斜东圈闭部署了彩参2井。基于当时的认识，彩参2井主探目的层为二叠系，却在侏罗系三工河组获得重大突破。虽然钻探成果与前期认识存在较大差异，但认定白家海凸起为有利勘探目标区、锁定彩南背斜为有利构造，彩南油田侏罗系勘探突破存在其必然性。出油层不是原来预计的主探层二叠系，而是兼探层侏罗系，这说明了具体预探目标层位上的偶然性。一个近源隆起区中的背斜圈闭，肯定是捕油的有利目标，所以这种偶然性不仅证实了成藏的必然性，又丰富了存在次生油藏的新规律。由于原来预计的目的层二叠系在该井的缺失，无法出现类似火烧山油田那种自生自储的油藏，而是在断裂系统的沟通下，深部的油气运移到上部侏罗系中形成了次生油藏。这种新情况，使原有的宏观成藏的认识，在"源"控加"梁"控的基础上，又加上了"断"控系统。

（二）彩南油田是盆地首次发现的侏罗系规模高效油藏，拉开了盆地腹部侏罗系勘探序幕

过去准噶尔盆地侏罗系均是在盆地边缘断裂带（西北缘、南缘）发现的二叠系油源为主的他源型油藏。彩南油田是侏罗系出油，且油源主要来自侏罗系本身，属于在准噶尔盆地中找到的第一个以侏罗系为主要油源的大型整装油田。相比二叠系薄而致密的储层，侏罗系储层分布更广、厚度更大、物性更好。侏罗系沉积时期盆地为泛盆沉积，广泛发育三角洲沉积体系，纵向上八道湾组、三工河组、西山窑组发育厚层砂体，储层厚度累计可达百米。储层物性更好，三工河组孔隙度平均为19.38%，渗透率平均为198.05mD；西山窑组孔隙度平均为17.01%，渗透率平均为10.04mD。侏罗系作为当时广大盆腹区钻探仅能达到的层系，既是良好的生油层，又有规模优质的储层，这一发现填补了准噶尔盆地油气生成领域理论与实践方面的空白。

彩南油田发现之前，准噶尔盆地的油气勘探曾长时期停滞在盆地的周缘地区。彩南油田的发现吹响了总攻准噶尔盆地腹部油气勘探的号角，时隔一年半，石西1井喜获高产工业油气流，诞生了石西亿吨级油田，接着又发现了石南、莫北、陆梁、莫索湾等大油气田，成功实现了勘探主战场由周缘转向盆腹区，实现了侏罗系作为勘探层系

的战略接替。据统计，1963—1991年近30年间准噶尔盆地侏罗系提交的探明石油地质储量为6803×10⁴t，而自彩南油田发现后，准噶尔盆地以侏罗系为目的层的勘探硕果累累，1992—2015年侏罗系探明的石油储量迅速增长至41782×10⁴t，达到之前的6倍（图3-2）。

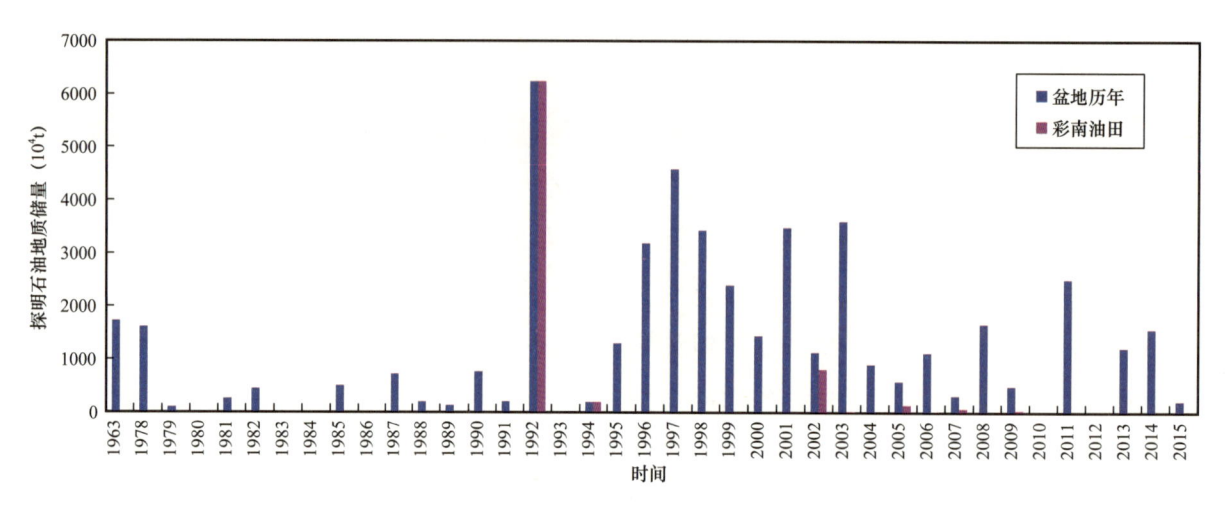

图 3-2　准噶尔盆地侏罗系稀油历年探明储量直方图

四、开发简况

1992年彩南油田投入生产到2018年12月，彩南油田经历了产能建设、高产稳产、产量递减三个阶段。

（一）产能建设阶段

该阶段主要为1992—1993年。1992年4月，彩南油田进入实验开发，至年底投产油井19口，建成产能10.17×10⁴t，动用含油面积3.0km²，地质储量400×10⁴t，1992年底完成彩南油田三工河组—西山窑组油藏开发方案编制，开始产能建设。1993年10月，投产井数184口，动用含油面积43.7km，地质储量4246×10⁴t，标志着彩南油田具备百万吨的年产能力。

（二）高产稳产阶段

该阶段主要为1994—2003年。此阶段由于采取适合油藏特征的开采技术政策，综合应用天然水驱、油藏精细描述、数值模拟等先进技术，不断深化油藏认识，进行油藏整体加密、滚动扩边、封隔边底水及调驱等措施，实现了油田持续高速高效开发。1995—1996年三工河组油藏主要利用充足的天然能量开采，西山窑组油藏注采同步，至1996年底全油田机械采油量超过55%，采出程度9.6%，综合含水23.8%。通过大规模建产，至1994年，年产油量首次突破百万吨，连续十年年产油量百万吨以上，1996年实现最高年产油量151.4×10⁴t，实现了新疆油田低渗透油藏的高效开发。

(三)产量递减阶段

该阶段主要为 2003—2018 年。油藏底层压力迅速下降,注水见效范围扩大,约有 30% 的采油井因水淹而产量大幅度下降或丧失了产能,含水上升速度加快,平均含水上升率 2.6%,剩余可采储量明显不足,剩余油可采速度过快,油量递减增大,油田处于高采出程度、高含水阶段(图 3-3)。

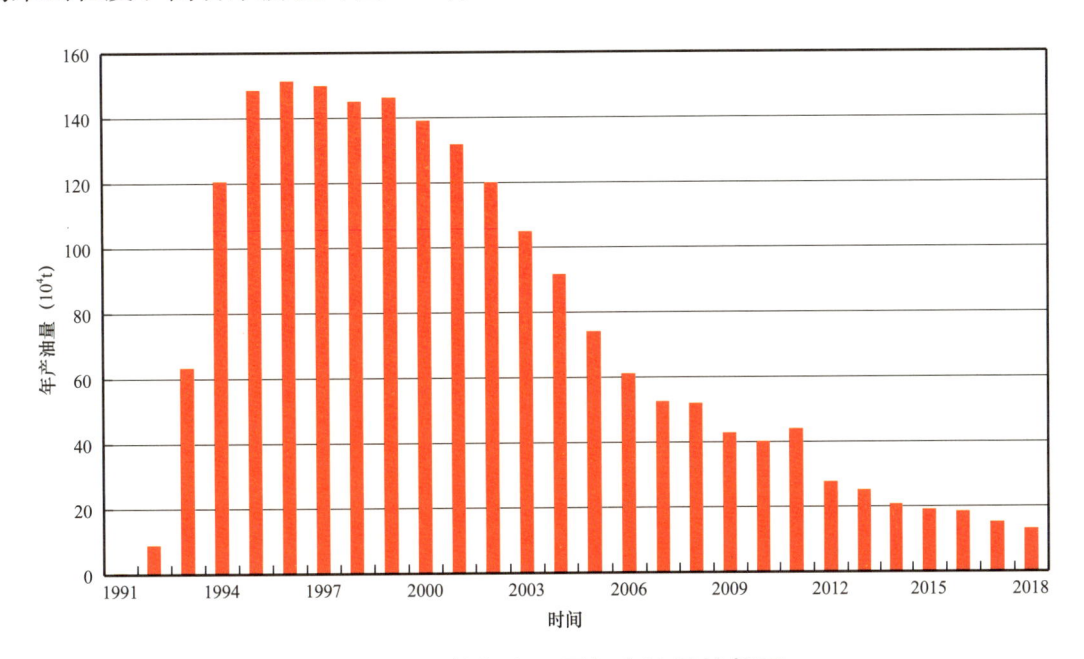

图 3-3 彩南油田历年产油量柱状图

截至 2018 年 12 月,彩南油田已探明含油面积 80.35km^2,原油地质储量 5572×10^{4}t。全油田共有油水井 513 口,其中油井 369 口,开井数 262 口;注水井 142 口,开井数 123 口,累计产油 2029.7×10^{4}t,累计产液 5692.8×10^{4}t,综合含水 94.2%,采出程度 36.4%(图 3-4)。

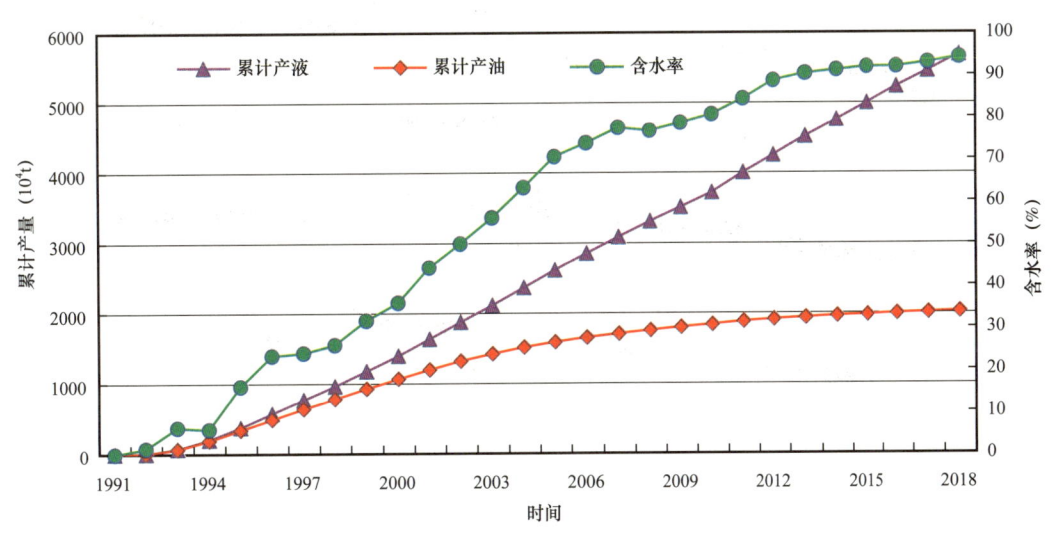

图 3-4 彩南油田开发曲线图

第二节　彩 9 井区侏罗系三工河组、西山窑组油藏

一、石油地质特征

（一）构造特征

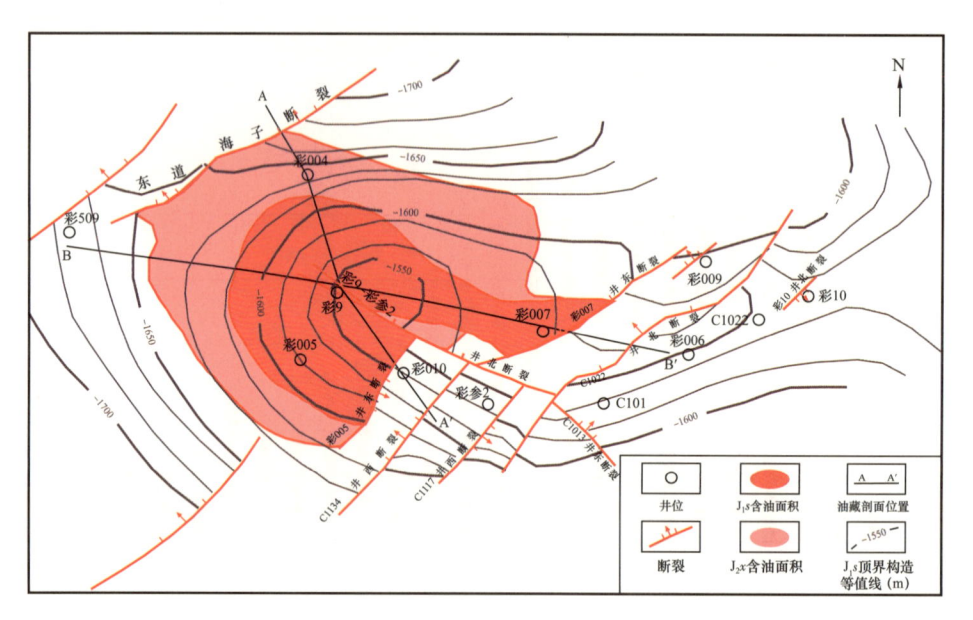

图 3-5　彩 9 井区侏罗系三工河组顶面构造图

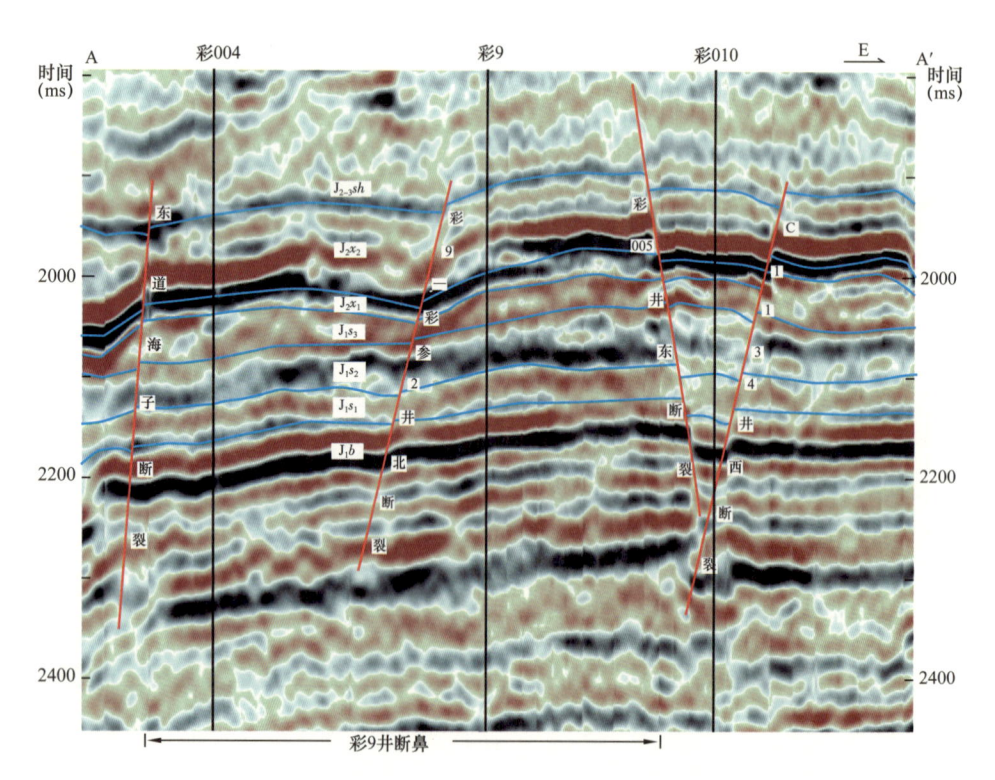

图 3-6　过彩 004 井—彩 9 井—彩 010 井地震地质解释剖面

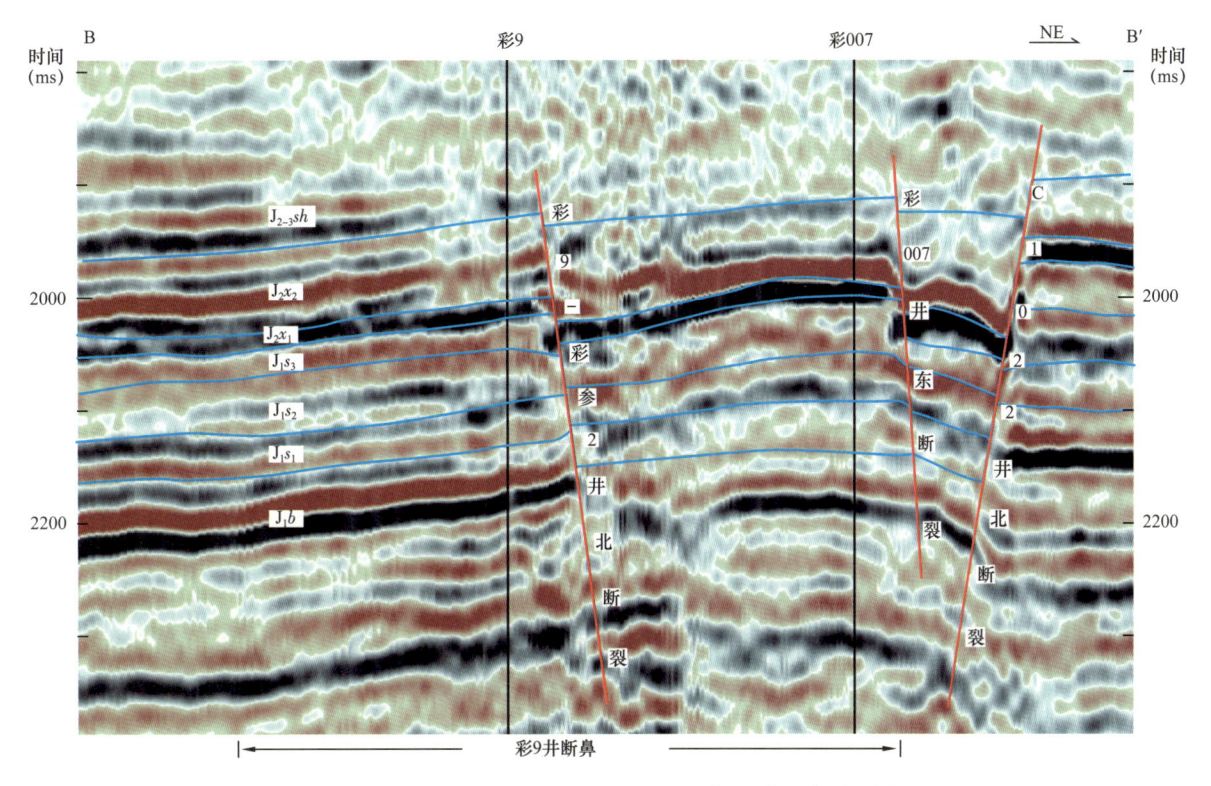

● 图 3-7　过彩 9 井—彩 007 井地震地质解释剖面

图注　① 彩 9 井区油藏位于彩南背斜西部，彩 9 井断鼻属彩南背斜的次一级构造，构造被东道海子断裂带、彩 005 井东断裂、彩 007 井东断裂所切割，断鼻轴向为北西—南东向，构造轴部地层平缓，地层倾角 1°，两翼地层倾角 2°~3°；② 圈闭闭合高度 70m。

表 3-2　彩 9 井区侏罗系油藏断裂要素表

断裂名称	断层性质	断开层位	断距（m）	断层产状 走向	断层产状 倾向	断层产状 倾角	延伸长度（km）
彩 005 井东断裂	正	J	40	NE—SW	SE	60°	2.5
彩 007 井东断裂	正	J	45	NE—SW	SE	60°	3.5
彩 9 井—彩参 2 井北断裂	正	J	65	NW—SE	NE	70°	4.0

表注　彩 9 井断鼻主控断裂有三条，均为正断裂，断开层位 J，彩 005 井东断裂及彩 007 井东断裂为北东—南西走向，彩 9 井—彩参 2 井北断裂为北西—南东走向，断面较陡，断距在 40~65m。

（二）地层分布

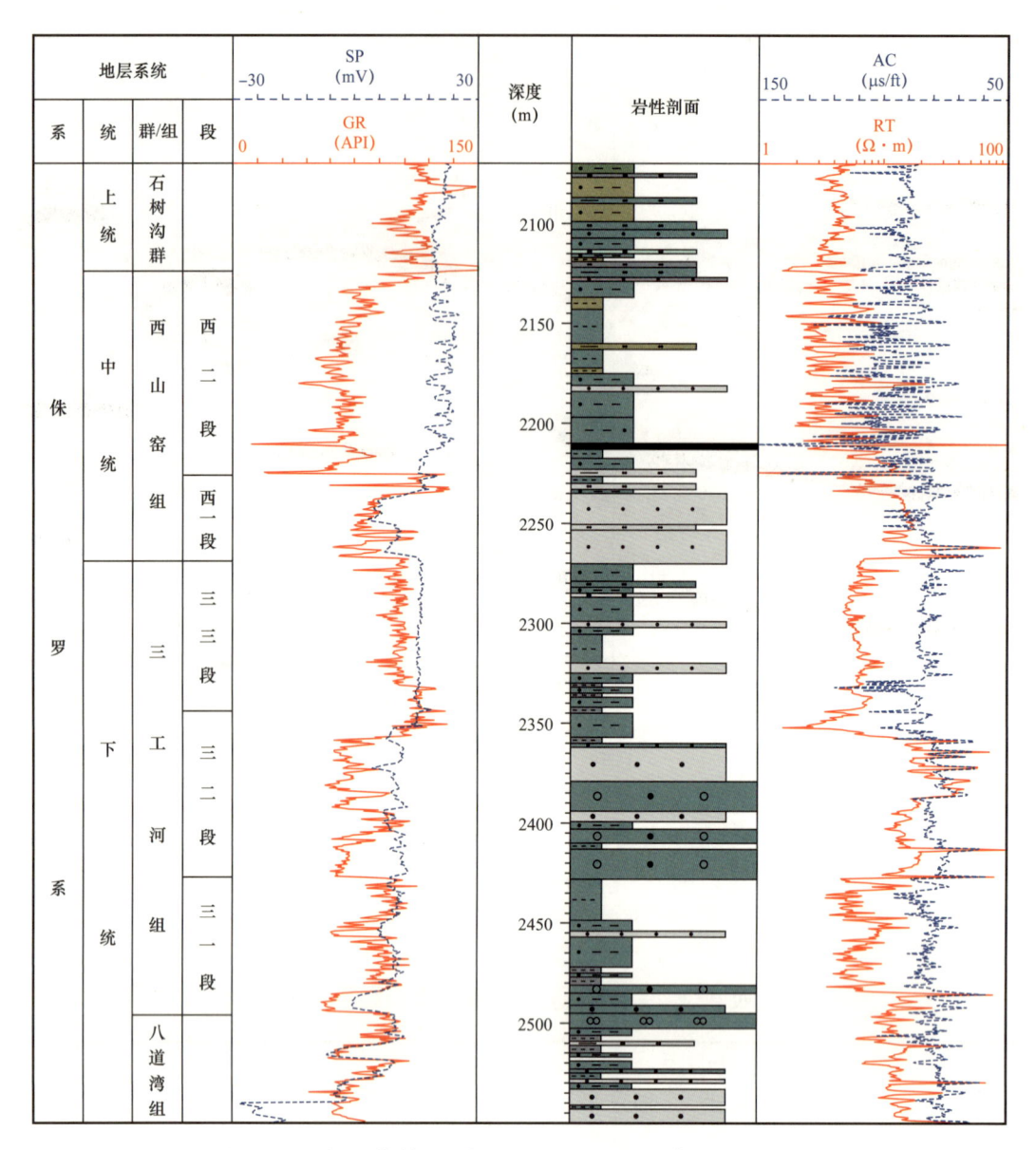

图 3-8　彩 9 井侏罗系三工河组、西山窑组综合柱状图

表 3-3　彩 9 井区侏罗系厚度数据表

井号	完钻层位	地层厚度（m）				
^	^	白垩系	侏罗系			
^	^	吐谷鲁群	石树沟群	西山窑组	三工河组	八道湾组
^	^	K$_1$tg	J$_{2-3}$sh	J$_2$x	J$_1$s	J$_1$b
彩 9	J$_1$b	1246	383	147	287	342.5（未穿）
彩 004	J$_1$s	1260	416	163	160（未穿）	
彩 005	J$_1$s	1227	397	145	176（未穿）	
彩 010	J$_1$s	1196	431	146	177（未穿）	

图表注　① 彩 9 井区钻揭的地层分别为白垩系吐谷鲁群（K$_1$tg，厚度 1186～1312m）、侏罗系石树沟群（J$_{2-3}$sh，厚度 383～450m）、侏罗系西山窑组（J$_2$x，厚度 145～165m）、三工河组（J$_1$s，厚度 250～300m）、八道湾组（J$_1$b，厚度 274～350m）；② 目的层侏罗系三工河组、西山窑组与下伏八道湾组整合接触，与上覆侏罗系石树沟群假整合接触，三工河组二段及西山窑组一段为主力油层。

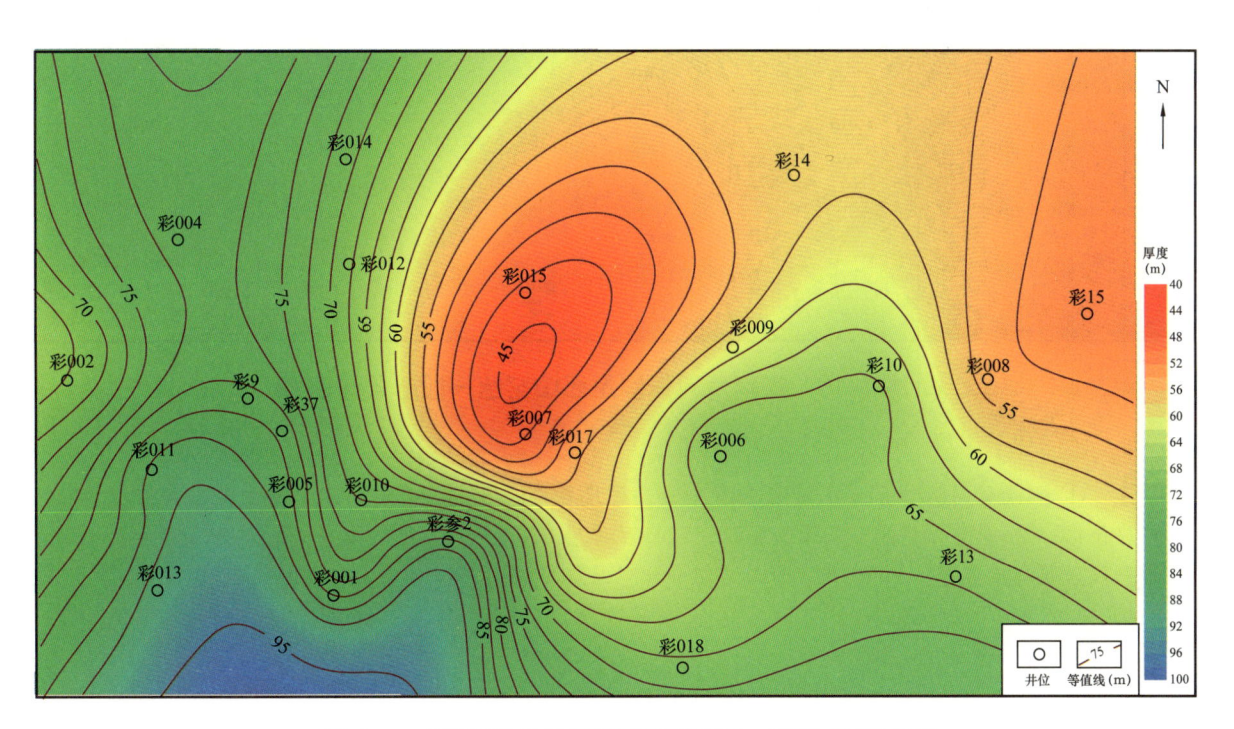

图 3-9　彩南背斜侏罗系三工河组二段砂层厚度图

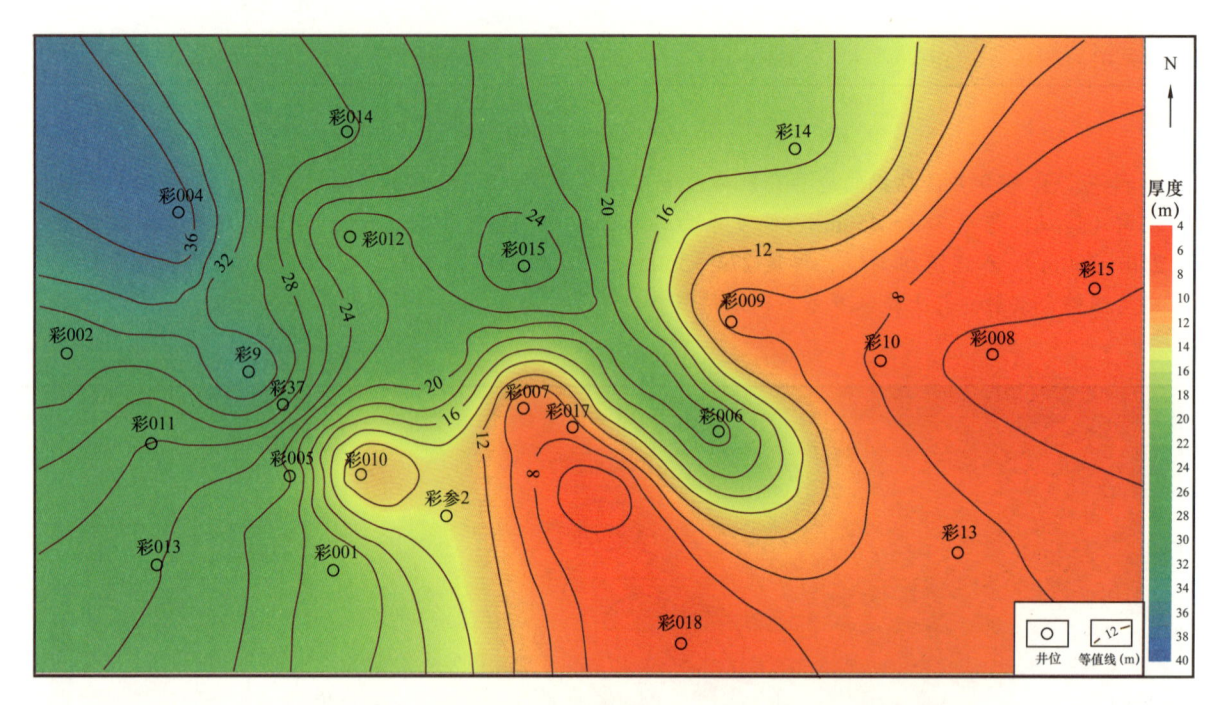

图 3-10　彩南背斜侏罗系西山窑组一段砂层厚度图

图注　① 彩南背斜侏罗系三工河组二段含油层厚度在 44~86m，平均厚度 70m，彩 9 井区出现局部厚值区；② 彩南背斜侏罗系西山窑组一段砂层厚度在 6~36m，平均厚度 18m。彩 9 井区西山窑组一段砂层厚度最厚，彩 10 井区西山窑组一段砂层厚度较薄。

(三) 沉积特征

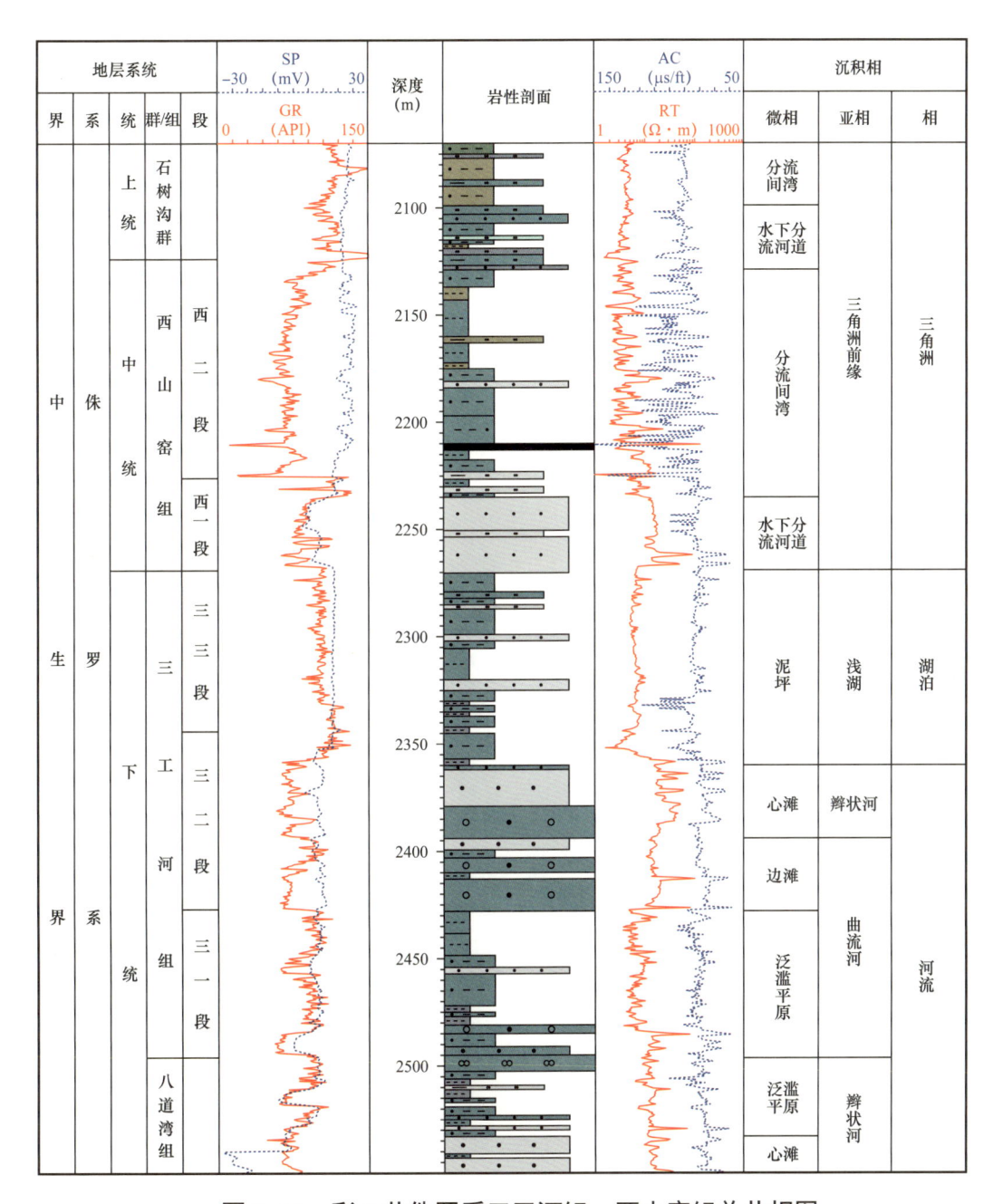

图 3-11 彩 9 井侏罗系三工河组、西山窑组单井相图

图注 ① 彩 9 井区三工河组主要发育曲流河、辫状河亚相；西山窑组发育三角洲前缘亚相；② 三工河组垂向上边滩、心滩与泛滥平原多种微相相互叠置；西山窑组水下分流河道与分流间湾相互叠置；③ 三工河组油藏主力储层为边滩、心滩沉积，西山窑组油藏主力储层为水下分流河道沉积，电阻率曲线呈漏斗形、箱形，$4.6 \leq RT < 140.6 \Omega \cdot m$，伽马曲线上表现为齿化箱形，$57 \leq GR < 114 API$，自然电位曲线呈齿化箱形，$3 \leq SP < 11 mV$。

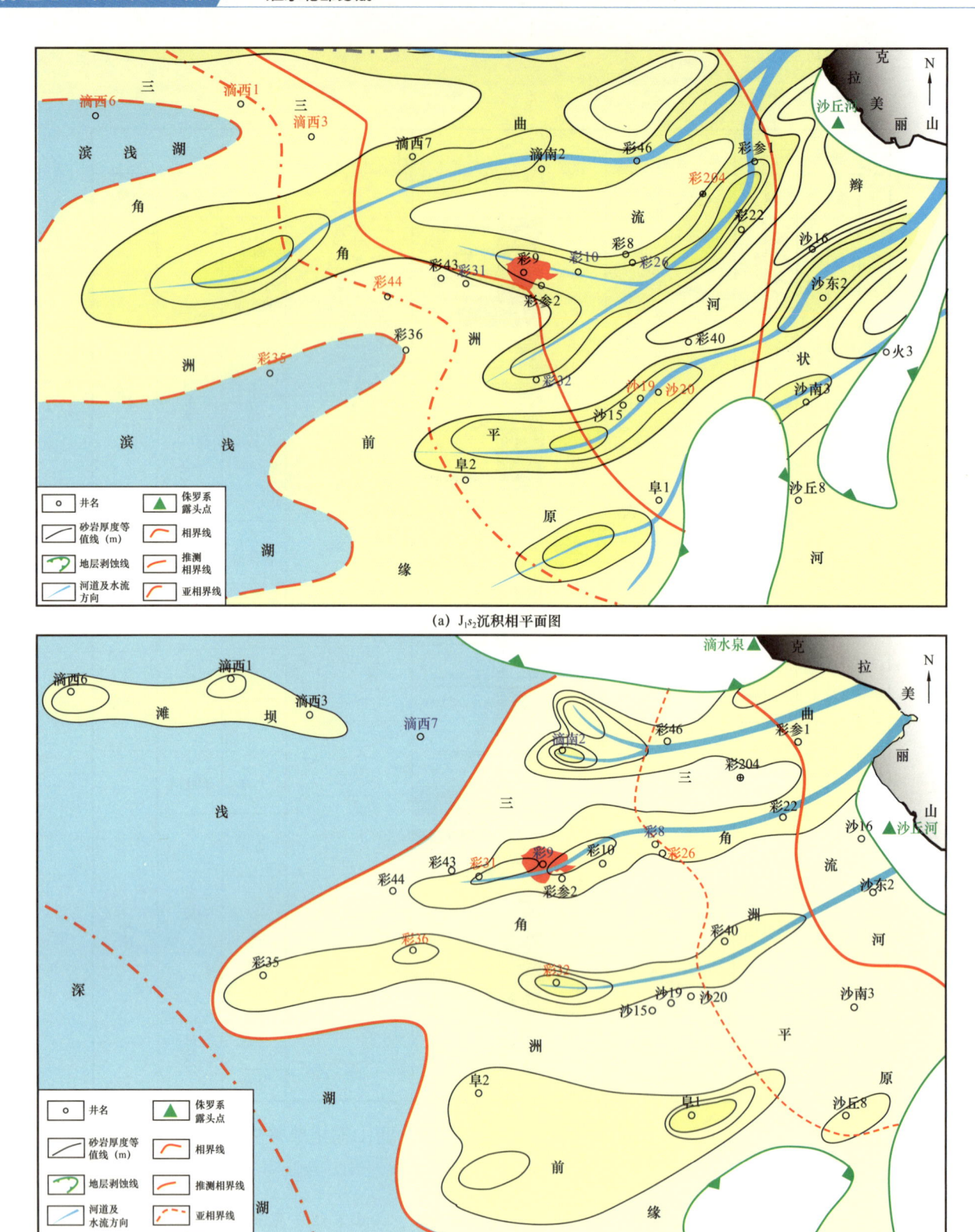

● 图 3-12　彩南油田彩 9 井区 J_1s_2、J_2x_1 沉积相平面分布图

图注　① 区域上看彩南油田三工河组二段发育曲流河及三角洲沉积；② 物源来自北东克拉美丽山；③ 彩 9 井区三工河组二段发育曲流河沉积到西山窑组一段演变为三角洲前缘沉积。发育曲流河边滩及三角洲前缘水下分流河道砂。

(四)油源分析

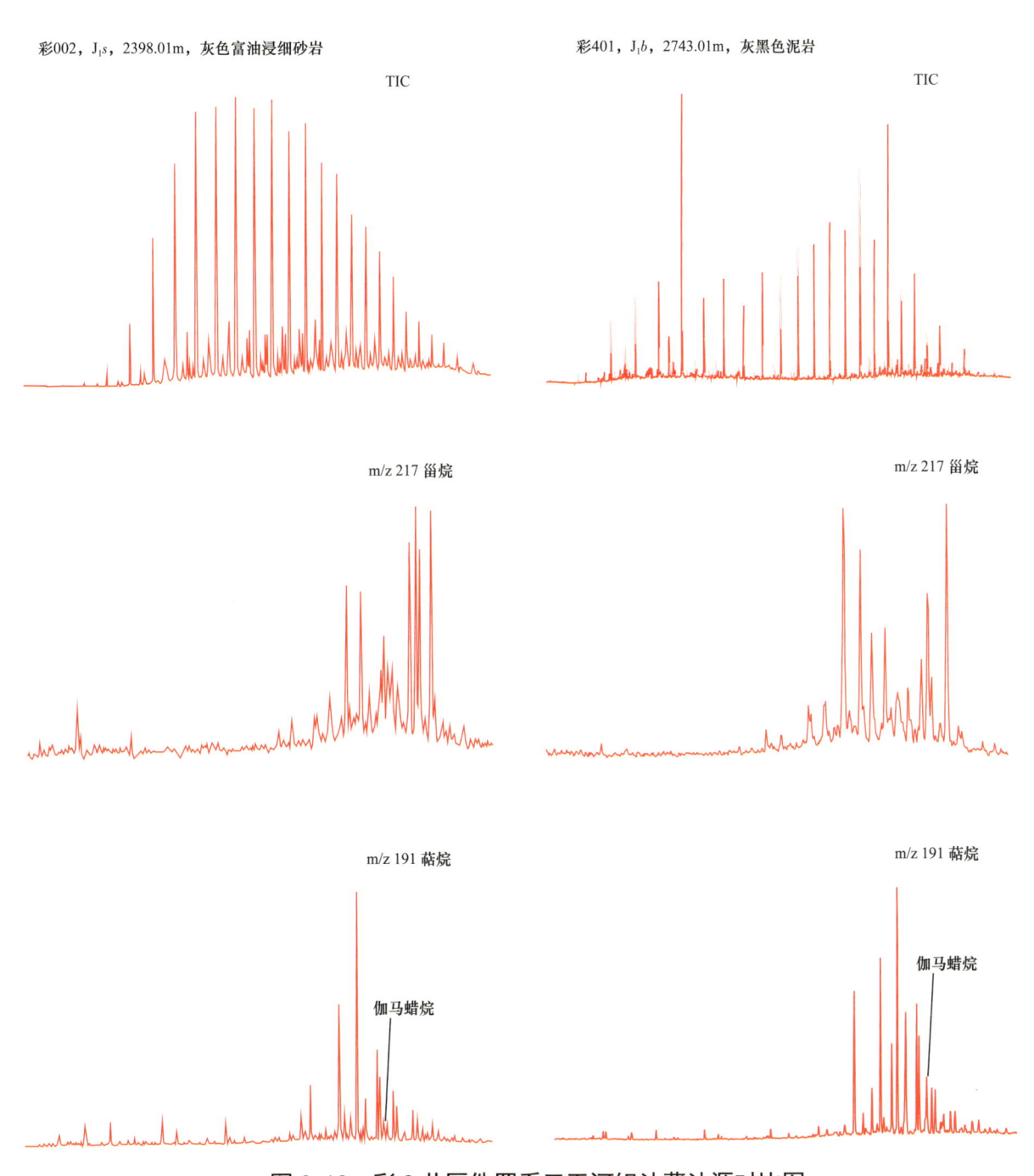

图 3-13　彩 9 井区侏罗系三工河组油藏油源对比图

图注　① 彩南油田彩 9 井区侏罗系原油形成于弱氧化—弱还原的淡水环境，母质类型以偏腐殖型的有机质为主；② 彩 9 井区侏罗系原油为成熟阶段原油；③ 烃源层和烃源区主要为阜康凹陷侏罗系烃源岩，并具有二叠系平地泉组烃源岩贡献。

(五)储层特征

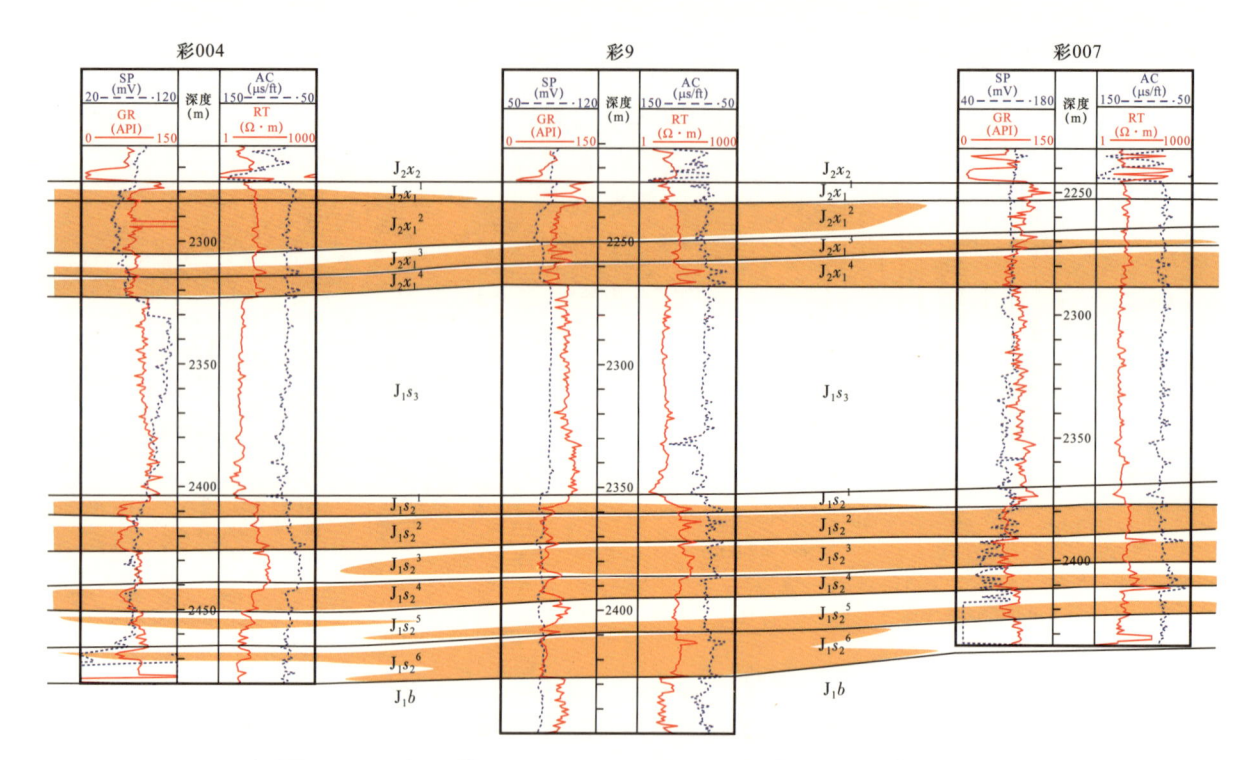

图 3-14　彩 9 井区三工河组二段、西山窑组一段砂体对比图

图注　① 彩 9 井区主力层侏罗系三工河组二段自上而下分为六个砂层，砂体连通及储层物性较好，$J_1s_2^2$—$J_1s_2^4$ 砂层分布相对稳定，各砂层之间无稳定隔夹层。$J_1s_2^2$、$J_1s_2^3$ 砂层为该区主力油层，其次为 $J_1s_2^1$、$J_1s_2^4$ 砂层，$J_1s_2^5$、$J_1s_2^6$ 砂层仅在彩 9 断鼻北部呈透镜体分布，规模较小。三工河组二段储层岩性主要为中粗砂岩、细砂岩和砂砾岩；② 西山窑组一段自上而下分为四个砂层，油层发育最好的是 $J_2x_1^3$，其次为 $J_2x_1^2$，$J_2x_1^4$ 在构造高部位有油层发育。储层岩性主要为细砂岩、中砂岩。

表 3-4 彩 9 井区三工河组二段、西山窑组一段储层物性数据表

层位	小层	孔隙度（%）样品数	变化范围	平均	渗透率（mD）样品数	变化范围	平均
J_2x_1	$J_2x_1^2$	309	12.29～20.34	16.46	303	1.13～111.28	6.15
	$J_2x_1^3$	344	14.2～19.69	17.33	344	1.18～60.64	11.67
	$J_2x_1^4$	111	13.64～20.19	16.96	110	1.18～87.03	7.95
	全区平均	764	12.29～20.19	17.01	757	1.13～111.28	10.04
J_1s_2	$J_1s_2^1$	122	13.22～24.33	19.64	122	4.26～1818.14	116.12
	$J_1s_2^2$	178	13.74～24.8	20.27	175	10.84～4435.48	206.35
	$J_1s_2^3$	136	13.72～25.19	19.07	136	2～4604.02	101.44
	全区平均	436	13.22～25.19	19.38	436	2～4604.02	198.05

表注 ① 侏罗系三工河组二段储层孔隙度分布在 13.22%～25.19%，平均为 19.38%；渗透率分布在 2～4604.02mD，平均为 198.05mD；侏罗系西山窑组一段储层孔隙度分布在 12.29%～20.09%，平均为 17.01%；渗透率分布在 1.13～111.28mD，平均为 10.04mD；② 三工河组二段含油饱和度为 55%，西山窑组一段含油饱和度为 56%。

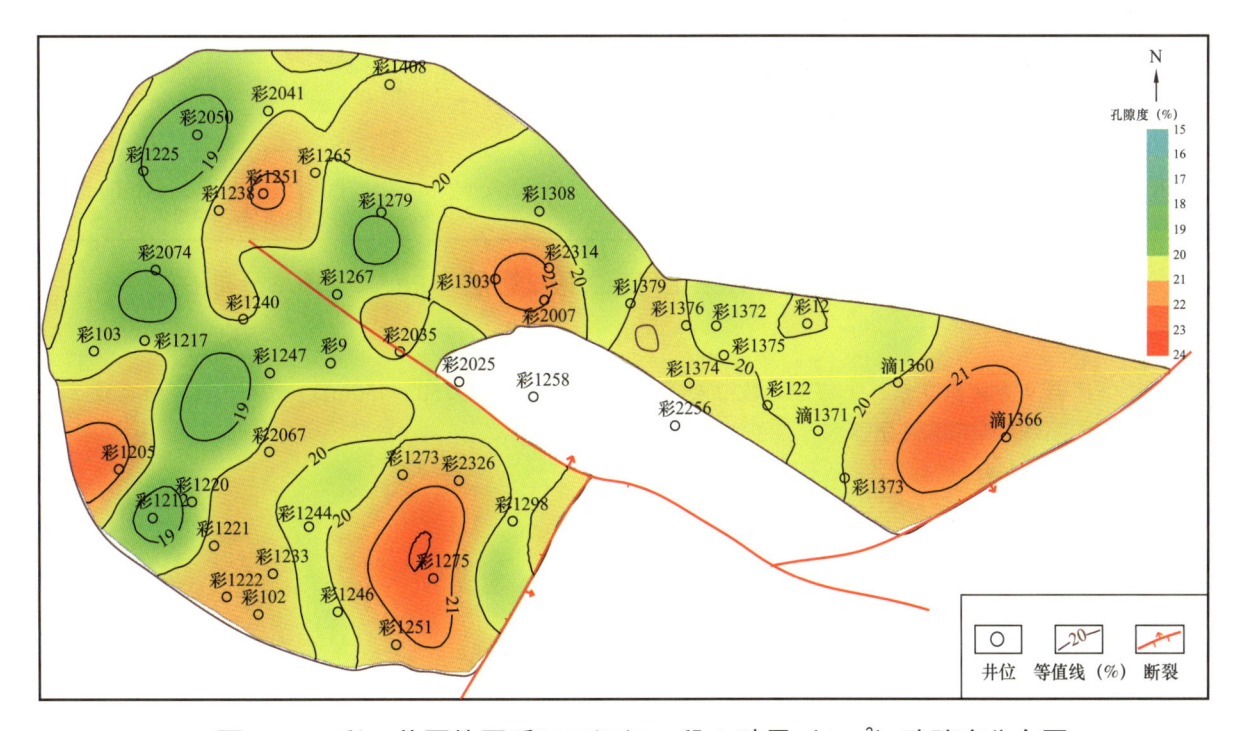

● 图 3-15 彩 9 井区侏罗系三工河组二段 2 砂层（$J_1s_2^2$）孔隙度分布图

图注 ① 彩 9 井区侏罗系三工河组二段 2 砂层孔隙度平均分布在 16%～24%；② 三工河组二段 2 砂层孔隙度高值区不规则分布。

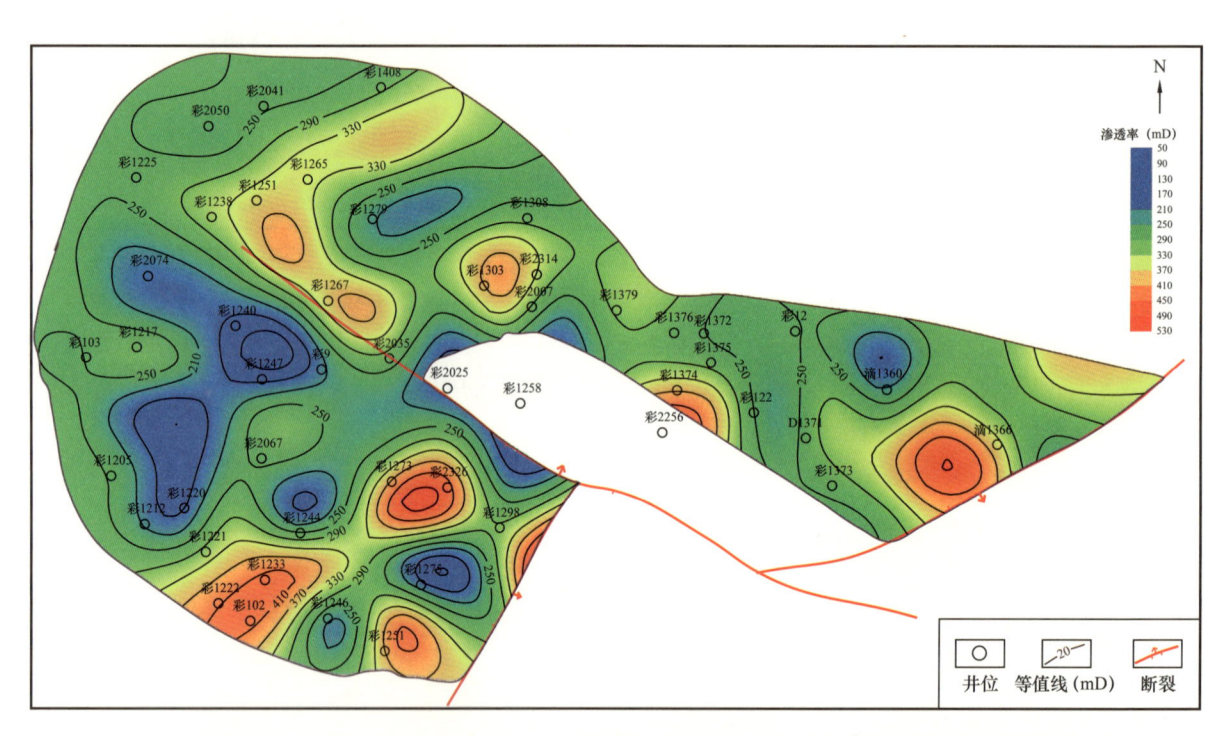

● 图 3-16 彩 9 井区侏罗系三工河组二段 2 砂层（$J_1s_2^2$）渗透率分布图

图注 ① 彩 9 井区侏罗系三工河组二段 2 砂层渗透率平均分布在 50～450mD；② 三工河组二段 2 砂层渗透率高值区不规则分布。

(a) 彩9井，J_1s_2，2373.01m，浅灰色细砂岩，块状层理

(b) 彩9井，J_1s_2，2381.24m，浅灰色细砾岩，冲刷现象，砾石定向排列

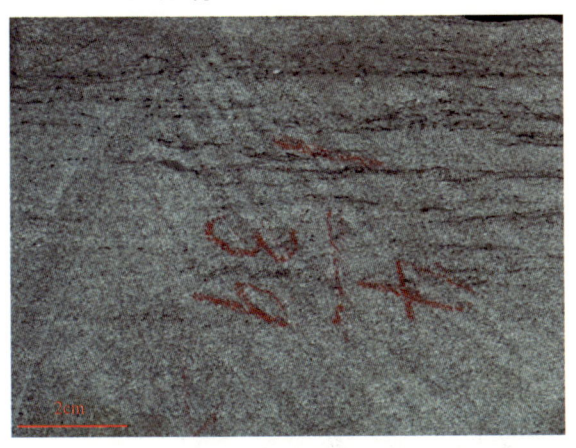

(c) 彩005井，J_2x_1，23601.52m，灰绿色细砂岩，层面植物炭屑富集

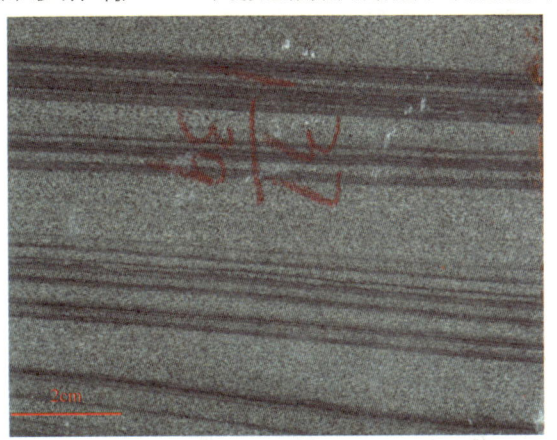

(d) 彩005井，J_2x_1，2366.14m，灰绿色粉砂岩，微细水平层理，泥质沿层面富集

● 图3-17 彩9井区侏罗系三工河组二段、西山窑组一段岩心照片

图注 ① 彩9井区侏罗系三工河组二段岩石类型主要为中粗砂岩、细砂岩和砂砾岩；发育冲刷充填构造，砾石定向排列；沉积构造观察统计反映三工河组二段沉积时水动力条件较强，为河流沉积环境；② 彩9井区侏罗系西山窑组一段岩石类型主要为细砂岩、中砂岩见粉砂岩，发育微细水平层理，泥质及植物炭屑沿层面富集，反映西山窑组一段沉积时水动力条件较弱，为三角洲前缘沉积环境。

(a) 彩9井，J_1s_2，2369.47m，中砂岩，粒间孔、粒间溶孔，×50（−）

(b) 彩9井，J_1s_2，2376.93m，砂砾岩、粒间孔、粒间溶孔，×50（−）

(c) 彩011井，J_2x_1，2274.33m，细砂岩，粒间溶孔、粒间孔，×50（−）

(d) 彩011井，J_2x_1，2277.57m，细砂岩，粒间溶孔、粒间孔，×50（−）

● 图3-18　彩9井区侏罗系三工河组二段、西山窑组一段铸体薄片照片

图注　①侏罗系三工河组二段储层储集空间主要为原生粒间孔，其次为粒间溶孔，孔隙连通性较好；胶结类型为压嵌—孔隙型；②侏罗系西山窑组一段储层储集空间以原生粒间孔、粒间溶孔为主，孔隙连通性较差；胶结类型为压嵌型。

(a) 彩参2井，J_1s，2547.6m，自生石英晶体与叶片状绿泥石

(b) 彩参2井，J_1s，2549m，不规则状伊/蒙混层

(c) 彩018井，J_2x，2362.22m，石英次生加大与粒间高岭石

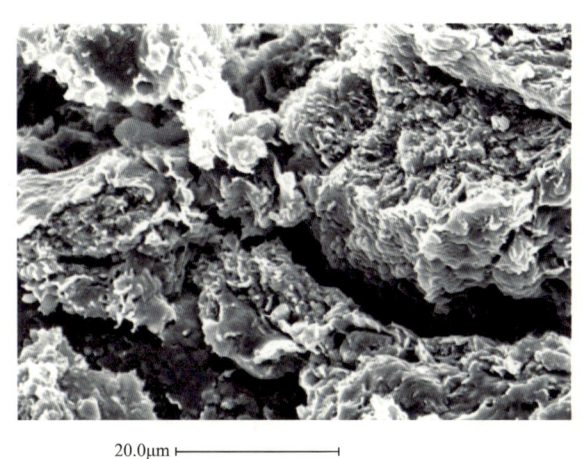

(d) 彩018井，J_2x，2368.28m，不规则状伊/蒙混层

● 图3-19 彩9井区侏罗系三工河组、西山窑组扫描电镜图

图注 ①彩9井区侏罗系三工河组二段黏土矿物含量2%~4%；黏土矿物主要为高岭石（51%），其次为绿泥石（21%）、伊/蒙混层（12%）、伊利石（16%）；黏土矿物形态有蠕虫状、叶片状、不规则状，见石英次生加大；②彩9井区侏罗系西山窑组一段黏土矿物含量在3%左右；黏土矿物主要为高岭石（56%），其次为伊利石（16%）、绿泥石（15%）、伊/蒙混层（13%）；黏土矿物形态有蠕虫状、叶片状、不规则状，见石英次生加大。

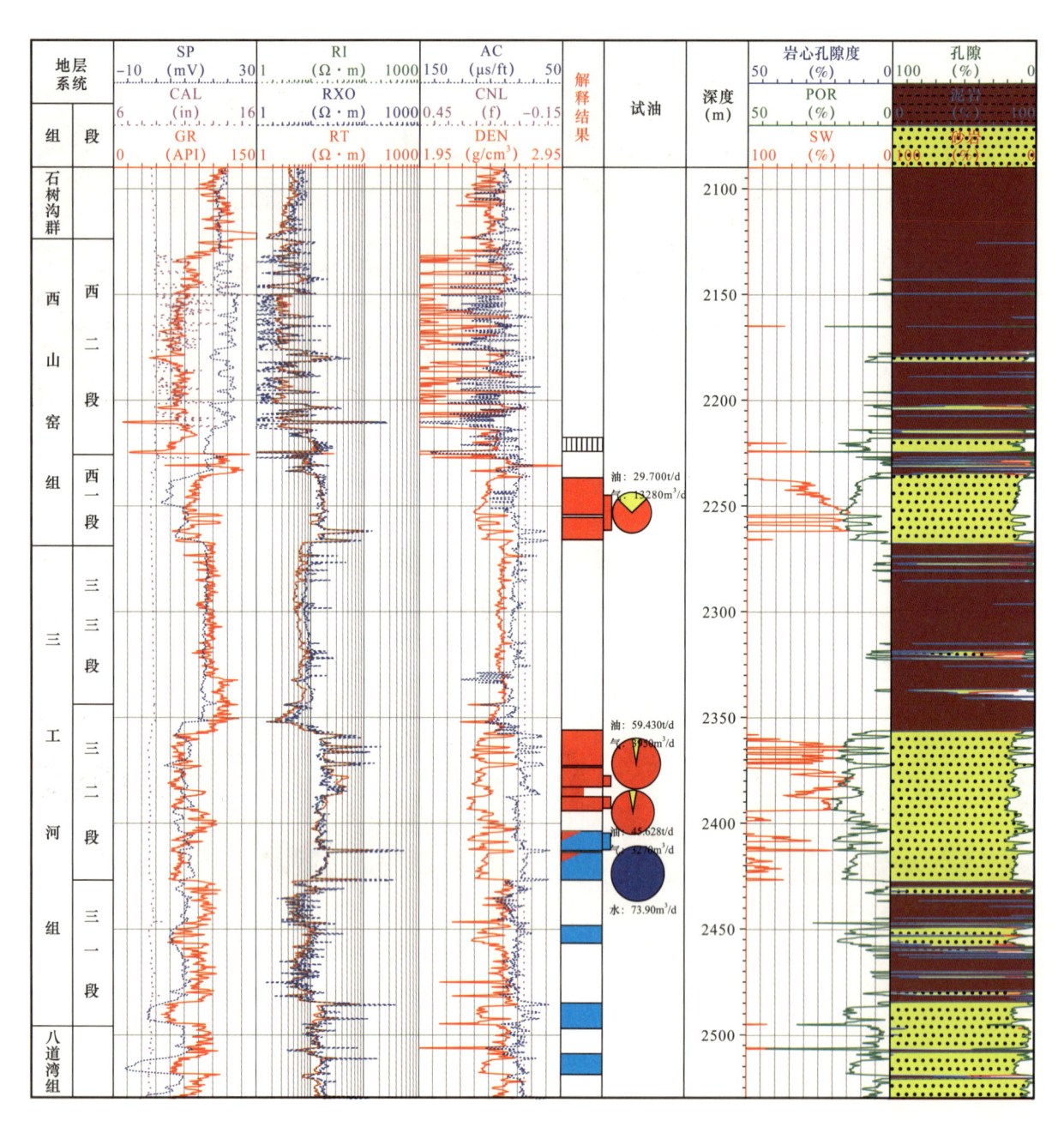

图 3-20 彩 9 井侏罗系三工河组、西山窑组测井解释成果图

图注 ① 彩 9 井共解释油层 61.5m/5 层、差油层 4.7m/1 层、含油水层 22.3m/2 层、水层 20.4m/2 层、干层 6.7m/1 层；② 累计试油 34.8m/4 层，获得油层 27m/3 层，水层 7.8m/1 层。

（六）油藏剖面

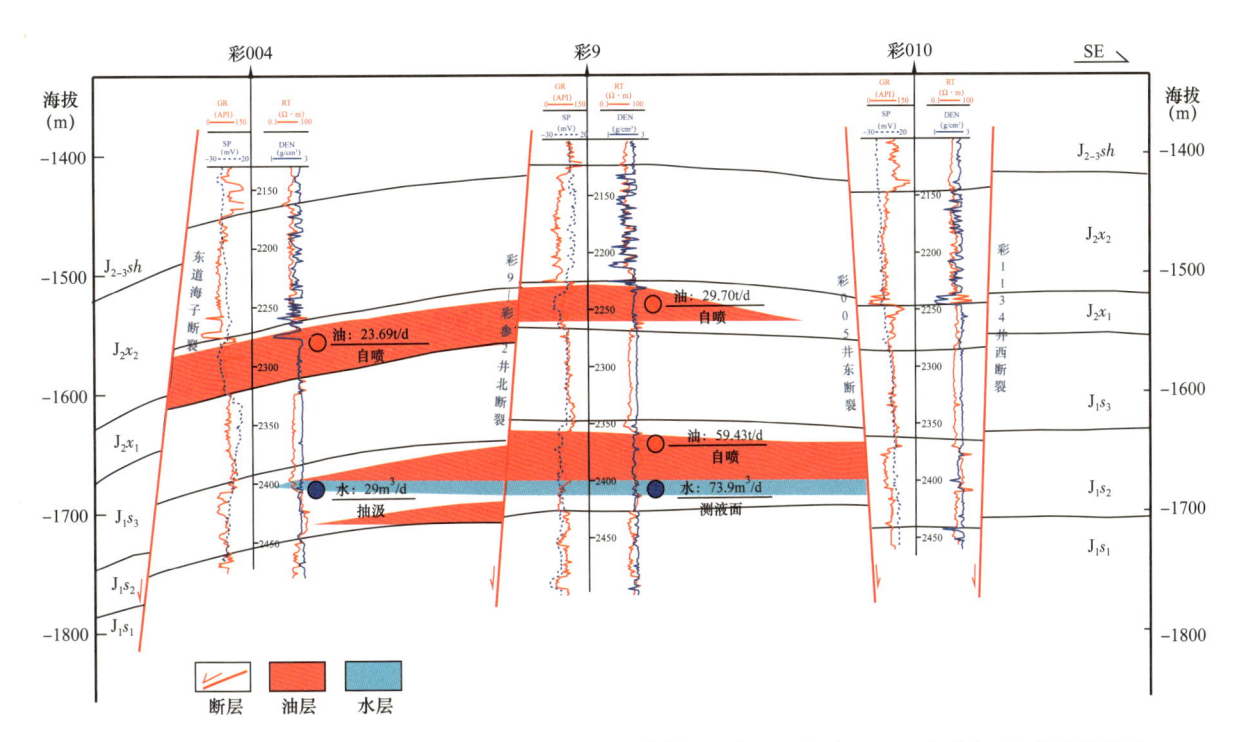

● 图 3-21　彩 9 井区过彩 004 井—彩 010 井侏罗系三工河组、西山窑组油藏剖面图

图注　① 彩 9 井区侏罗系三工河组二段、西山窑组一段油藏受构造和岩性双重控制。油水界面海拔 −1672m；② 三工河组二段油层平均有效厚度 11.8m，西山窑组一段油层平均有效厚度 13.7m；③ 油层砂体连续性较好。

（七）流体性质

表 3-5　彩 9 井区 J_1s_2、J_2x_1 油藏地面原油性质参数表

层位	密度（g/cm³）	50℃黏度（mPa·s）	含蜡量（%）	凝固点（℃）
J_1s_2	0.826	3.75	12.8	18
J_2x_1	0.828	3.75	10.5	21

图注　彩 9 井区三工河组和西山窑组流体性质基本相同，原油性质具有"五低二高"的特点，即密度低，平均原油密度为 0.827g/cm³；黏度低，50℃黏度平均为 3.75mPa·s；胶质及酸值含量低，分别为 1.41%～1.60% 和 0.055%；初馏点低，为 100～116℃；含蜡量高，为 10.5%～12.8%；凝固点高，为 18～21℃。

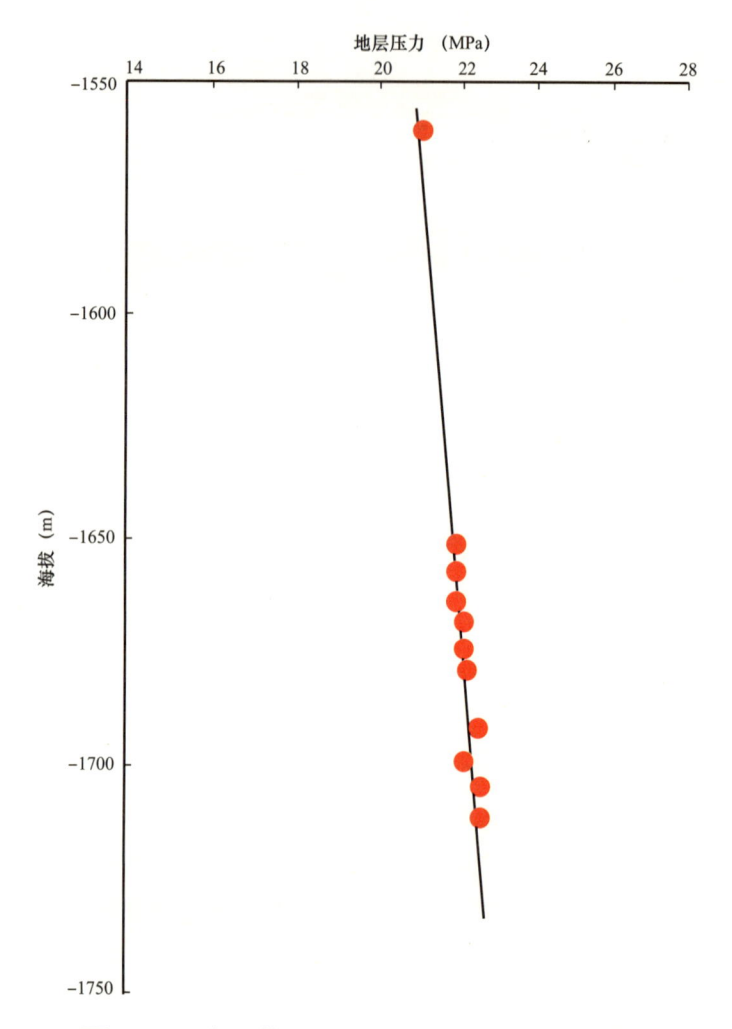

● 图 3-22　彩 9 井区三工河组油藏地层压力梯度图

图注　彩 9 井区三工河组油藏中部地层压力为 21.88MPa，压力系数为 0.92。西山窑组油藏中部地层压力为 21.27MPa，压力系数变化范围 0.93，二者接近。

（八）成藏模式

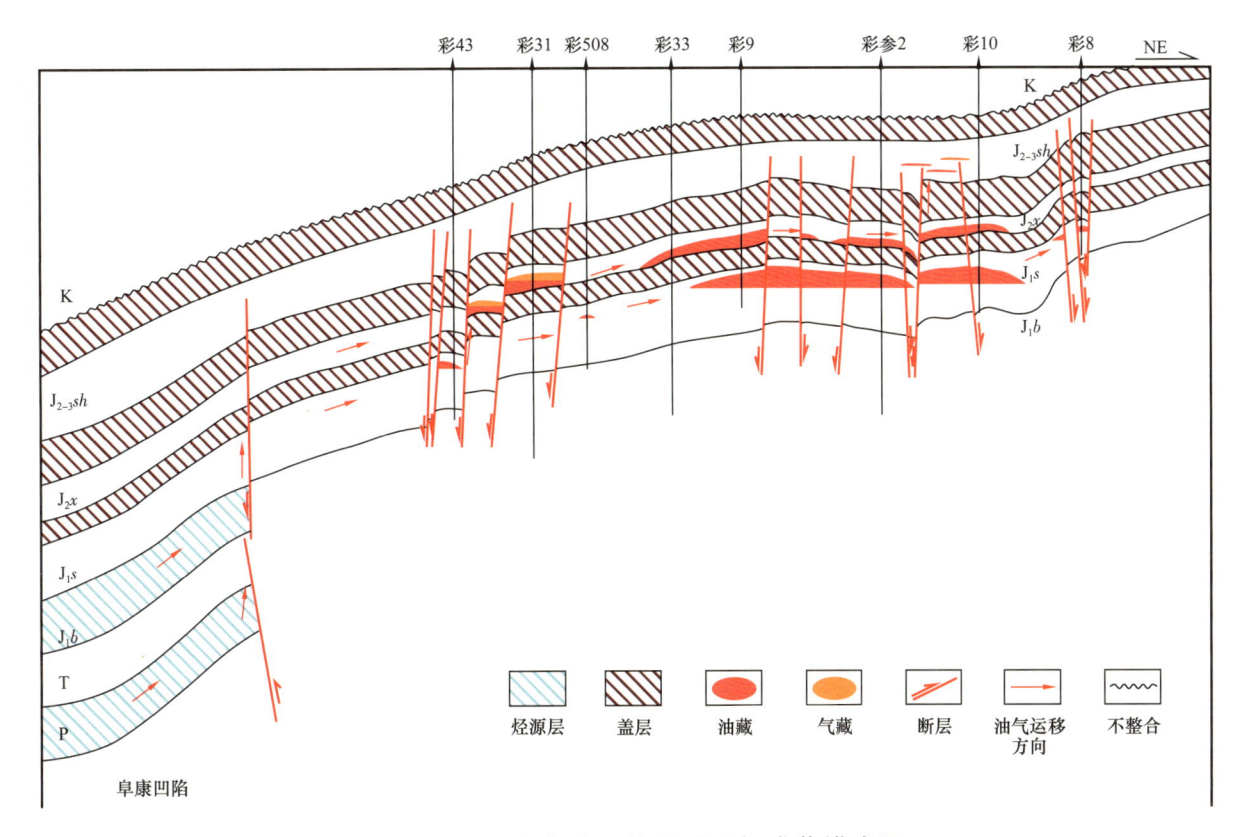

图 3-23 彩南油田侏罗系油气成藏模式图

图注　① 彩南油田侏罗系三工河组、西山窑组油藏为燕山期形成的构造、构造—岩性油藏。三工河组二段为储层、三段为盖层；西山窑组一段为储层、二段为盖层；② 该区油源断裂大多具有"上正下逆"的特点，逆断层主要分布在上古生界石炭系、二叠系内，是重要的油源断层，配以区域的不整合面构成油气长距离横向运移的主要通道；正断层主要发育在中生界侏罗系和白垩系内，主要起到油气再分配和调整的作用；③ 彩南油田主要的油气充注期次有两期：第一期发生在白垩纪末，此时阜康凹陷深处二叠系平地泉组烃源岩达到生油高峰，油气通过油源断裂及不整合面到达侏罗系三工河组、西山窑组成藏。第二期发生在晚古近纪，凹陷深部的侏罗系烃源岩陆续进入成熟生烃高峰阶段，通过断裂运移到侏罗系三工河组、西山窑组乃至石树沟群成藏，同时油气受喜马拉雅期构造向北东掀斜的影响，向北东方向充注、运移，最终到达彩 8 井区成藏。

二、开发特征

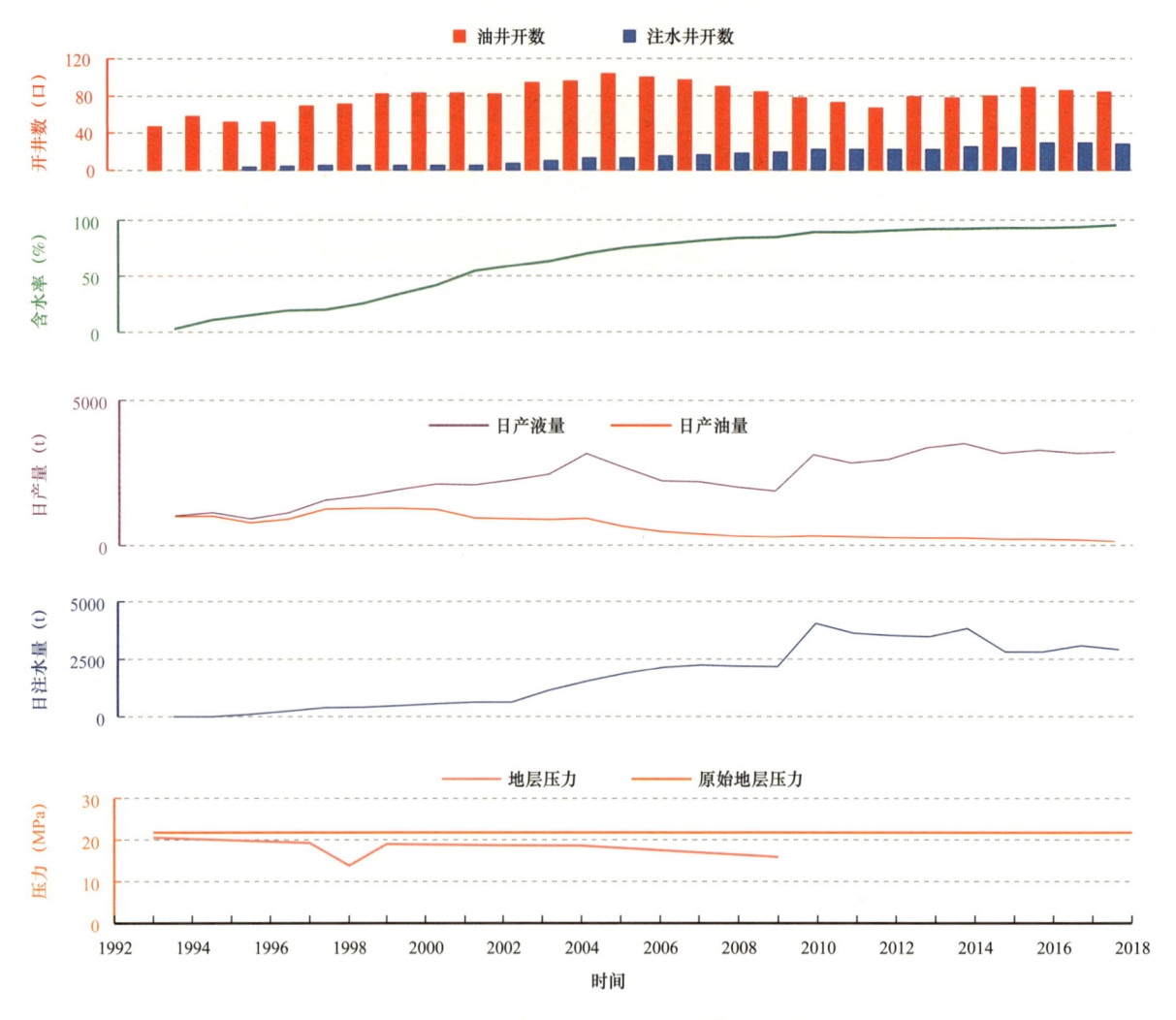

图 3-24　彩 9 井区侏罗系三工河组油藏年度综合开发曲线

图注　截至 2018 年底,彩 9 井区侏罗系三工河组油藏累计生产原油 606.1×10^{4}t,平均年产油 24.2×10^{4}t,1999 年达高峰产油量 47.5×10^{4}t,采出程度 50.1%,综合含水 95.4%,采油速度 0.5%。

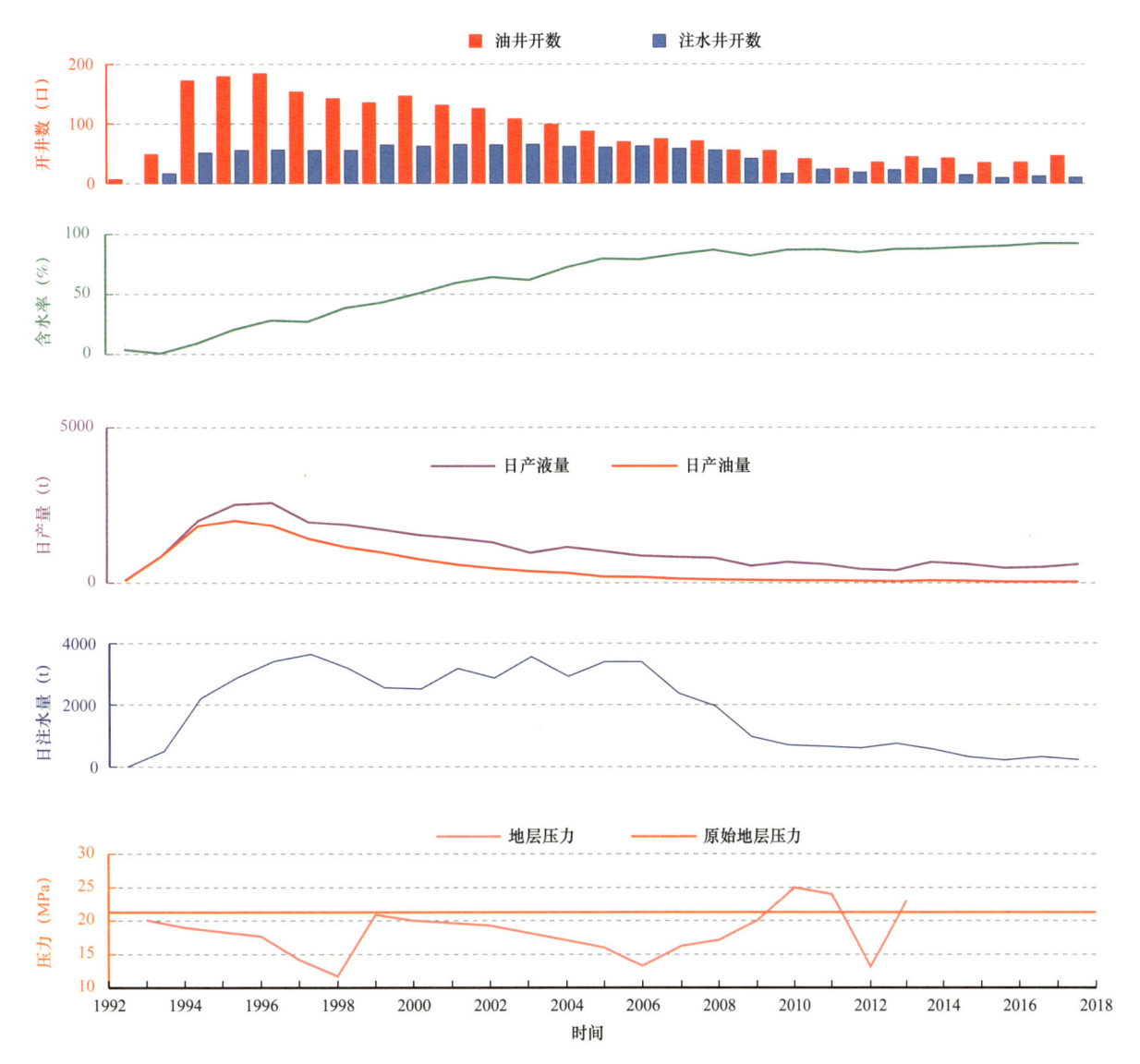

● 图 3-25　彩 9 井区侏罗系西山窑组油藏年度综合开发曲线

图注　截至2018年底，彩9井区侏罗系西山窑组油藏累计生产原油496.2×10⁴t，平均年产油19.1×10⁴t，1995年达高峰产油量72.6×10⁴t，采出程度22.9%，综合含水92.6%，采油速度0.07%。

第三节　彩 31 井区侏罗系西山窑组油气藏

一、石油地质特征

（一）构造特征

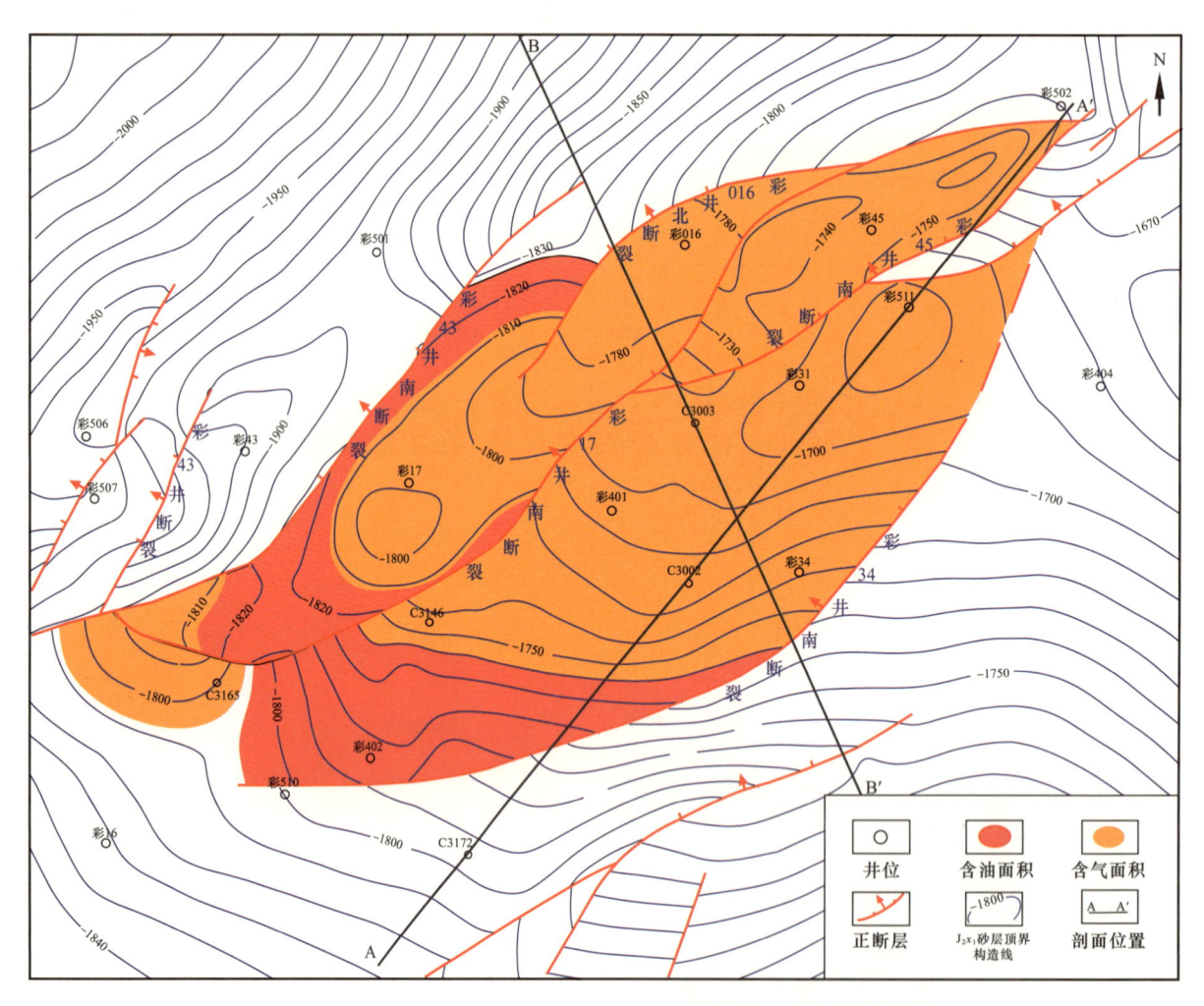

● 图 3-26　彩 31 井区侏罗系西山窑组一段砂层顶面构造图

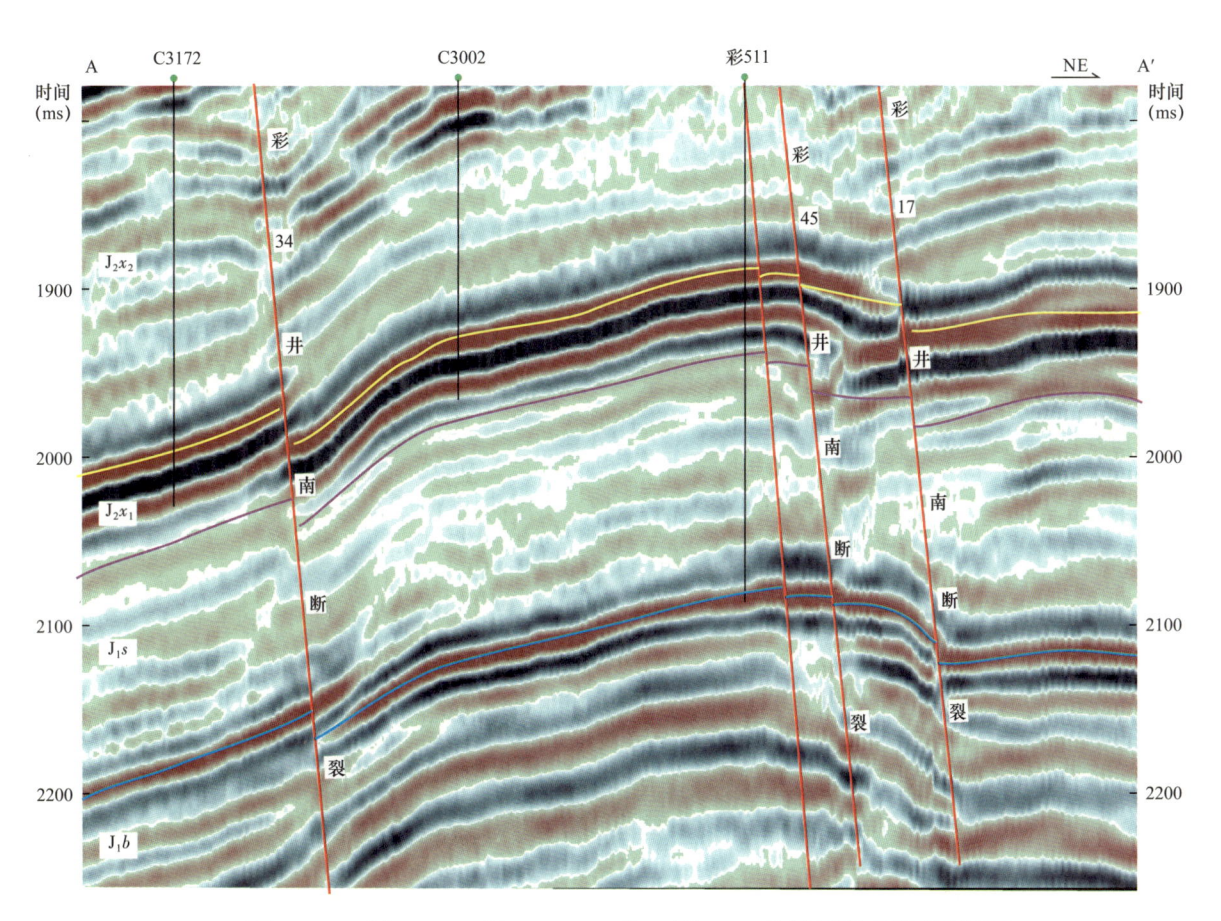

图 3-27　过 C3172 井—C3002 井—彩 511 井地震地质解释剖面

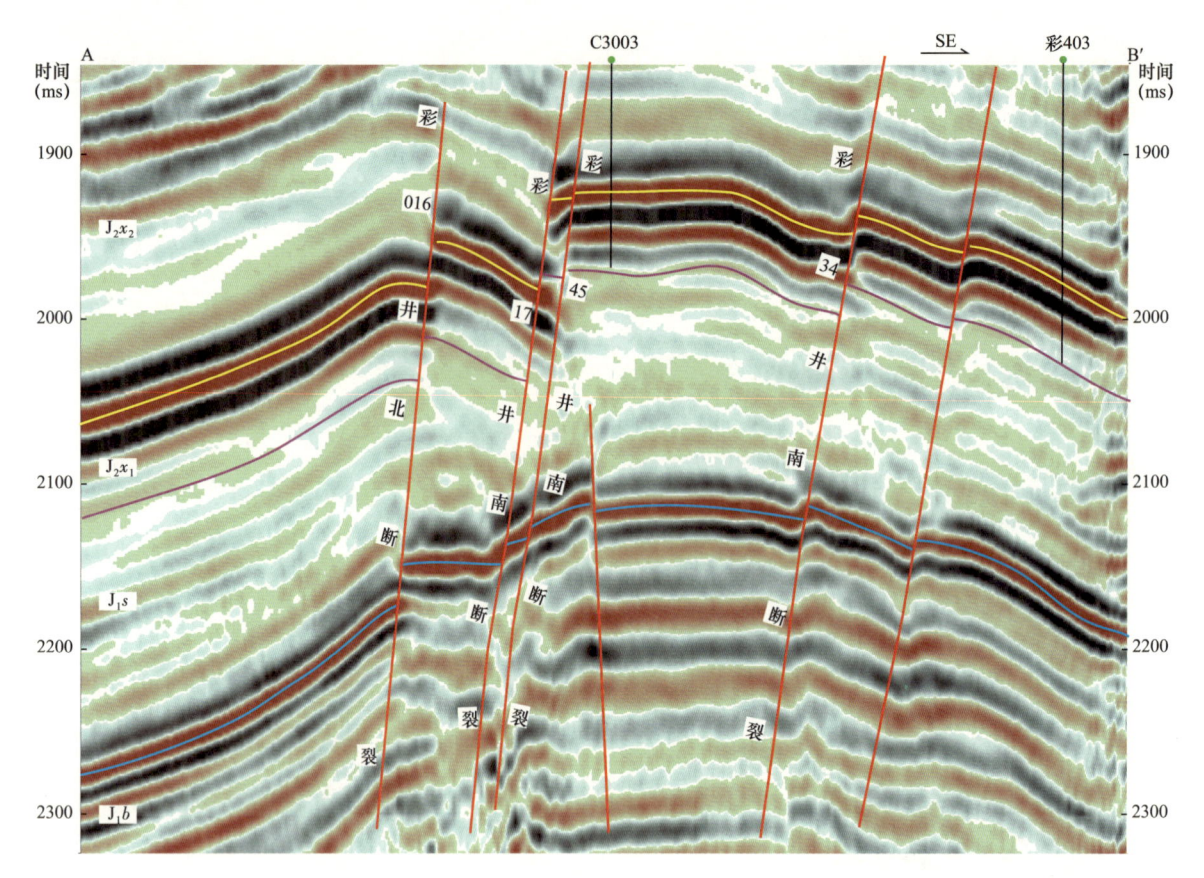

● 图 3-28　过 C3003 井—彩 403 井地震地质解释剖面

图注　① 彩 31 井区侏罗系西山窑组一段砂层顶面构造形态为向南西方向倾没、向北东方向抬升的大型鼻状构造；② 被彩 43 井南断裂、彩 016 井北断裂、彩 17 井南断裂、彩 45 井南断裂和彩 34 井南断裂切割形成独立的彩 17 井断鼻圈闭、彩 31 井断鼻圈闭、彩 45 井断块圈闭。圈闭累计面积 16.3km²。

表 3-6　彩 31 井区侏罗系油藏断裂要素表

断裂名称	断层性质	断开层位	断距（m）	断层产状 走向	断层产状 倾向	断层产状 倾角	延伸长度（km）
彩 43 井南断裂	正	K—C	60～130	SW—NE	NW	80°～85°	8.0
彩 17 井南断裂	正	K—C	20～80	SW—NE	NW	80°～85°	8.5
彩 016 井北断裂	正	K—J	20～60	SW—NE	NW	75°～80°	3.0
彩 34 井南断裂	正	K—J	10～50	SW—NE	NW	75°～80°	7.5
彩 45 井南断裂	正	K—C	25～55	SW—NE	NW	80°～85°	4.0

表注　彩 31 井区主控断裂有五条，均为正断裂，北东走向，断面较陡，断距在 10～130m。

（二）地层分布

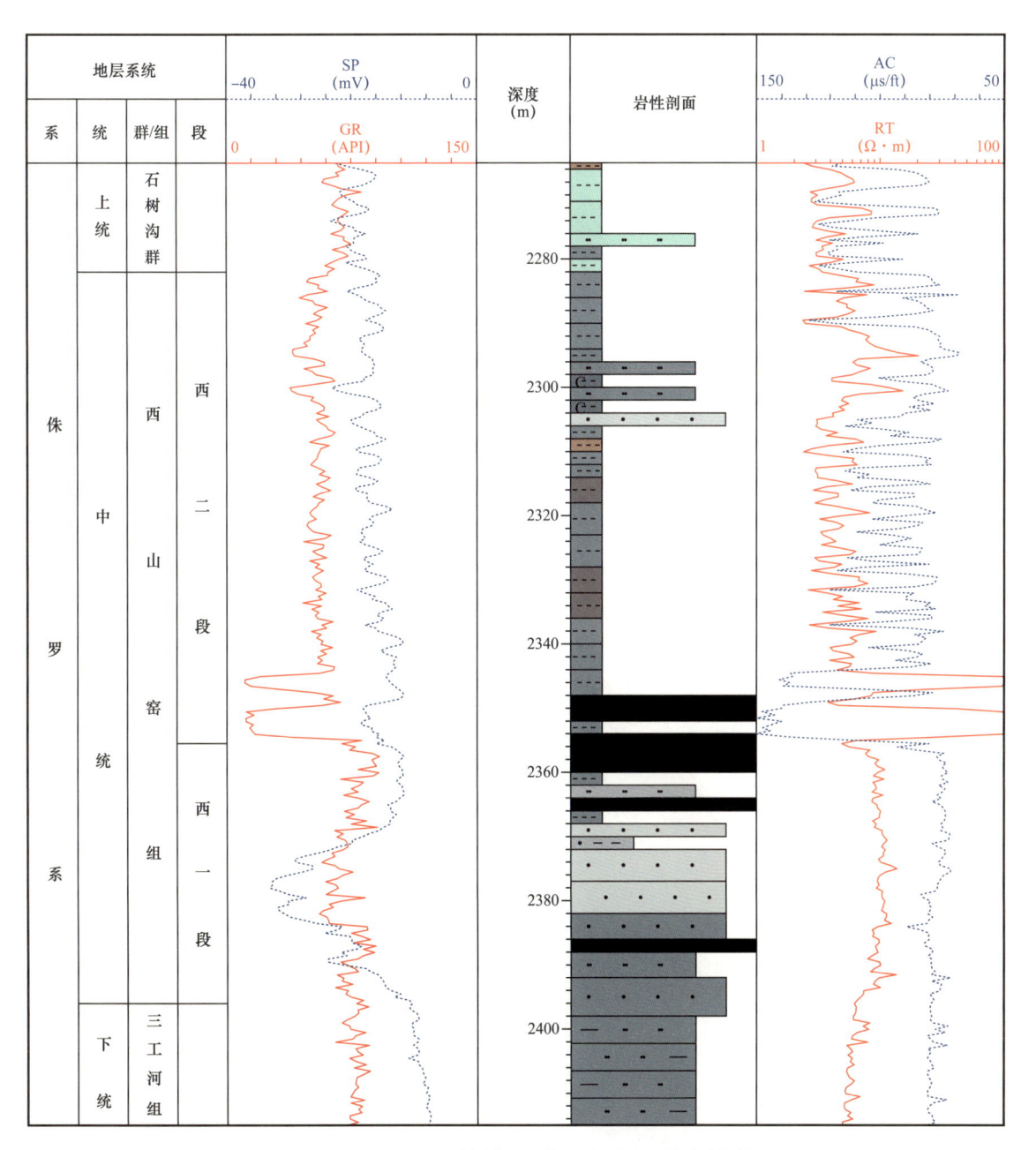

图 3-29　彩 31 井侏罗系西山窑组综合柱状图

表 3-7 彩 31 井区侏罗系厚度数据表

井号	完钻层位	地层厚度（m）			
		白垩系	侏罗系		
		吐谷鲁群	石树沟群	西山窑组	三工河组
		K_1tg	$J_{2-3}sh$	J_2x	J_1s
彩 16	C	2083	255	192	237
彩 17	$T_{2-3}xq$	1945	361	198	262
彩 31	C	1978	280	136	259
彩 34	C	1990	326	122	223
彩 45	J_1b	1933	336	195	262

图表注 ① 钻揭的地层分别为白垩系吐谷鲁群（K_1tg，厚度 1933～2083m）、侏罗系石树沟群（$J_{2-3}sh$，厚度 242～389m）、侏罗系西山窑组（J_2x，厚度 122～226m）、三工河组（J_1s，厚度 223～297m）；② 目的层侏罗系西山窑组与下伏侏罗系三工河组整合接触，与上覆侏罗系石树沟群假整合接触，西山窑组一段为主力油层。

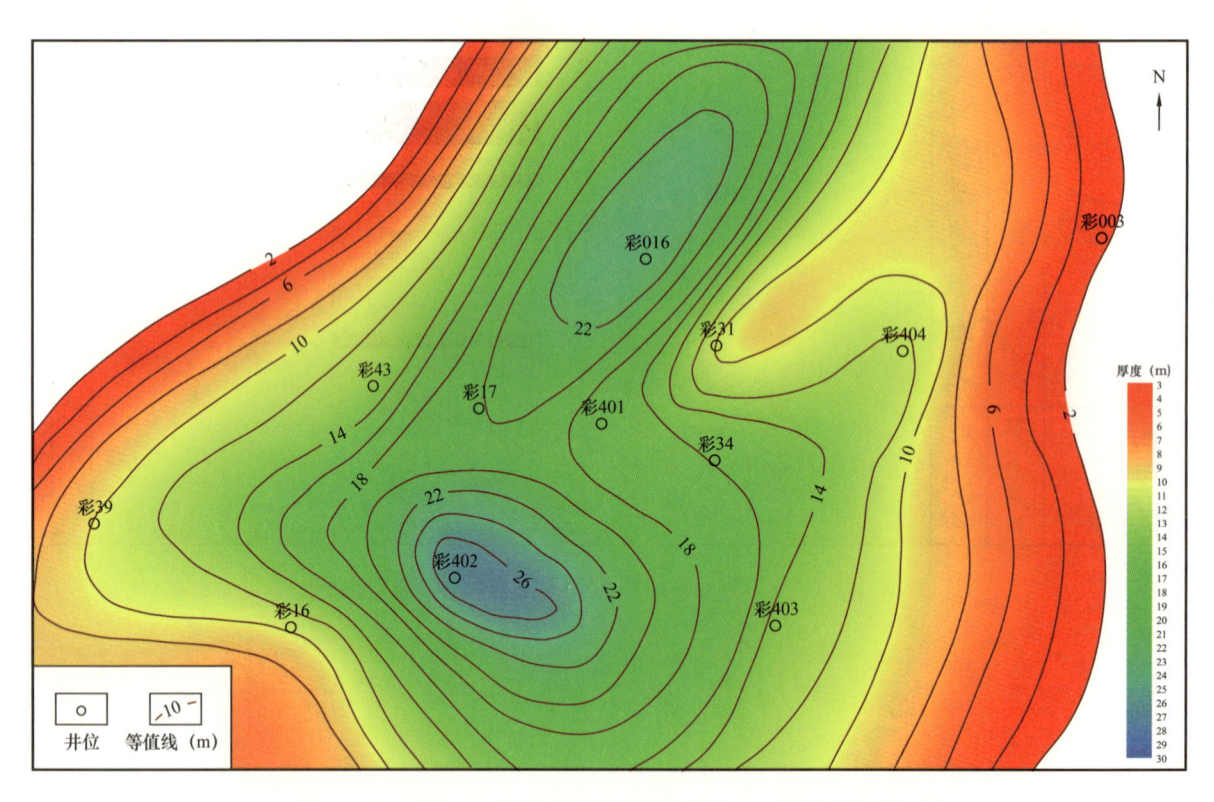

● 图 3-30 彩 31 井区侏罗系西山窑组一段砂层厚度图

图注 ① 彩 31 井区侏罗系西山窑组一段砂层沉积总厚度在 2～26m；② 砂层厚度在彩 402 井区、彩 016 井区存在相对高值区，厚度 22～26m。

（三）沉积特征

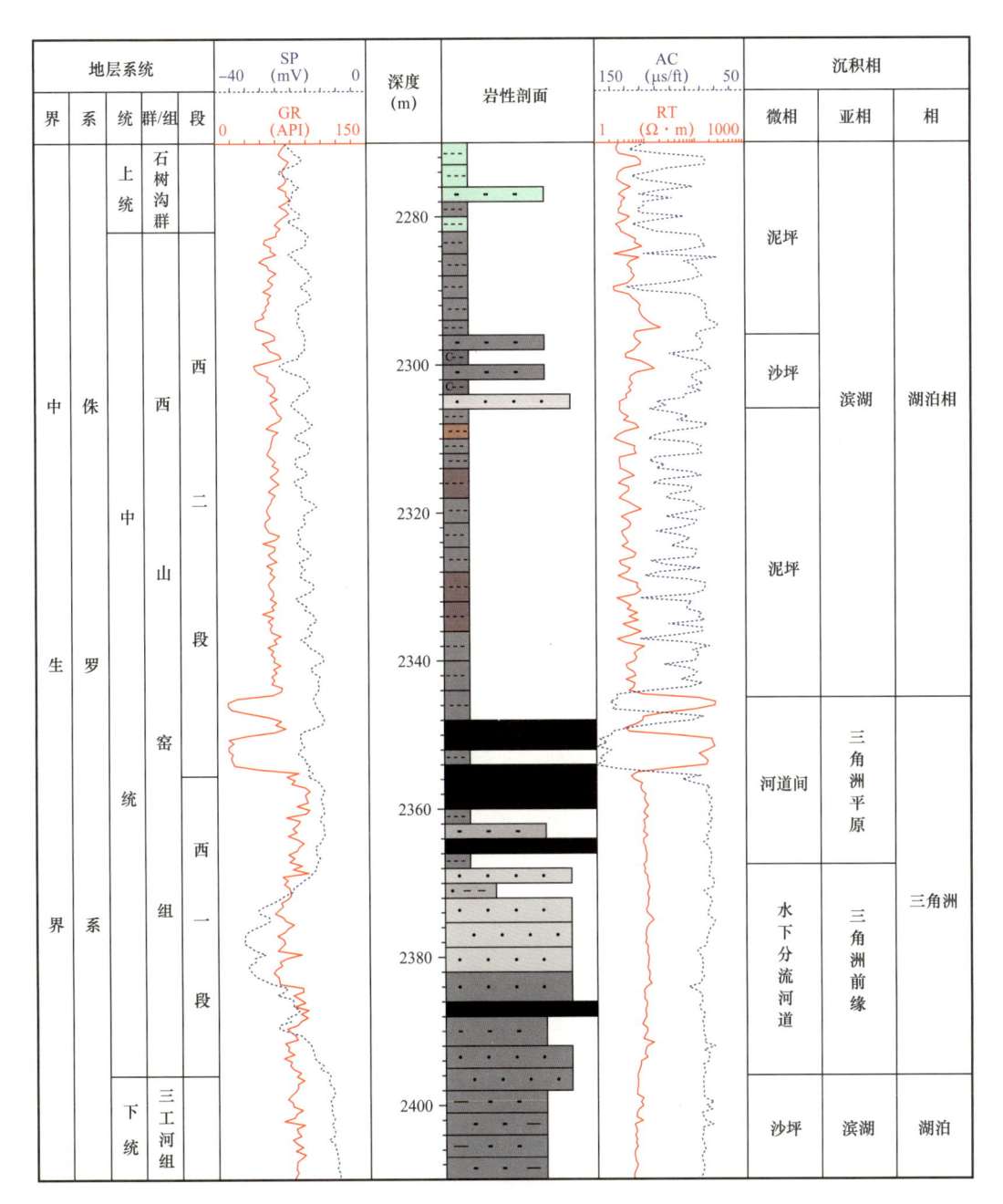

图 3-31　彩 31 井侏罗系西山窑组单井相图

图注　①彩 31 井区侏罗系西山窑组为三角洲和湖泊沉积；②垂向水下分流河道、水下分流河道间和沙坪、泥坪多种微相相互叠置；③主力储层为水下分流河道，电阻率曲线呈箱形，9≤RT<14Ω·m，伽马曲线上表现为齿化箱形，54.3≤GR<85API，自然电位曲线呈齿化漏斗形，−33.4≤SP<−18.5mV。

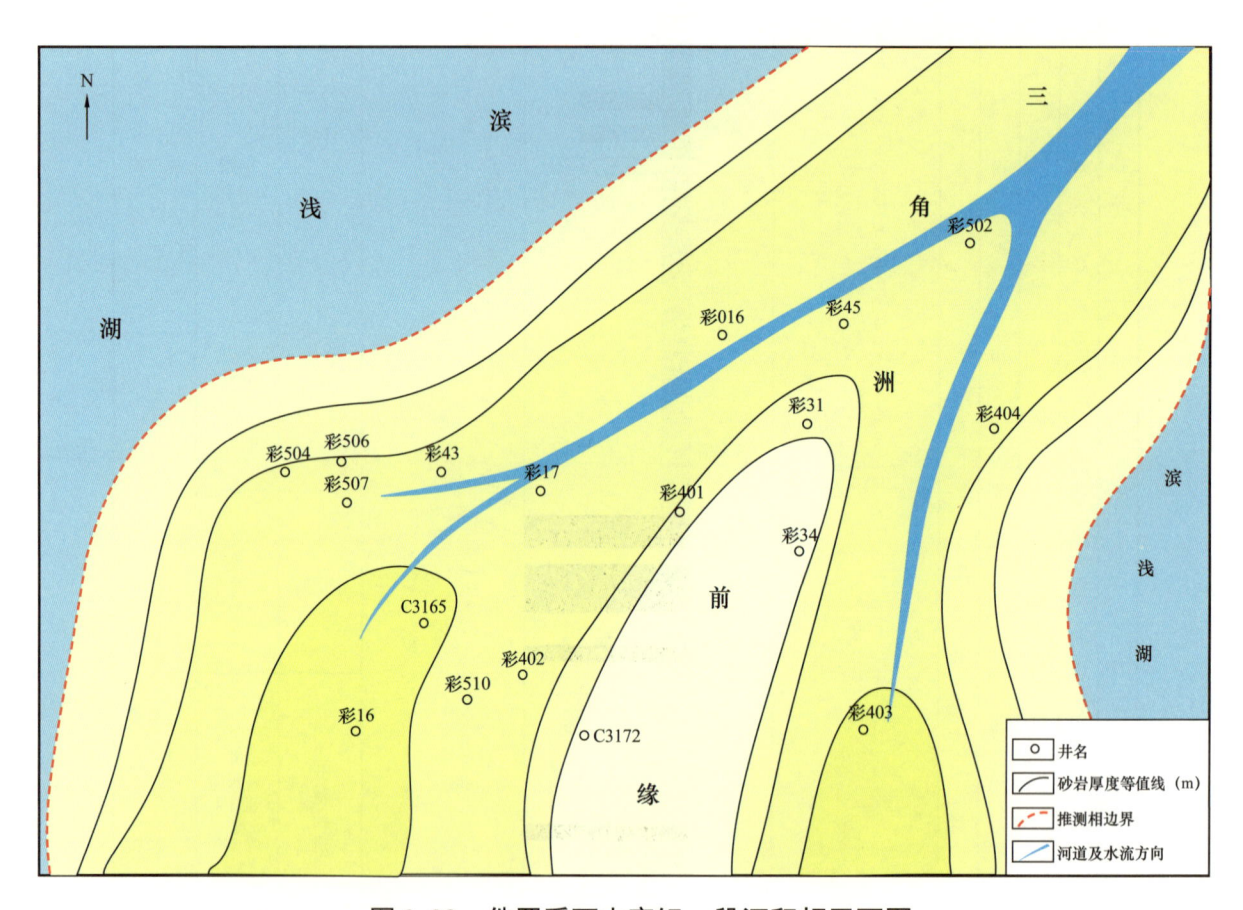

● 图3-32 侏罗系西山窑组一段沉积相平面图

图注 ①彩南油田侏罗系西山窑组一段发育曲流河、三角洲及湖泊相；②物源来自东北方向；③彩31井区发育三角洲前缘亚相，砂体主要以水下分流河道为特征，砂层厚度6.0~16m。

（四）油源分析

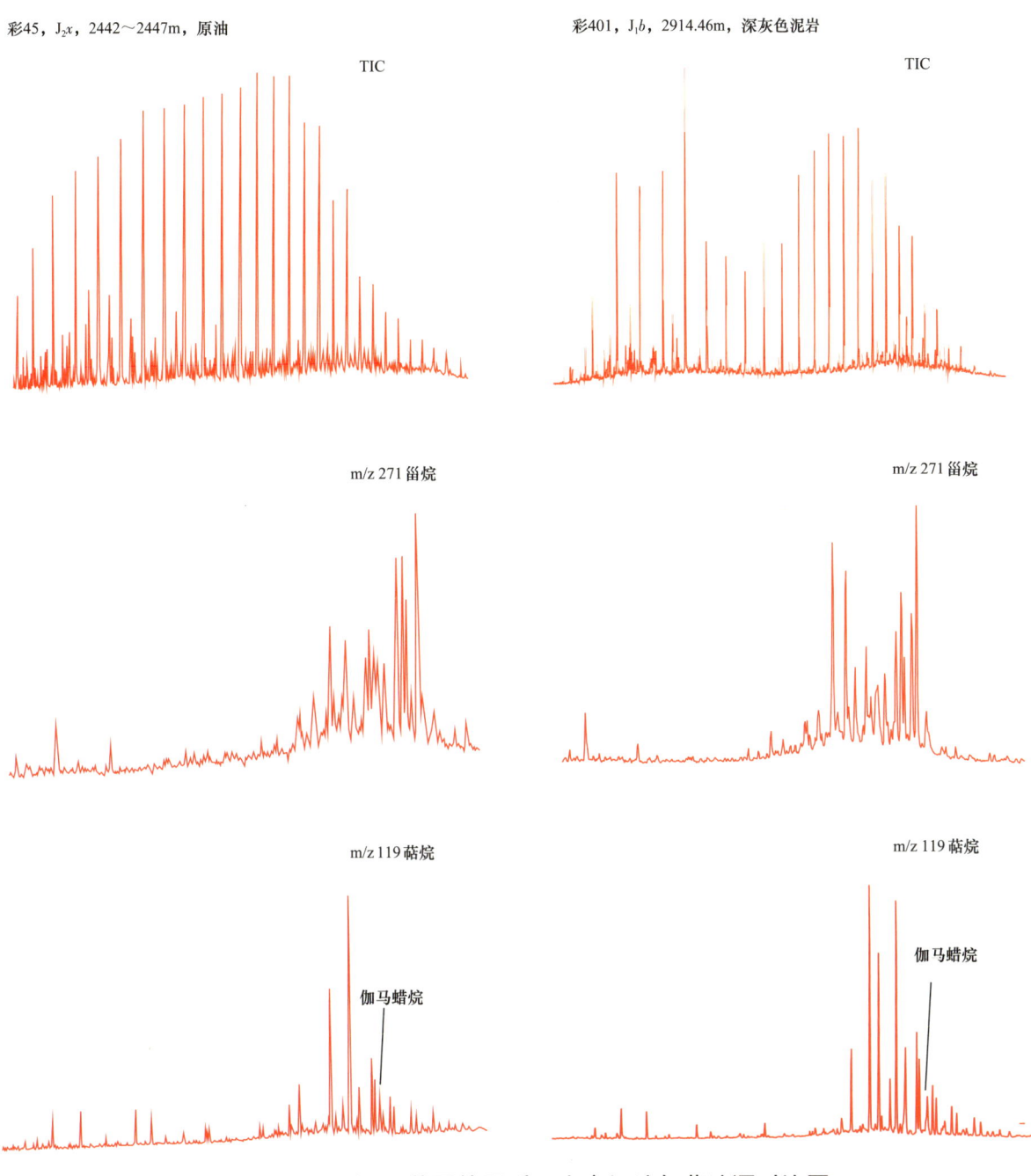

彩45，J$_2$x，2442～2447m，原油

彩401，J$_1$b，2914.46m，深灰色泥岩

● 图3-33　彩31井区侏罗系西山窑组油气藏油源对比图

图注　①彩南油田彩31井区侏罗系西山窑组原油形成于弱偏氧化—弱还原的淡水环境，母质类型主要为腐泥—腐殖型有机质；②彩南油田彩31井区侏罗系原油为成熟阶段原油；③烃源层和烃源区主要为阜康凹陷侏罗系烃源岩，并具有二叠系平地泉组烃源岩贡献。

(五）储层特征

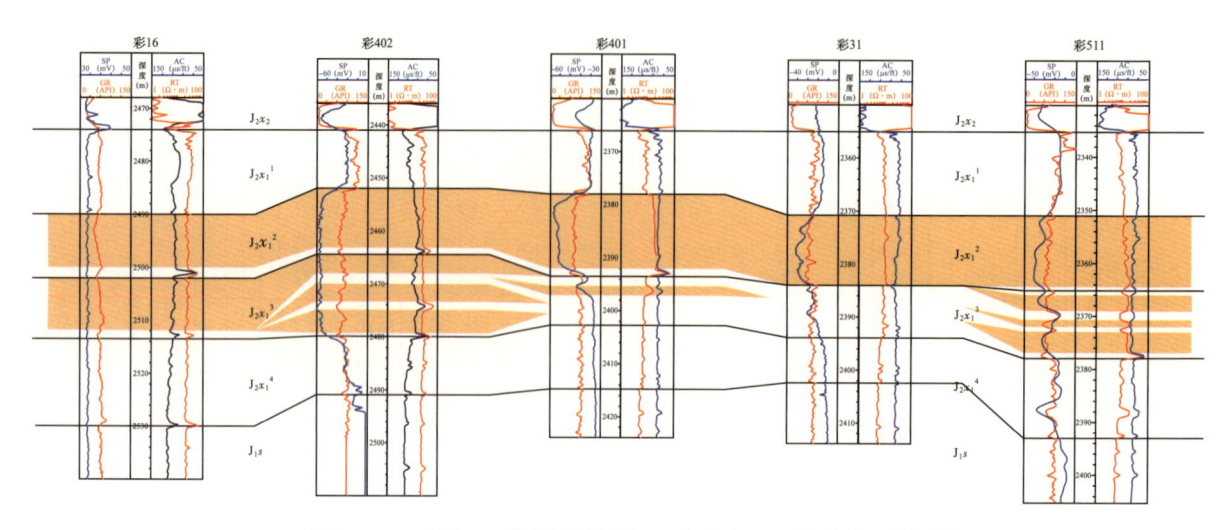

图 3-34　彩 31 井区侏罗系西山窑组一段砂体对比图

图注　① 彩 31 井区侏罗系西山窑组一段自上而下分为 $J_2x_1^1$、$J_2x_1^2$、$J_2x_1^3$、$J_2x_1^4$ 共 4 个砂层，主要的含油砂层为 $J_2x_1^2$、$J_2x_1^3$；② 储层岩性主要为中—细砂岩、粉细砂岩，$J_2x_1^2$ 砂体连通性较好。

表 3-8　彩 31 井区侏罗系西山窑组一段储层物性数据表

层位		孔隙度（%）			渗透率（mD）		
		样品数	变化范围	平均	样品数	变化范围	平均
J_2x_1	气层	137	9.05～18.43	13.51	137	0.042～13.848	0.696
	油层	216	12.00～21.20	15.36	216	0.038～145.872	3.622
全区平均		353	9.05～21.20	14.43	353	0.042～145.872	2.159

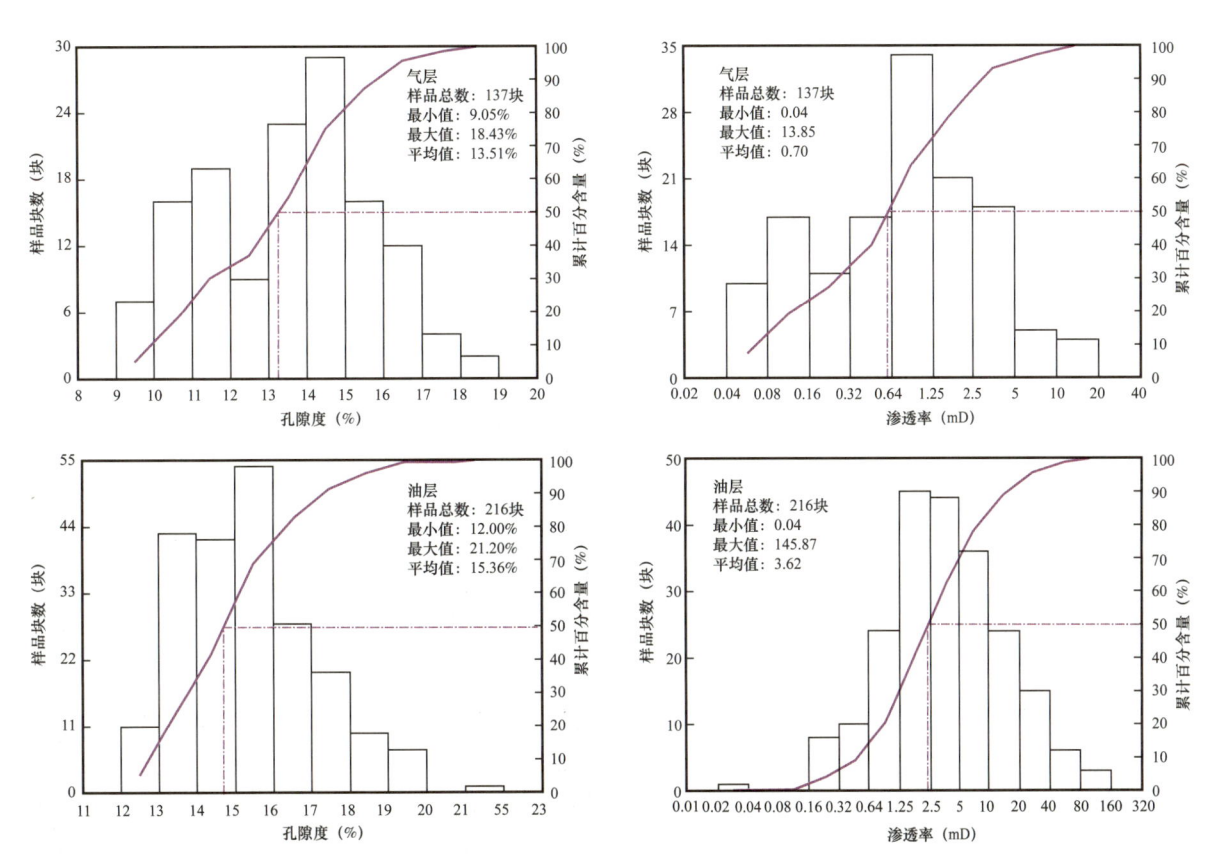

● 图 3-35 彩 31 井区侏罗系西山窑组孔隙度、渗透率分布直方图

图表注 ① 彩 31 井区侏罗系西山窑组一段气层孔隙度分布在 9.05%~18.43%，平均为 13.51%；渗透率分布在 0.04~13.85mD，平均为 0.70mD；② 油层孔隙度分布在 12.00%~21.20%，平均为 15.36%；渗透率分布在 0.04~145.87mD，平均为 3.62mD。

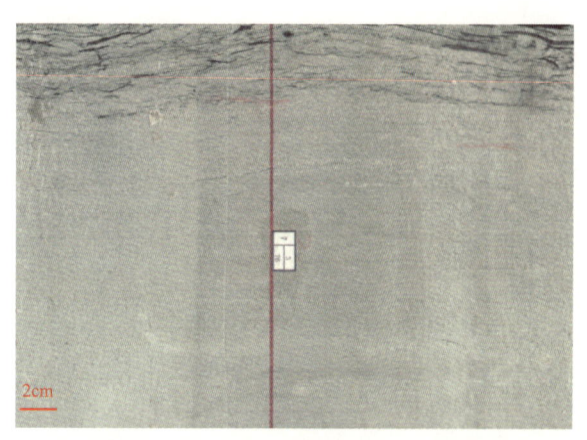

(a) 彩45井，J_2x_1，2419.71m，浅灰色细砂岩，见碳屑不规则状分布

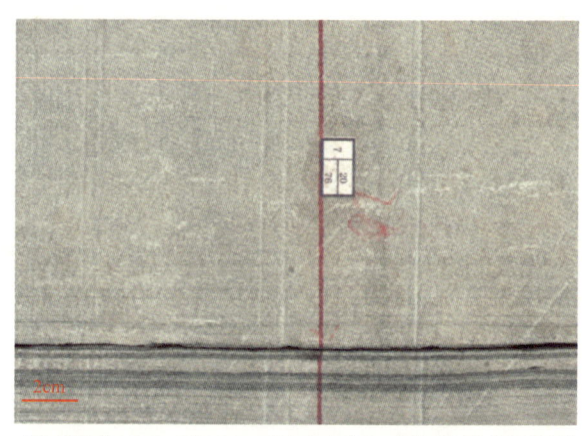

(b) 彩45井，J_2x_1，2423.92m，浅灰色中砂岩，黑色碳质条带顺层分布

(c) 彩401井，J_2x_1，2393.15m，灰色细砂岩，直劈缝未充填

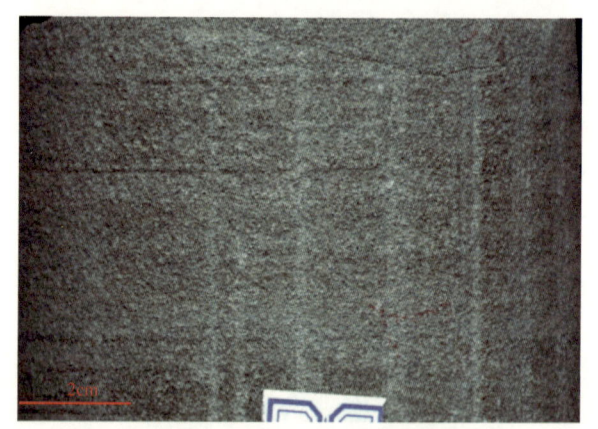

(d) 彩402井，J_2x_1，2457.35m，灰绿色块状中砂岩

● 图3-36　彩31井区侏罗系西山窑组岩心照片

图注　①彩31井区侏罗系西山窑组一段储层岩性主要为中—细砂岩、粉细砂岩；②见碳质条带及碳屑；③沉积构造观察统计反映西山窑组一段沉积时水动力条件较弱，沉积环境为三角洲前缘—湖泊相。

(a) 彩401井，J_2x_1，2378.34m，细砂岩，粒间孔、粒间溶孔，×40（−）

(b) 彩402井，J_2x_1，2462.25m，中砂岩，粒间孔、粒间溶孔，×40（−）

(c) 彩016井，J_2x_1，2461.32m，中砂岩，粒间溶孔、粒间孔，×70（−）

(d) 彩17井，J_2x_1，2490.73m，细砂岩，粒间溶孔，×40（−）

● 图3-37 彩31井区侏罗系西山窑组铸体薄片照片

图注 ①根据铸体薄片鉴定分析，储层储集空间以剩余粒间孔（42.72%）、粒间溶孔（35.58%）为主，次为粒内溶孔和基质溶孔，平均含量为19.84%；②碎屑颗粒粒径主要分布在0.1~0.25mm，颗粒分选性较好，磨圆中等，呈次棱角状；③胶结类型为压嵌型，接触方式以凸凹—线接触为主。

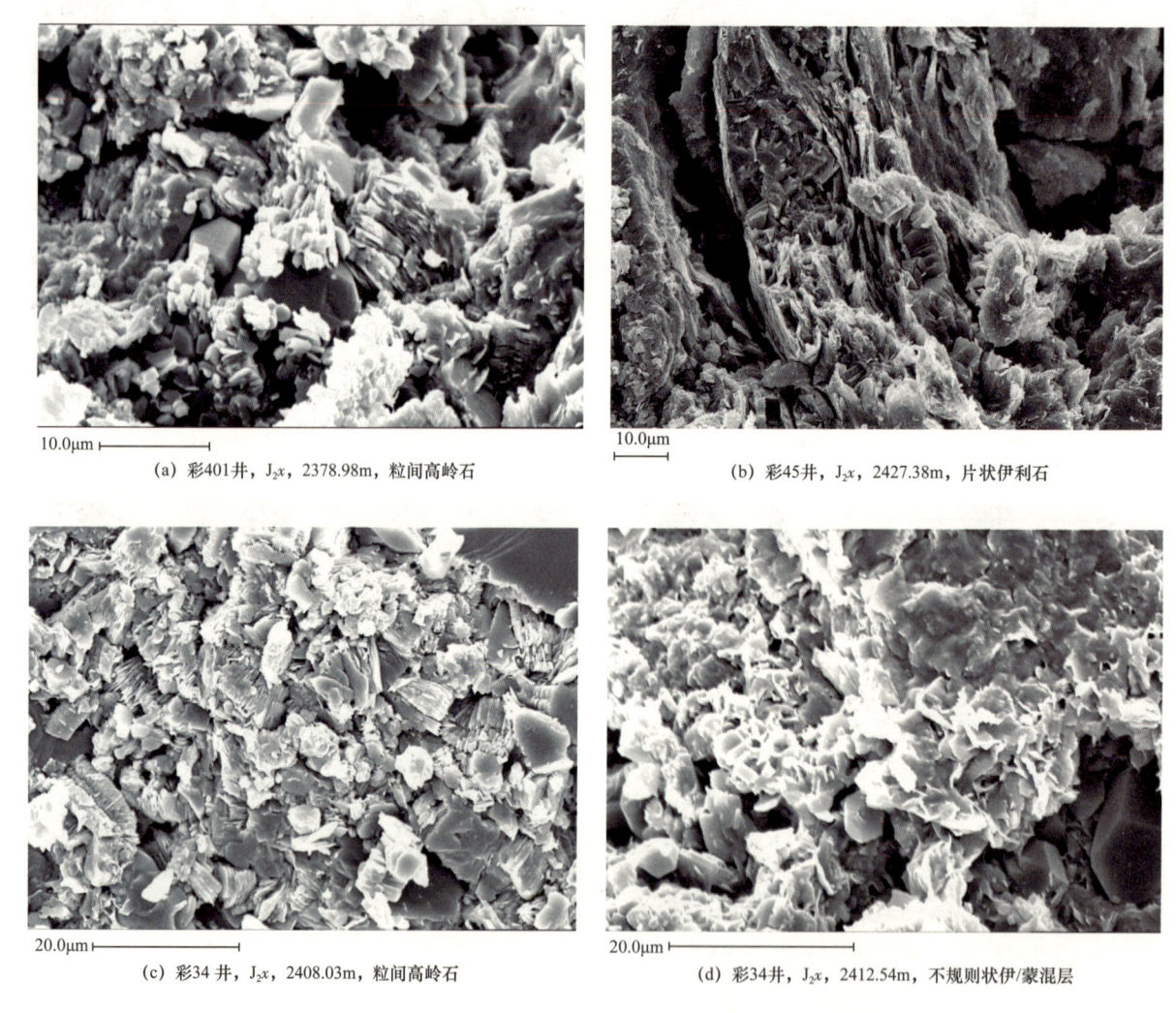

(a) 彩401井，J_2x，2378.98m，粒间高岭石

(b) 彩45井，J_2x，2427.38m，片状伊利石

(c) 彩34井，J_2x，2408.03m，粒间高岭石

(d) 彩34井，J_2x，2412.54m，不规则状伊/蒙混层

图 3-38　彩 31 井区侏罗系西山窑组扫描电镜照片

图注　① 彩 31 井区侏罗系西山窑组一段黏土矿物以高岭石（48.84%）为主，其次为伊/蒙混层（21.32%）、伊利石（19.47%）、绿泥石（10.37%）；② 黏土矿物形态有不规则状、片状。

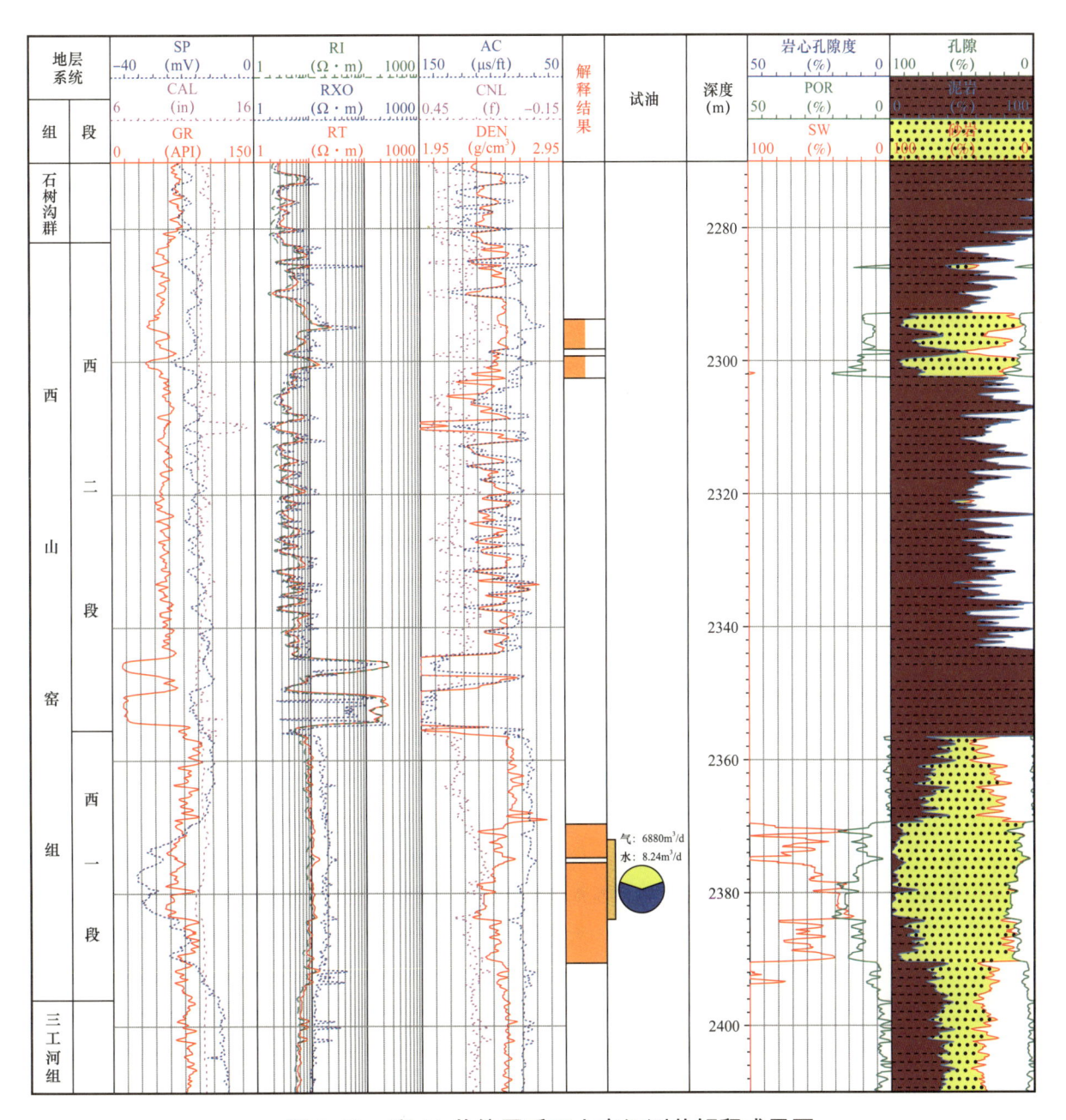

图 3-39 彩 31 井侏罗系西山窑组测井解释成果图

图注 ① 彩 31 井共解释气层 20.2m/2 层、差气层 7.6 m/2 层；② 累计试油 12m/1 层，获得气层 12m/1 层。

（六）油藏剖面

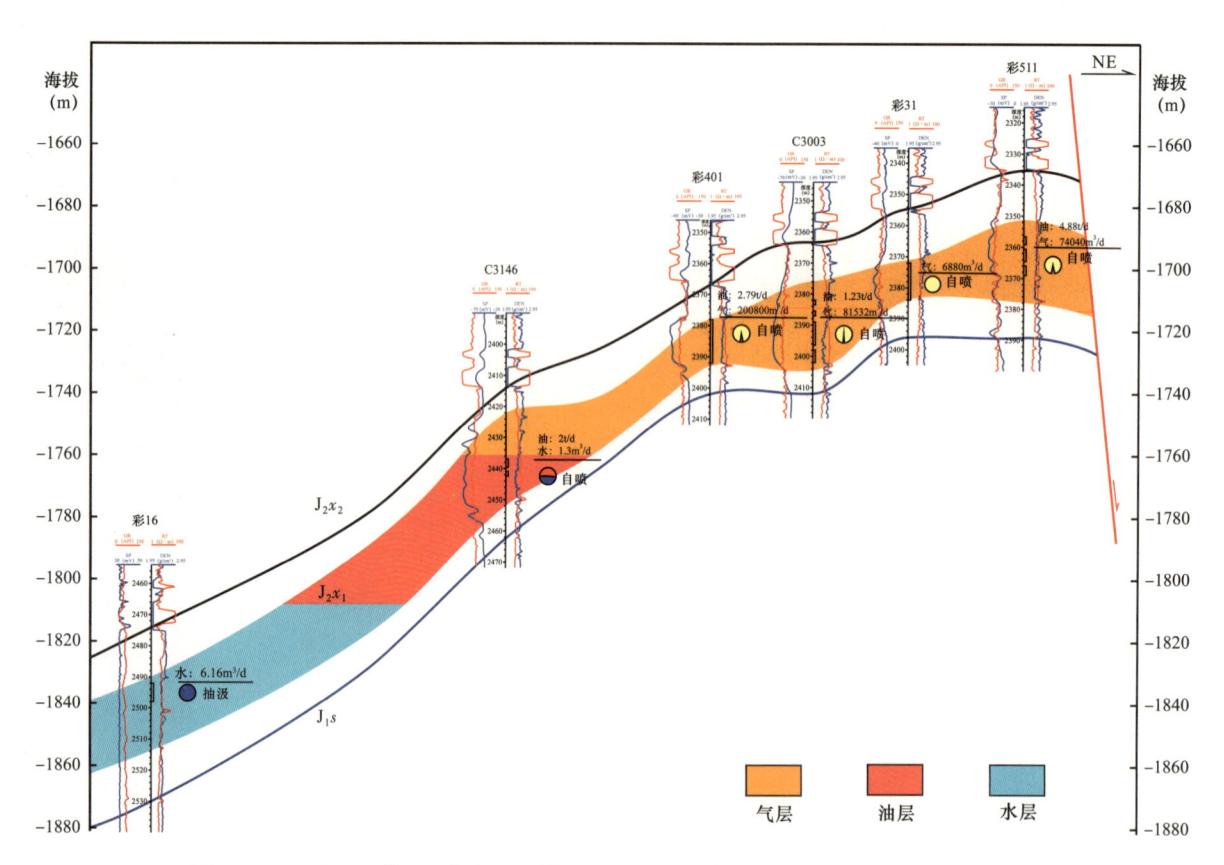

● 图 3-40　彩 31 井区过彩 16 井—彩 511 井侏罗系西山窑组油气藏剖面图

图注　① 彩 31 井区侏罗系西山窑组油气藏为带气顶的构造油气藏，内部存在岩性变化。分为四个独立的油气藏，分别为彩 17 井断鼻油气藏、彩 31 井断鼻油气藏、彩 45 井断块气藏和彩 3165 井断鼻气藏；② 主要含油层位 J_2x_1，油水界面以最低出油层底面为界，海拔 −1808m，油气界面以最低的气层底界面为界，海拔 −1760m；气顶高度 78m，油环高度 48m；③ 气层平均有效厚度 13.2m，油层平均有效厚度 9.8m。

（七）流体性质

表 3-9　彩 31 井区侏罗系西山窑组油藏地面原油性质参数表

层位	密度 （g/cm³）	50℃黏度 （mPa·s）	含蜡量 （%）	凝固点 （℃）
J_2x_1	0.8356	4.93	15.27	25

表注　彩 31 井区侏罗系西山窑组一段油层原油密度为 0.8257～0.8476g/cm³，平均为 0.8356g/cm³；50℃时平均脱气油黏度为 4.93mPa·s；平均含蜡量 15.27%；平均凝固点 25℃。

表 3-10　彩 31 井区侏罗系西山窑组气藏天然气性质参数表

层位	相对密度	甲烷含量（%）	乙烷含量（%）	氮气含量（%）	二氧化碳含量（%）
J_2x_1	0.5914	93.80	2.58	2.07	0.40

表注　彩 31 井区侏罗系西山窑组一段气层天然气相对密度在 0.5719～0.7270，平均为 0.5914；，平均甲烷含量 93.80%，平均乙烷含量 2.58%，平均氮气含量 2.07%，平均二氧化碳含量 0.40%。

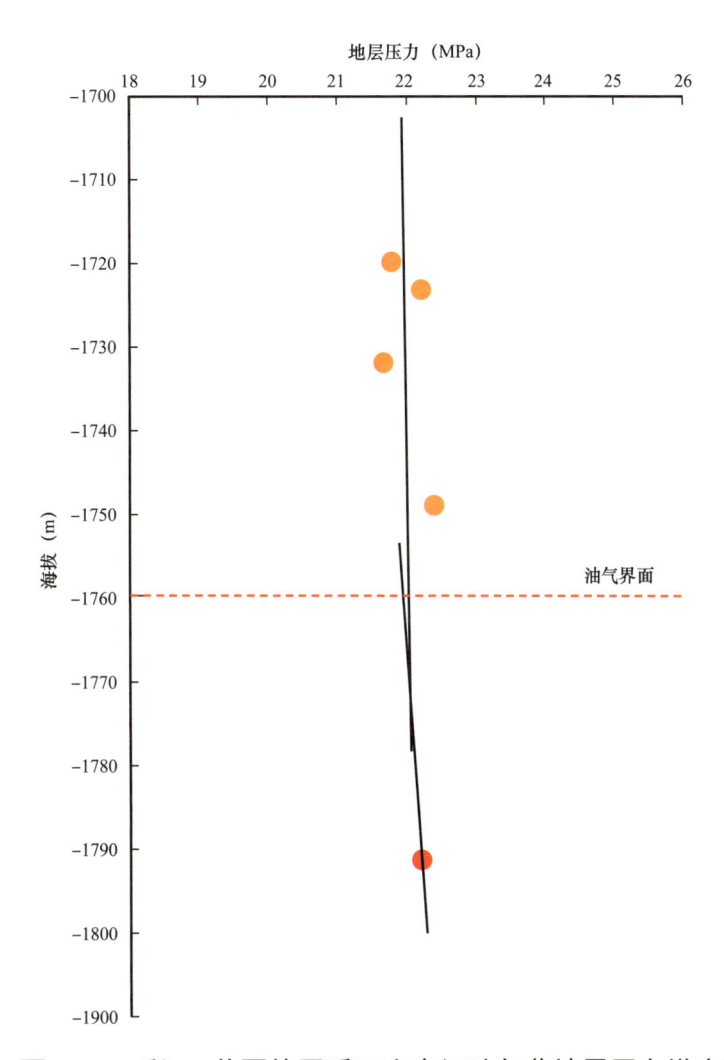

● 图 3-41　彩 31 井区侏罗系西山窑组油气藏地层压力梯度图

图注　彩 31 井区侏罗系西山窑组一段油气藏中部地层压力变化范围 22.00～22.42MPa，压力系数 0.89～0.91。

二、开发特征

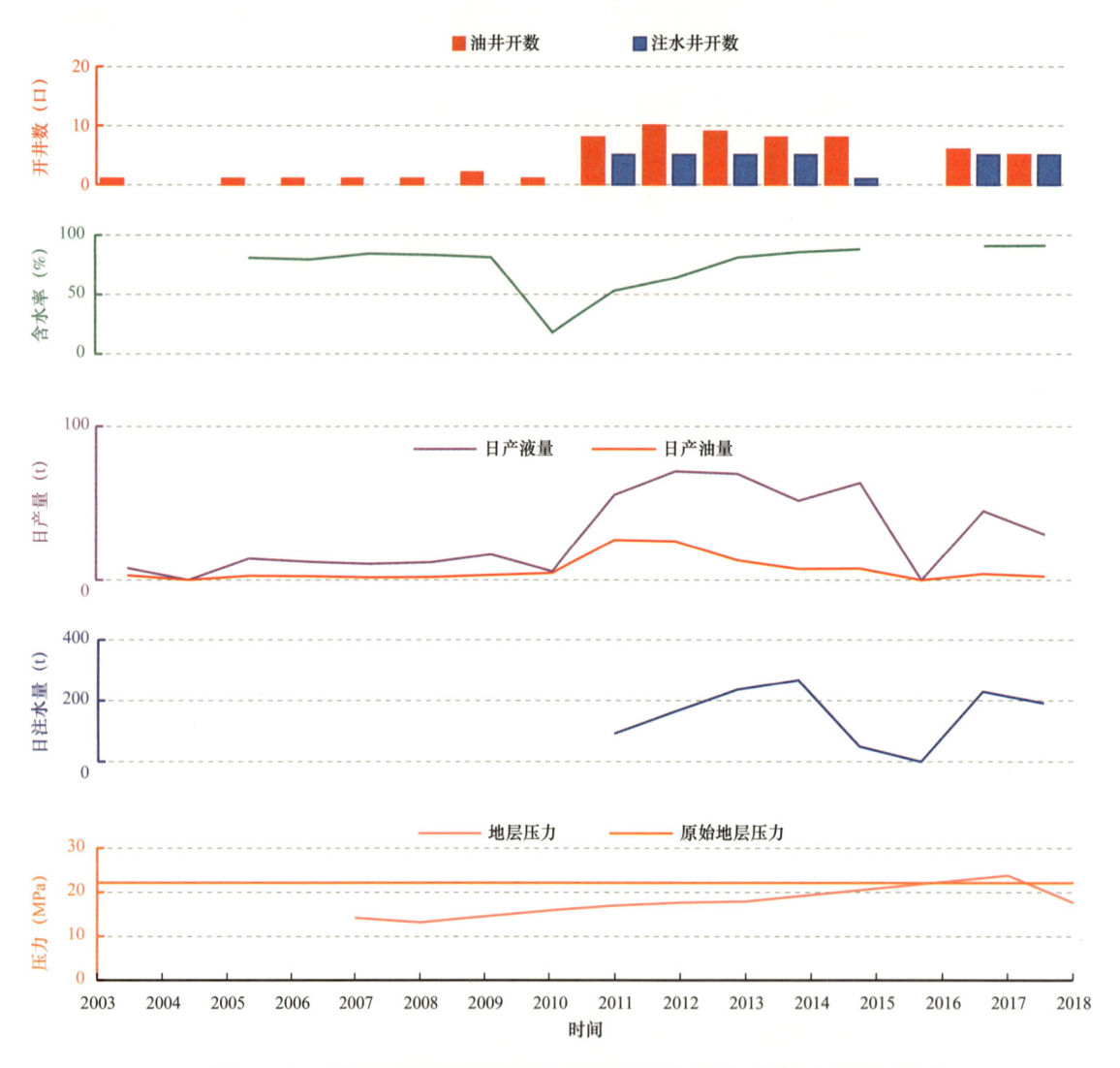

图 3-42　彩 31 井区侏罗系西山窑组油气藏年度综合开发曲线

图注　截至 2018 年底，彩 31 井区侏罗系西山窑组油藏累计生产原油 $3.9×10^4$ t，平均年产油 $0.26×10^4$ t，2012 年达高峰产油量 $1.0×10^4$ t，采出程度 4.77%，综合含水 91.58%，采油速度 0.12%。

第四章 五彩湾气田

第一节 地质概况及勘探开发历程

一、地质概况

五彩湾气田西南距彩南油田 25km，东南距火烧山油田 35km，位于福海县及富蕴县交界处。在构造区划上位于准噶尔盆地东部隆起五彩湾凹陷（图 1-4）。地表为戈壁和沙漠，平均地面海拔 650～700m。有阜康石油基地直通彩南和火烧山油田的柏油公路经过。

五彩湾凹陷地层较全，自下而上为石炭系滴水泉组、松喀尔苏组（C_1s^a、C_1s^b）、巴塔玛依内山组（C_2b），二叠系将军庙组（P_2j）、平地泉组（P_2p）、梧桐沟组（P_3wt），三叠系韭菜园组（T_1j）、烧房沟组（T_1s）、小泉沟群（$T_{2-3}xq$），侏罗系八道湾组（J_1b）、三工河组（J_1s）、西山窑组（J_2x）、头屯河组（J_2t）、齐古组（J_3q），白垩系吐谷鲁群（K_1tg），第三系和第四系。石炭系与二叠系、二叠系与三叠系、三叠系与侏罗系、侏罗系与白垩系为区域性不整合。

至 2018 年底，五彩湾气田由彩 25、彩 201 共两个气藏组成（表 4-1）。含气层系为石炭系巴塔玛依内山组（图 4-1）。二者同时申报储量，典型气藏解剖将二者作为一个整体论述。

表 4-1 五彩湾气田探明储量汇总表

油藏	层位	储量类别	计算面积（km²）	探明储量 天然气（10^8m^3）	探明储量 凝析油（10^4t）	气藏类型
彩 25 井区	C_2b	探明未开发	1.6	1.48		构造
彩 201 井区	C_2b	探明未开发	2.6	6.85		构造
	合计		4.2	8.33		

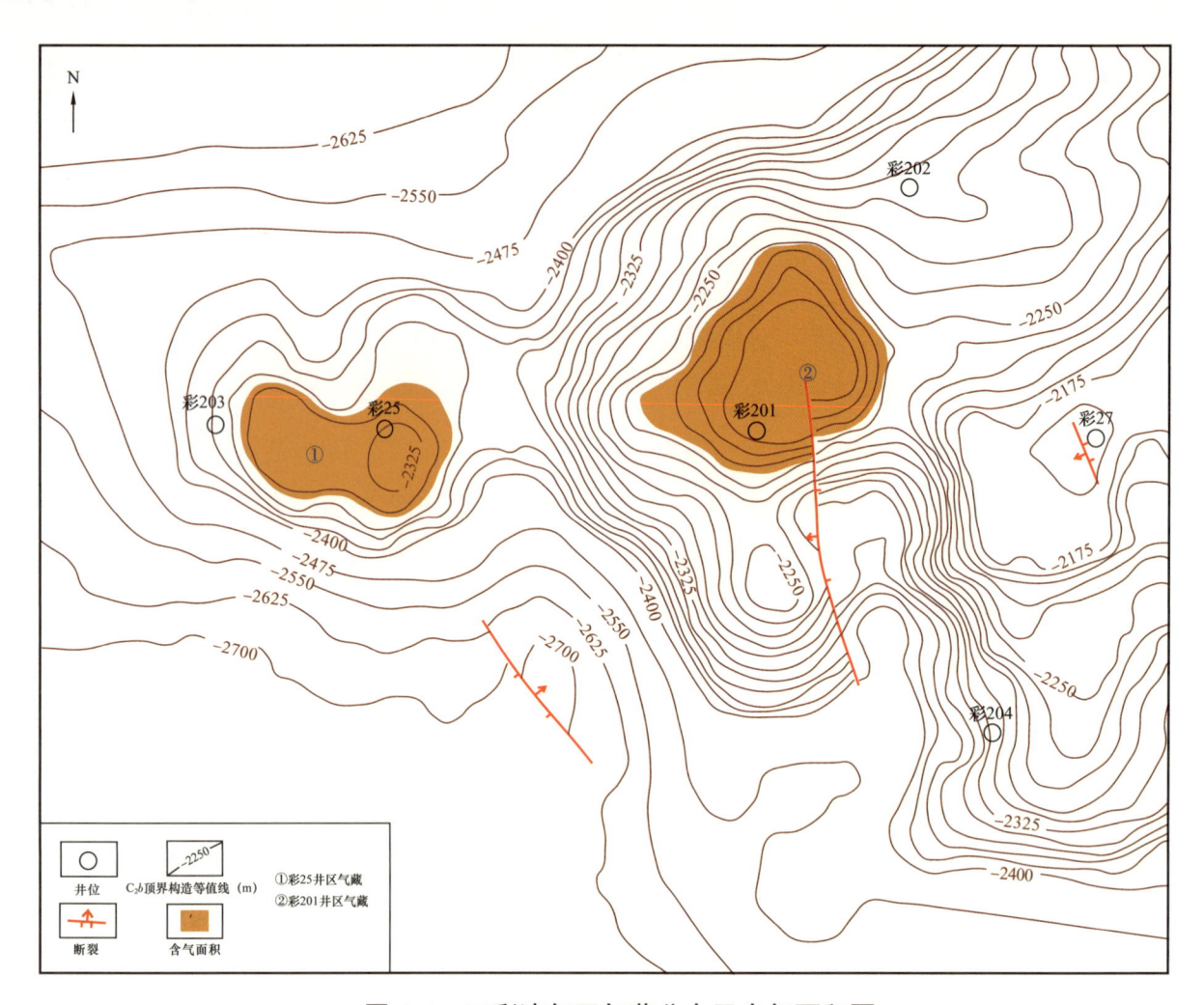

图 4-1 五彩湾气田气藏分布及含气面积图

二、发现历程

(一)地面调查阶段(20 世纪 50—60 年代)

五彩湾凹陷的油气勘探工作始于 20 世纪 50 年代中后期,完成了 1∶20 万重磁力普查及 1∶5 万地面地质调查。在北部山区滴水泉剖面找到了下石炭统烃源岩,6 块露头样品有机碳含量为 0.83%~1.37%,平均为 1.08%,大于 1% 的占 70%;氯仿沥青"A"含量为 434~888mg/L,平均为 597mg/L;总烃含量 369~505mg/L;岩石热解 S_1+S_2 比较低,一般 0.43~1.42mg/g;氢指数为 40~96;R_o 为 1.23%,属腐殖型达到高成熟阶段的较好烃源岩,提出了五彩湾凹陷石炭系具备生烃能力的地质认识。

(二)地震调查及预探阶段(20 世纪 80 年代)

20 世纪 80 年代,五彩湾凹陷开展一定规模的二维地震勘探,测网密度 6km×10km,得到了基底以上沉积层的反射。基本查清了凹陷的地层层序和接触关系,发现了五彩湾大型鼻隆构造。1981 年在鼻隆的高部位钻探了第一口参数井(彩参 1

井），该井落实了石炭系以上地层时代，在巴塔玛依内山组之下还钻揭了50m厚的烃源岩，据石炭系顶界1060m处石炭系试获低产气流（日产气2842m³）。随后1983—1988年在凹陷的不同部位又钻探井4口（彩2井、彩3井、彩4井、彩6井），钻揭石炭系156～1230m不等，均没有新的发现，凹陷内石炭系的勘探暂缓。

（三）钻探发现阶段（1993—1997年）

1993年在凹陷的鼻隆上又部署了一轮二维地震，测网密度2km×2km，资料品质有所提高。经解释在大型鼻隆的倾没部位发现了五彩湾背斜。圈层为二叠系和石炭系顶面，石炭系顶面圈闭面积7.0km²，闭合度70m。据此1995年8月钻探了彩25井，1995年11月在石炭系顶面3028～3038m井段7mm油嘴日产气8488m³。1995年11月25日至1996年3月12日测静压，3月14日压裂，用三相分离器试产，孔板直径63.5mm时日产天然气51132m³，计算无阻流量15.4×10⁴m³。1996年6月16日下返到该井石炭系底部3302～3320m，5mm油嘴获油7.5t/d，获气7160m³/d，水5.06m³/d，从而发现了五彩湾油气田。随后对二维地震资料重新处理和解释，在鼻隆的腰部发现了一条横切鼻状构造的逆断层，形成了包括五彩湾背斜在内的五彩湾断鼻圈闭，面积54.0km²，闭合度325m。1996年5月在断鼻的高部位钻探了彩27井，在石炭系顶部获得了低产气流（日产气6210m³），与彩25井气藏同属构造控藏。同年为控制含气面积部署评价井4口（彩201井、彩202井、彩203井、彩204井），仅位于构造高点的彩201井获工业气流，自喷针阀试产获气6.085×10⁴m³/d、获油22.33t/d。1997年彩25井区与彩201井区石炭系巴塔玛依内山组气藏共提交探明储量8.33×10⁸m³。

三、勘探经验与启示

（一）首次发现石炭系来源的天然气，确立了石炭系作为天然气勘探领域的地位

20世纪50—60年代地面地质调查即发现克拉美丽山前石炭系有生烃能力，长期未得到钻探证实。1981年彩参1井在石炭系底部3158～3209m井段钻揭51m的深灰色泥岩、黑灰色碳质泥岩，有机碳含量7%～10.7%，平均8.5%；S_1+S_2平均为15.43mg/g，氯仿沥青"A"含量高达3704mg/L，氢指数149～175，T_{max} 453℃，aaaC$_{29}$甾烷20S/（20S+20R）为0.49，是一套腐泥腐殖型的已达到成熟阶段的好生油岩。彩参1井天然气甲烷含量86.24%，干燥系数0.89，来源于石炭系烃源岩。1995年彩25井、1996年彩201井均在石炭系顶面巴塔玛依内山组获高产工业油气流，彩25井天然气甲烷含量94.37%，干燥系数0.97，甲烷碳同位素–30.04‰、乙烷碳同位素–24.24‰，原油碳同位素为–24.22‰；彩201井天然气甲烷含量73.28%，干燥系数0.85，原油碳同位素–23.66‰，油气同源来自石炭系腐殖型烃源岩。石炭系既发育烃源岩又发育有利

储层，具有自生自储条件且可形成高产天然气藏。五彩湾气田发现之前，盆地基本没有天然气领域的勘探主战场，五彩湾气田的发现直接推动了陆东—五彩湾地区石炭系天然气重点勘探领域的形成，为千亿立方米克拉美丽气田的发现奠定了勘探基础。

（二）首次明确石炭系除风化壳型储层外还发育内幕型火山岩储层

早在20世纪50年代西北缘克—百断裂带上盘石炭系就有零星的油气发现，20世纪70年代末至90年代中期探明石炭系油藏16个区块。油源来自二叠系风城组，油藏位于石炭系顶面风化壳（距石炭系顶面300~500m），储层岩性有玄武岩、安山岩、火山角砾岩、凝灰岩及砂砾岩。

1981年彩参1井钻揭石炭系1407m，发育大套火山角砾岩、安山岩、玄武岩，火山岩厚度1357m。石炭系顶面1802~2098m发育近300m厚度规模的火山角砾岩，孔隙度3.4%~14.26%，平均孔隙度10.14%、渗透率0.16~7713.51mD，平均渗透率533.60mD，试获低产油流（0.314t/d）。彩参1井还在距离石炭系顶界1060m处的玄武岩中获低产气流，表明石炭系不仅发育风化壳型储层，还发育内幕型储层。这与火山岩喷发机制有关，含有大量挥发组分的岩浆在喷出地表时，因挥发分溢散而留下大量原生气孔，垂向上每期熔岩流顶部、底部气孔发育，多期爆发控制储层韵律式展布，平面上爆发相、溢流相成为最有利储层发育带。火山岩储层形成后，气孔受压实减孔的影响较小，有利于原生气孔的保存。

彩参1井钻探之前，石炭系仍被作为盆地基底考虑，探井多以钻揭火山岩完钻。彩参1井钻探后明确了石炭系火山岩储层规模大、物性好，即使在距石炭系顶面上千米的范围内，火山岩仍然能够储集流体，这一发现纵向上拓展了石炭系这一勘探层系，围绕主力生烃凹陷的石炭系古隆具有较大的勘探价值，为1992年石西1井加深钻探石炭系发现石西油田提供了认识基础。

第二节　彩 25 井区、彩 201 井区石炭系气藏

一、石油地质特征

（一）构造特征

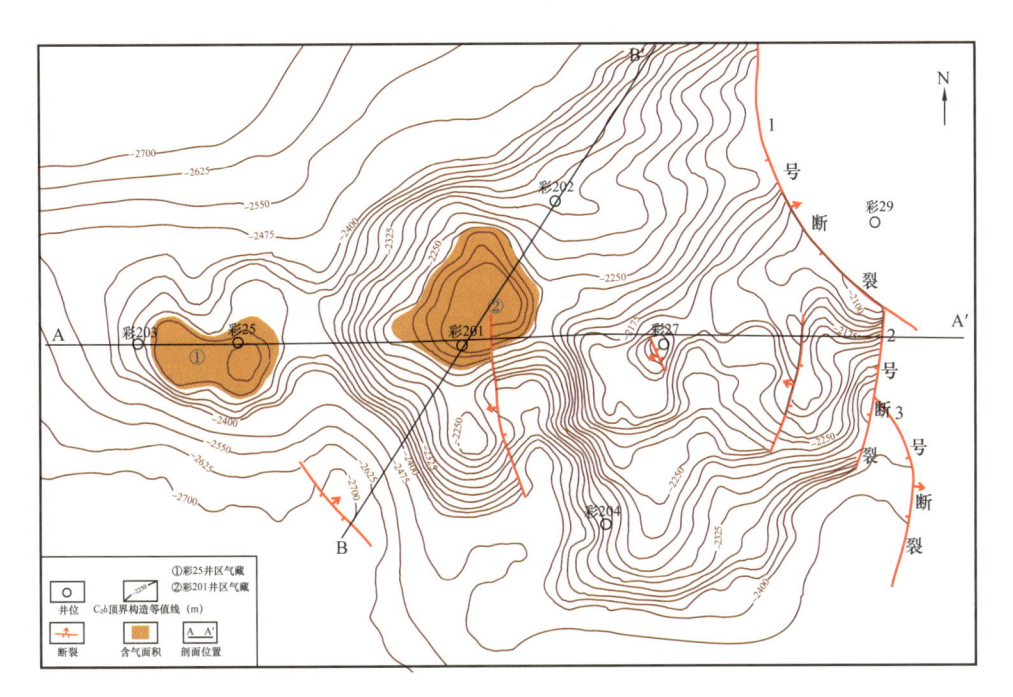

图 4-2　五彩湾气田石炭系巴塔玛依内山组顶面构造图

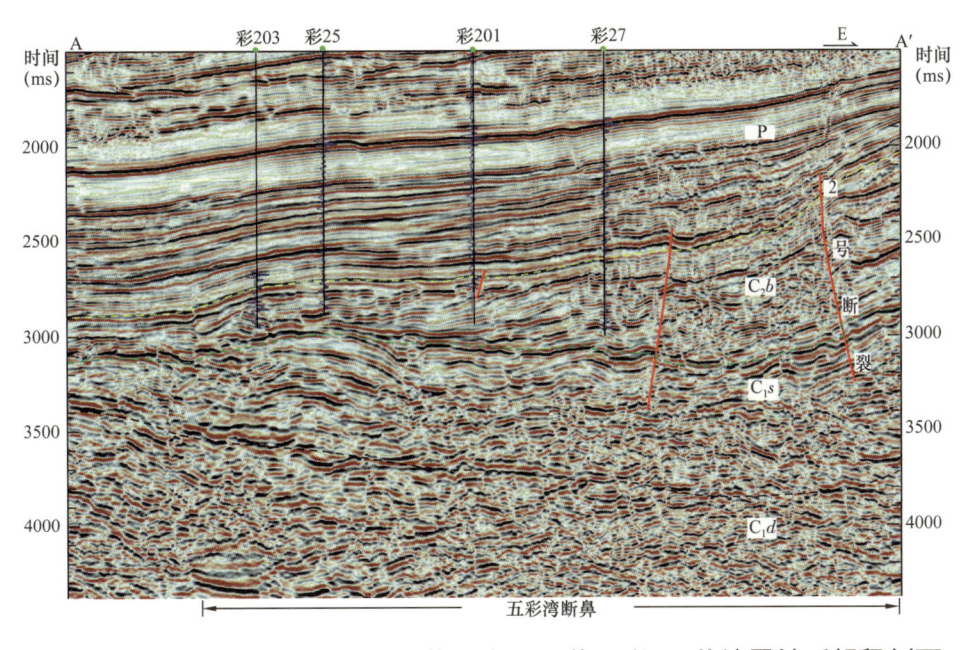

图 4-3　过彩 203 井—彩 25 井—彩 201 井—彩 27 井地震地质解释剖面

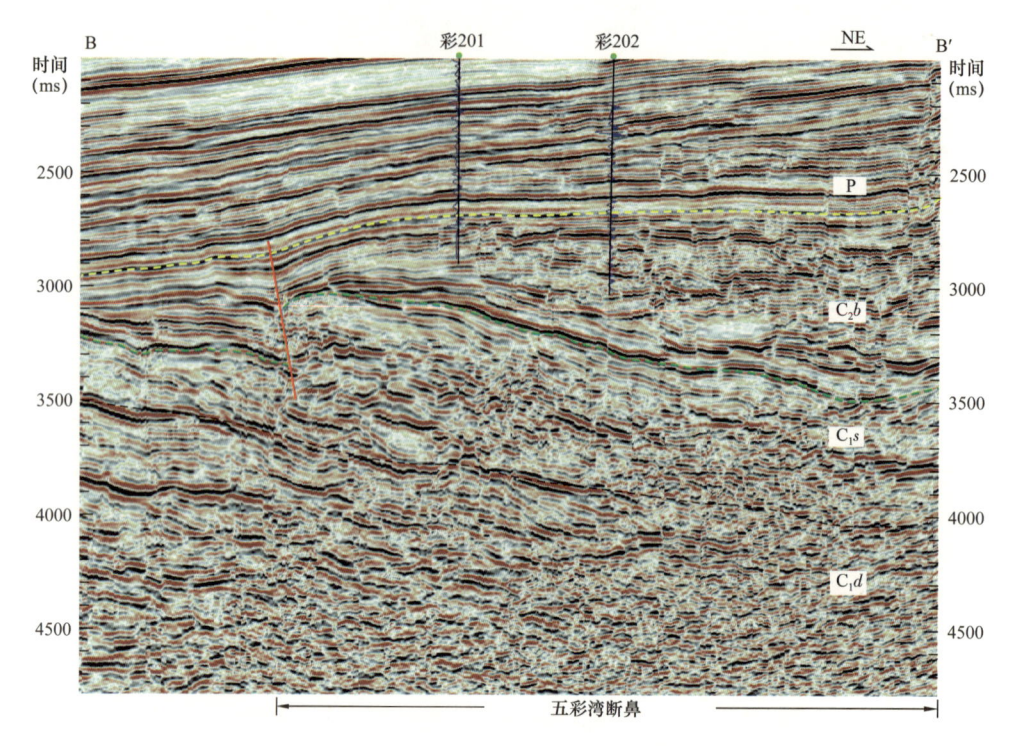

● 图 4-4　过彩 201 井—彩 202 井地震地质解释剖面

图注　石炭系顶面构造为西倾的鼻状构造，在上倾部位被一组逆断层切割，形成断鼻圈闭。在断鼻圈闭内发育彩 25 井背斜、彩 201 井背斜和彩 27 井断鼻。圈闭面积分别为 2.5km²、3.0km² 和 13.9km²，闭合度分别为 30m、60m 和 135m。

表 4-2　五彩湾气田断裂要素表

断裂名称	断层性质	断开层位	断距（m）	走向	倾向	倾角	延伸长度（km）
1 号断裂	逆	P—C	80~120	S—N	E	40°~50°	6.5
2 号断裂	逆	P—C	20~40	NNE—SSW	SE	45°~60°	2.2
3 号断裂	逆	P—C	60~140	S—N	E	45°~60°	4.5
彩 201 井东断裂	逆	C	10~30	S—N	W	20°~30°	2.8

表注　五彩湾断鼻主控断裂有三条，分别为 1 号、2 号、3 号断裂，均为逆断裂，近南北走向，断面较陡，断距在 20~140m。断鼻内局部构造彩 201 井背斜被彩 201 井东断裂切割，该断裂为逆断裂，断距较小在 10~30m。

（二）地层分布

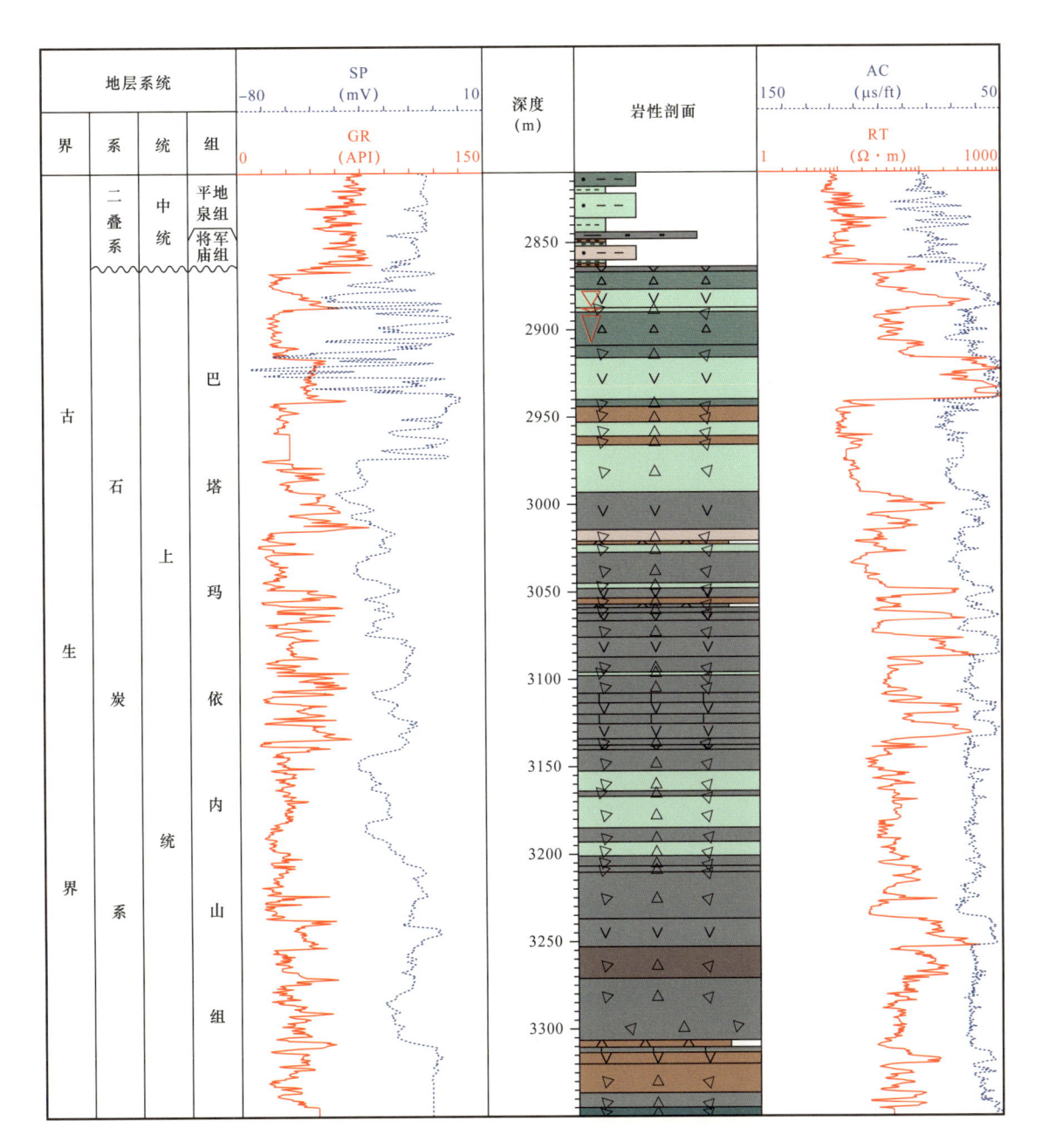

图 4-5　彩 201 井石炭系巴塔玛依内山组综合柱状图

表4-3　五彩湾气田石炭系巴塔玛依内山组厚度数据表

井号	完钻层位	地层厚度（m）			
		二叠系	石炭系		
		将军庙组	巴塔玛依内山组	松喀尔苏组		滴水泉组
		P_1j	C_2b	C_1s^b	C_1s^a	C_1d
彩201	C_2b	18.5	185.5（未穿）			
彩202	C_2b	158	824（未穿）			
彩203	C_2b	80	302（未穿）			
彩204	C_2b	51	516（未穿）			
彩25	C_2b	83	354（未穿）			
彩27	C_2b	89	793（未穿）			
彩参1	C_1s	172	1356	51（未穿）		
彩深1	C_1d	258	1590	537	463	465（未穿）

图表注　① 五彩湾气田钻揭的石炭系主要为巴塔玛依内山组，厚度185.5～1590m。彩深1井钻穿松喀尔苏组，厚度1000m，钻揭滴水泉组465m；② 目的层石炭系巴塔玛依内山组与上覆二叠系将军庙组不整合接触。

（三）沉积特征

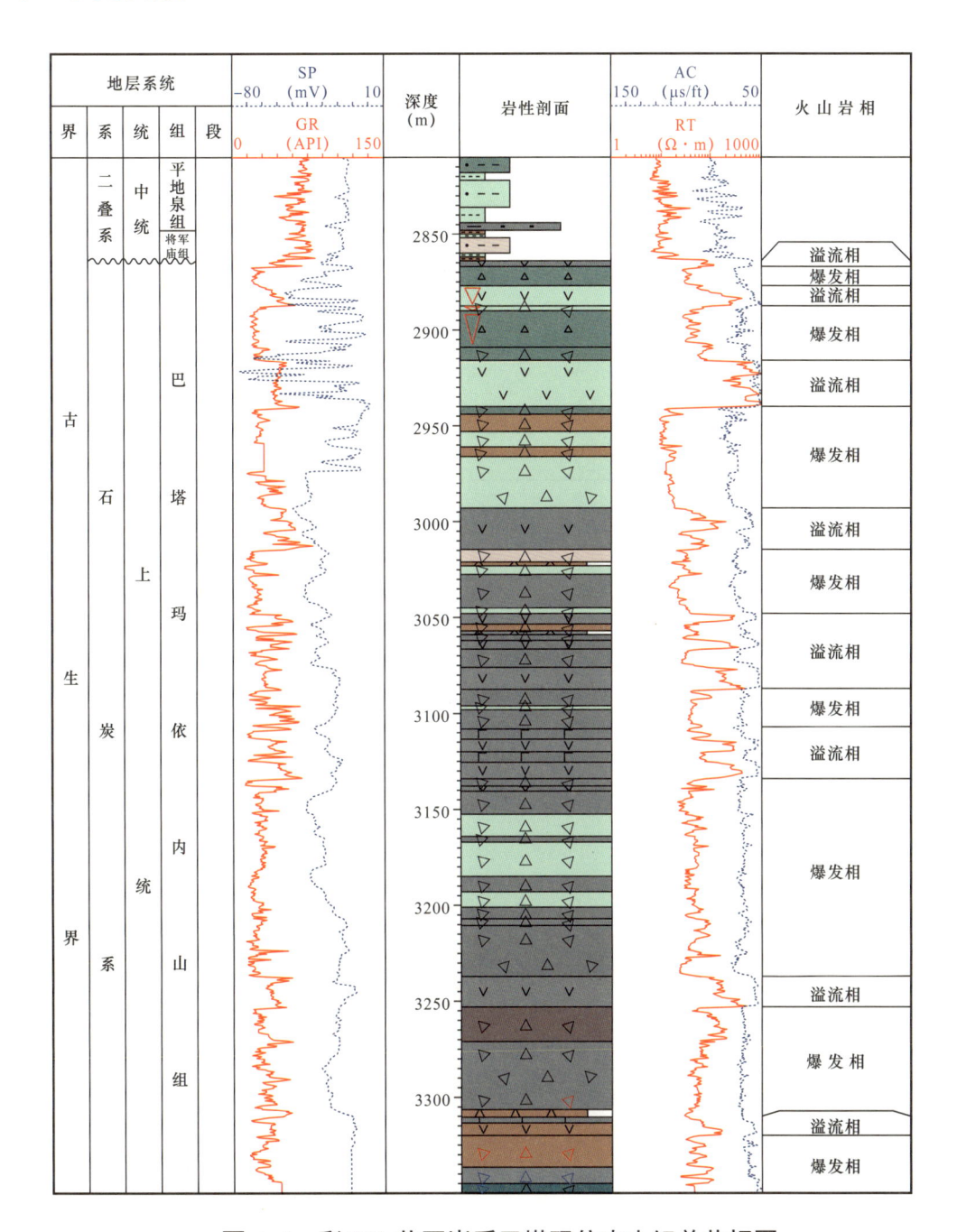

图 4-6　彩 201 井石炭系巴塔玛依内山组单井相图

图注　① 石炭系巴塔玛依内山组为一套中性喷发岩，主要由爆发相的火山角砾岩、熔结角砾岩及溢流相的熔岩叠置而成，凝灰岩、集块岩等少见；② 可划分出 5~7 个喷发韵律；③ 主力储层为火山角砾岩，中低阻 $22.6 \leqslant RT < 112.6 \Omega \cdot m$，低伽马 $15.7 \leqslant GR < 40.7 API$，高时差 $55.2 \leqslant AC < 75.2 \mu s/ft$。

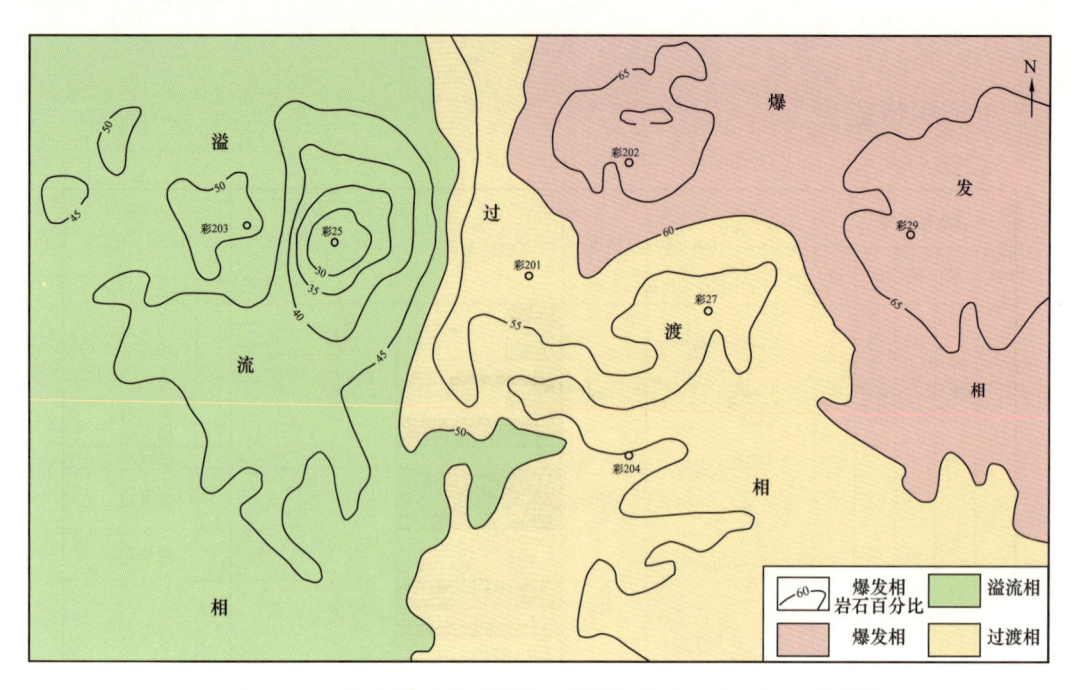

● 图 4-7　五彩湾气田石炭系巴塔玛依内山组火山岩相图

图注　① 根据各井岩性解释和井点所在的地震波阻抗、速度建立了岩性与地震属性间的关系，将地震波阻抗、速度转换成岩性分布；② 彩29井区、彩202井区爆发相岩石大于60%，为爆发相；彩25井区、彩203井区爆发相岩石小于50%，为溢流相；彩201井区、彩27井区爆发相岩石在50%～60%，为二者之间的过渡相。

（四）气源分析

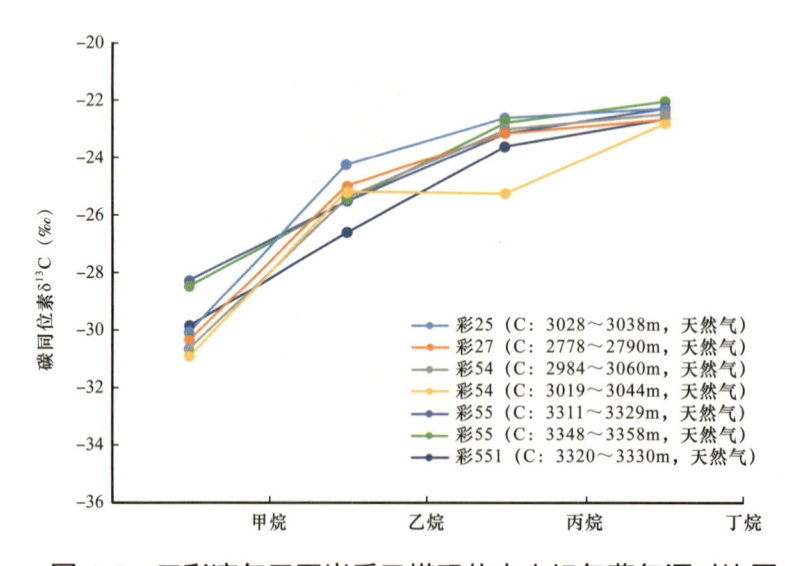

● 图 4-8　五彩湾气田石炭系巴塔玛依内山组气藏气源对比图

图注　① 五彩湾气田石炭系天然气具有典型的腐殖型天然气特征；② 石炭系天然气成熟度达到成熟—高成熟演化阶段；③ 气源层主要为石炭系松喀尔苏组烃源岩，属于自生自储火山岩成藏。

（五）储层特征

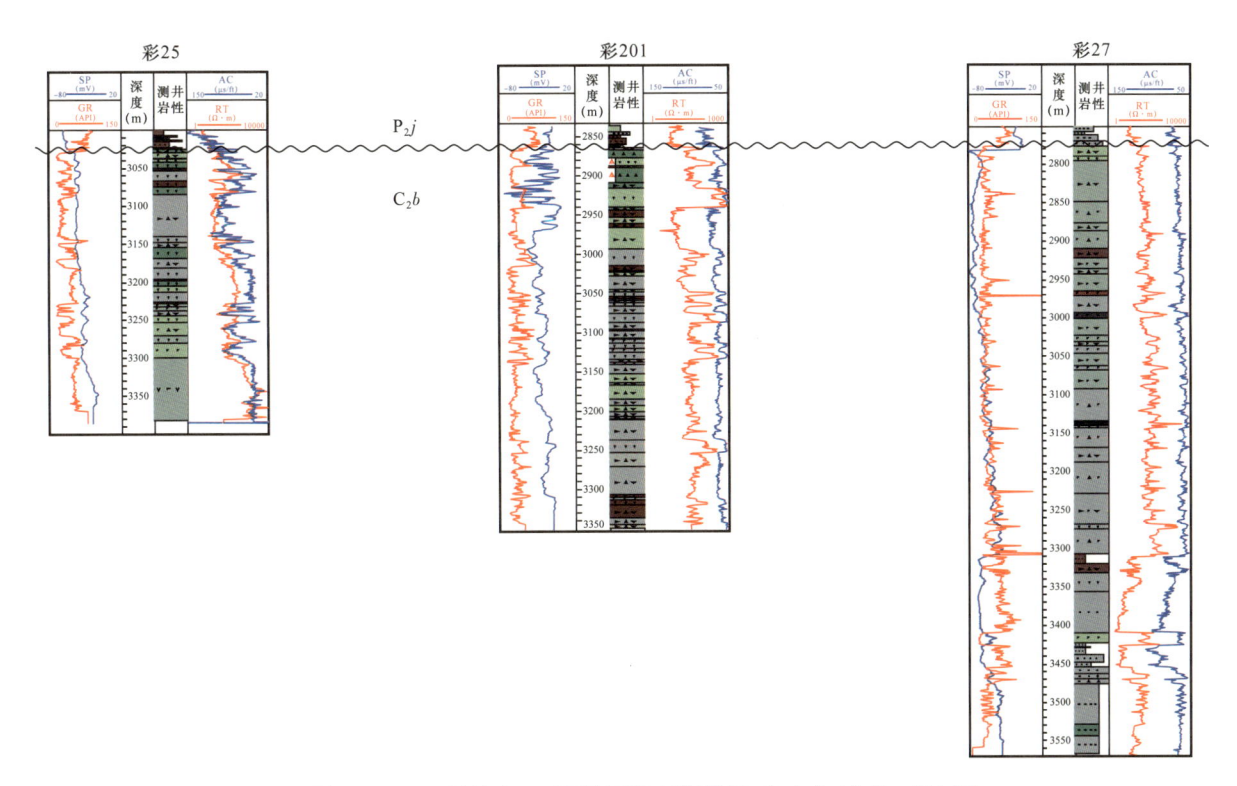

● 图 4-9　五彩湾气田石炭系巴塔玛依内山组连井对比图

图注　① 石炭系巴塔玛依内山组火山岩由爆发相的火山角砾岩、过渡相的火山角砾熔岩和溢流相的火山熔岩组成；② 彩25井全井熔岩发育，彩27井溢流相熔岩层薄而少，爆发相和过渡相的岩类层厚而多，彩201井介于二者之间。

表 4-4　五彩湾气田石炭系巴塔玛依内山组储层物性数据表

层位	岩性	孔隙度（%）样品数	变化范围	平均	渗透率（mD）样品数	变化范围	平均
C_2b	火山角砾岩	313	1.45～19.01	9.13	306	0.003～67.644	0.041
	熔岩	145	0.03～9.38	4.78	141	0.003～6.267	0.009
	全区平均	458	0.03～19.01	6.96	447	0.003～67.644	0.025

● 图 4-10　五彩湾气田石炭系巴塔玛依内山组孔隙度、渗透率分布图

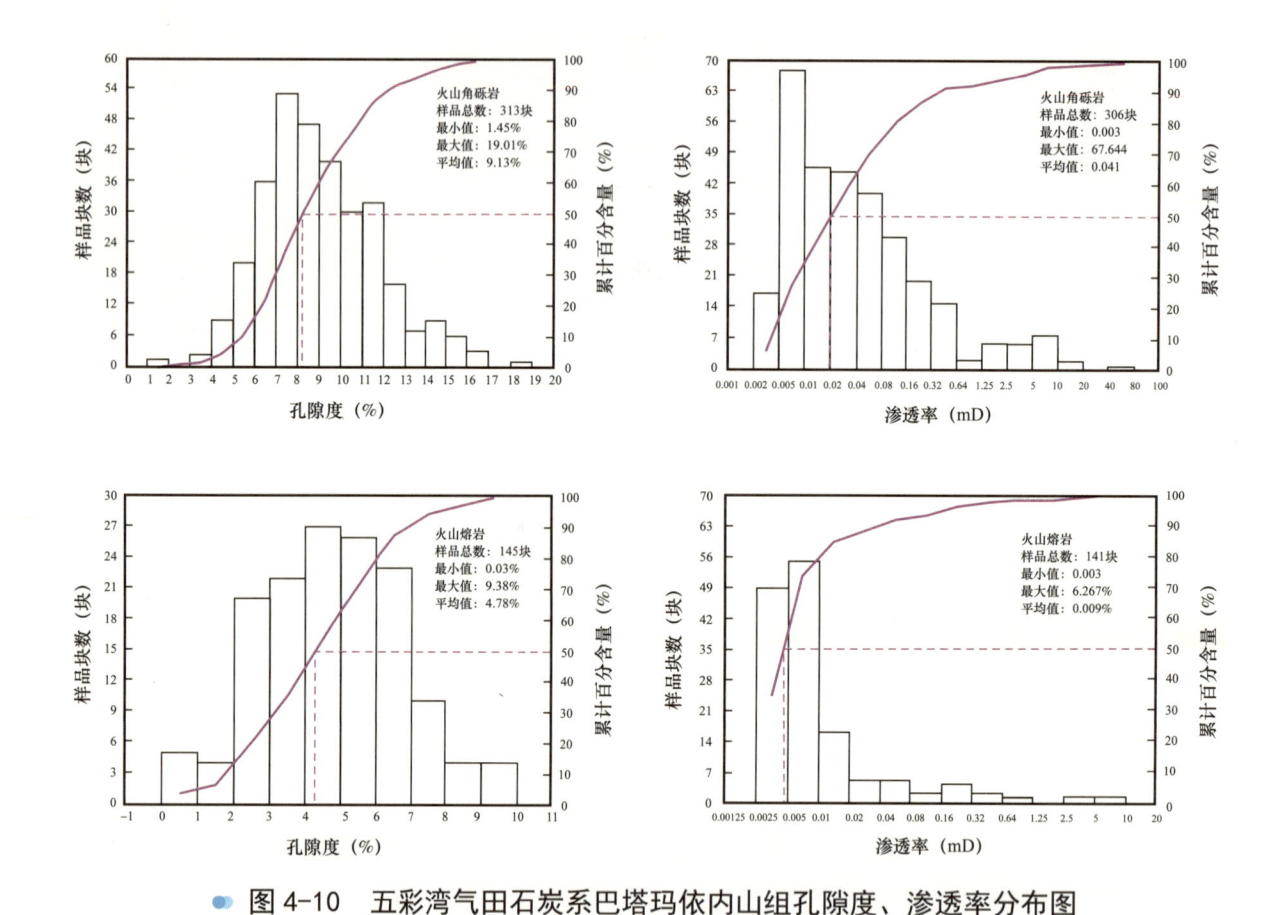

图表注　① 火山岩孔隙的发育程度与岩石类型密切相关，火山角砾岩一般不发育裂缝而发育基质孔隙，孔隙度分布在 1.45%～19.01%，平均为 9.13%；渗透率分布在 0.003～67.644mD，平均为 0.041mD；② 熔岩类孔隙不发育，孔隙度分布在 0.03%～9.38%，平均为 4.78%；渗透率分布在 0.003～6.267mD，平均为 0.009mD。

(a) 彩25井，C_2b，3198.95m，灰绿色安山岩

(b) 彩25井，C_2b，3232.70m，灰褐色玄武岩

(c) 彩201井，C_2b，2946.24m，灰色火山角砾岩

(d) 彩27井，C_2b，2801.98m，灰色凝灰岩

● 图 4-11　五彩湾气田石炭系巴塔玛依内山组岩心照片

图注　① 五彩湾气田石炭系巴塔玛依内山组岩石类型主要为火山角砾岩、熔岩、见凝灰岩；② 发育斑状结构、块状构造；③ 火山岩发育，代表五彩湾凹陷巴塔玛依内山组火山活动强烈，主要的火山岩相有爆发相、溢流相。

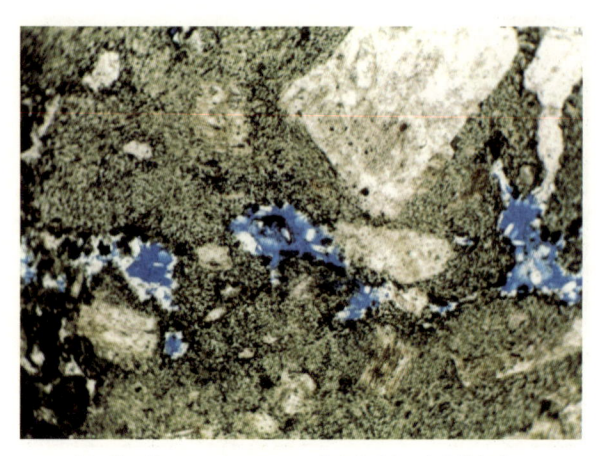

(a) 彩25井，C$_2$b，3037.80m，火山角砾岩，半充填气孔、粒间长石晶间孔，×50（−）

(b) 彩25井，C$_2$b，3053.10m，气孔状安山岩，气孔，×50（−）

(c) 彩25井，C$_2$b，3039.20m，安山岩，气孔，微裂缝，×50（−）

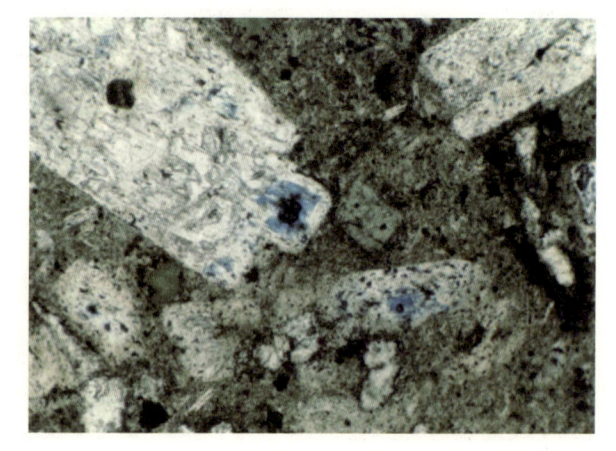

(d) 彩27井，C$_2$b，2787.10m，安山岩，斑晶溶孔，×80（−）

● 图 4-12　五彩湾气田石炭系巴塔玛依内山组铸体薄片照片

图注　①根据铸体薄片鉴定分析，储层储集空间以半充填气孔、气孔溶蚀孔、斑晶溶孔、微裂缝为主；②火山角砾岩具有基质孔隙，裂缝发育极少，属低孔隙度、特低渗透率储层；③火山熔岩类基质孔隙不发育，裂缝较发育。

(a) 彩25井，C₂b，3032.50m，叶片状绿泥石与石英

(b) 彩25井，C₂b，3038.40m，叶片状绿泥石

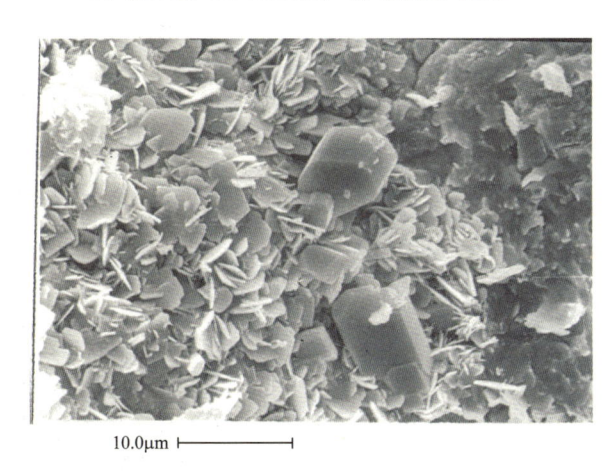

(c) 彩25井，C₂b，3039.20m，叶片状绿泥石与钠长石

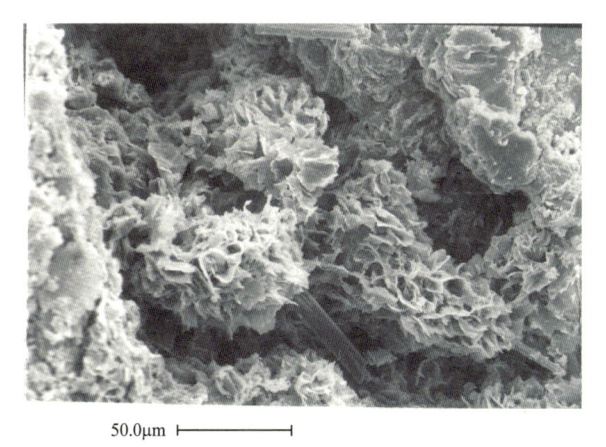

(d) 彩25井，C₂b，3053.10m，似蜂巢状伊/蒙混层

● 图 4-13　五彩湾气田石炭系巴塔玛依内山组扫描电镜图

图注　①黏土矿物主要以叶片状绿泥石为主（58%～76%）为主，其次为伊/蒙混层（10%～26%）、伊利石（6%～19%）；②黏土矿物形态有叶片状、似蜂巢状。

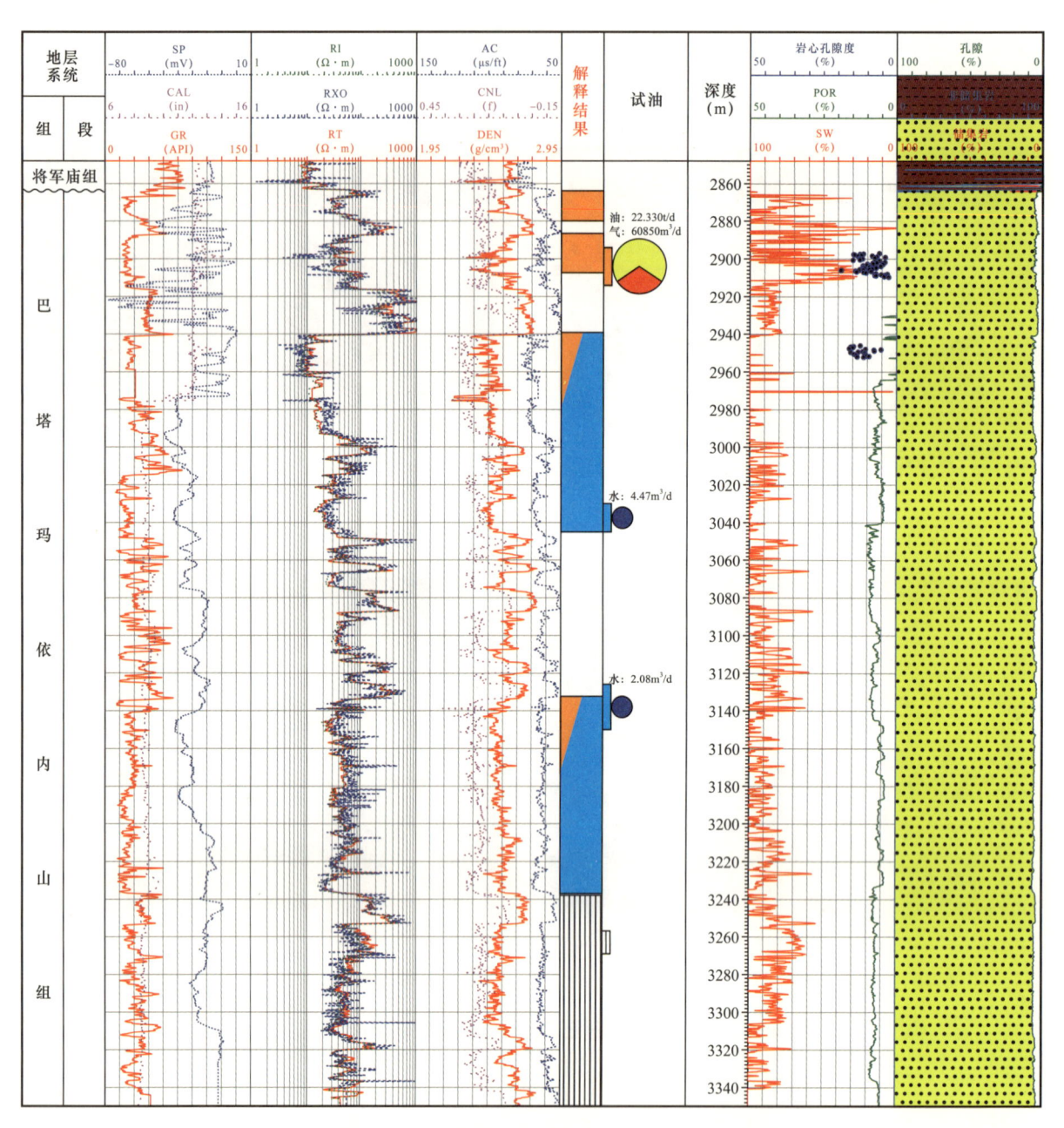

● 图 4-14　彩 201 井石炭系巴塔玛依内山组测井解释成果图

图注　① 彩 201 井巴塔玛依内山组共解释气层 37m/2 层、含气水层 210.6m/2 层、干层 111m/1 层；② 累计试油 71m/4 层，获得气层 20m/1 层，水层 39m/2 层，干层 12m/1 层。

（六）气藏剖面

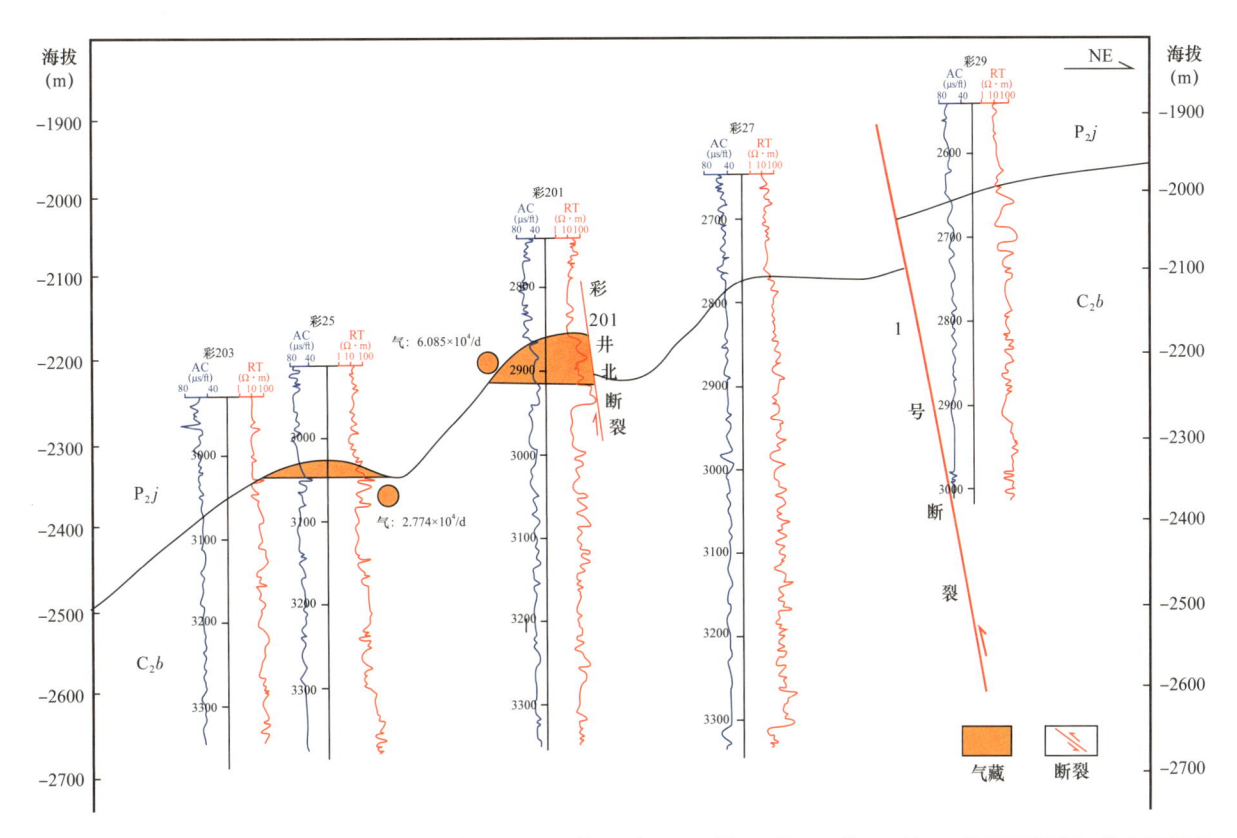

图 4-15　五彩湾气田过彩 203 井—彩 25 井—彩 201 井—彩 27 井—彩 29 井石炭系气藏剖面图

图注　① 五彩湾气田石炭系巴山组气藏为局部构造控制的小型块状气藏；油气分别聚集在彩 25 井背斜、彩 201 井背斜内，形成独立的气藏；② 根据西南石油大学李士伦提出的利用气组分判别气藏类型的方法，表明彩 25 井、彩 201 井区为无油环的气藏；③ 气藏具有较活跃的底水，驱动类型为底水驱动及天然气的弹性驱动。气藏中部深度彩 25 井区为 3040m，彩 201 井区为 2885m，气藏高度分别为 20m 和 55m。

（七）流体性质

表 4-5　五彩湾气田石炭系巴塔玛依内山组气藏天然气组分数据表

层位	相对密度	甲烷含量（%）	乙烷含量（%）	氮气含量（%）	二氧化碳含量（%）
C_2b	0.7254	74.54	6.98	11.29	0.093

表注　气藏天然气相对密度为 0.7018~0.7507，平均为 0.7254；甲烷含量为 72.23%~77.05%，平均为 74.54%；乙烷含量为 6.79%~7.29%，平均为 6.98%；二氧化碳含量为 0.01%~0.23%，平均为 0.093%；氮气含量为 10.18%~12.14%，平均为 11.29%。

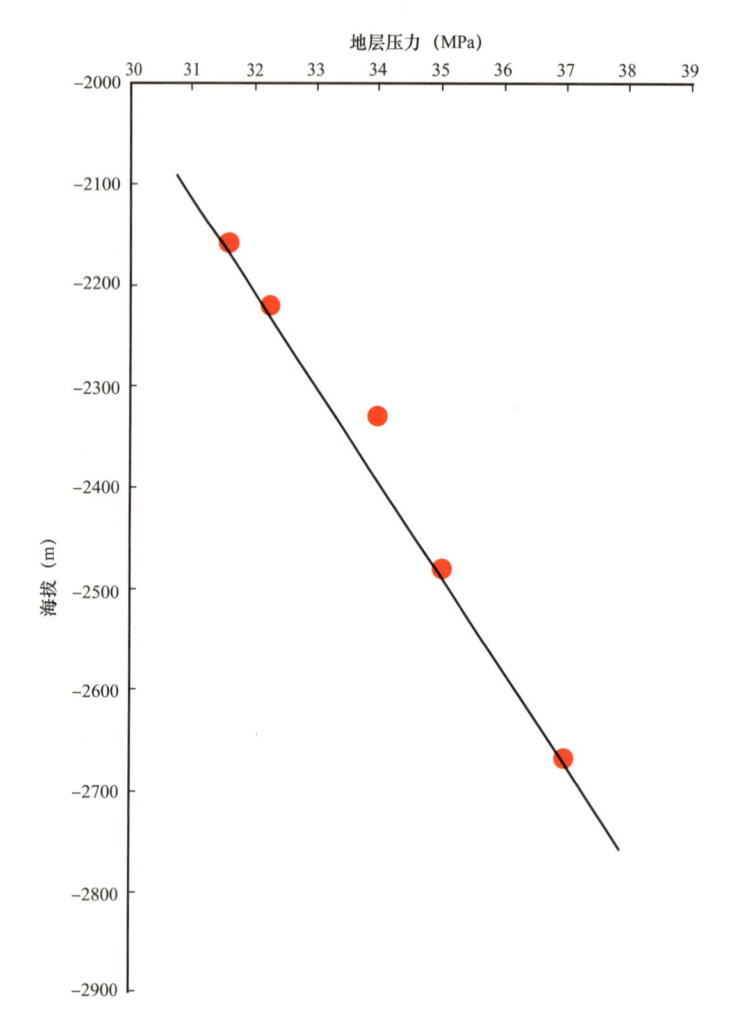

● 图 4-16　五彩湾气田石炭系巴塔玛依内山组气藏地层压力梯度图

图注　彩 25 井区石炭系巴塔玛依内山组气藏中部地层压力为 34.09MPa，压力系数为 1.12；彩 201 井区石炭系巴塔玛依内山组气藏中部地层压力为 32.21MPa，压力系数为 1.11。

（八）成藏模式

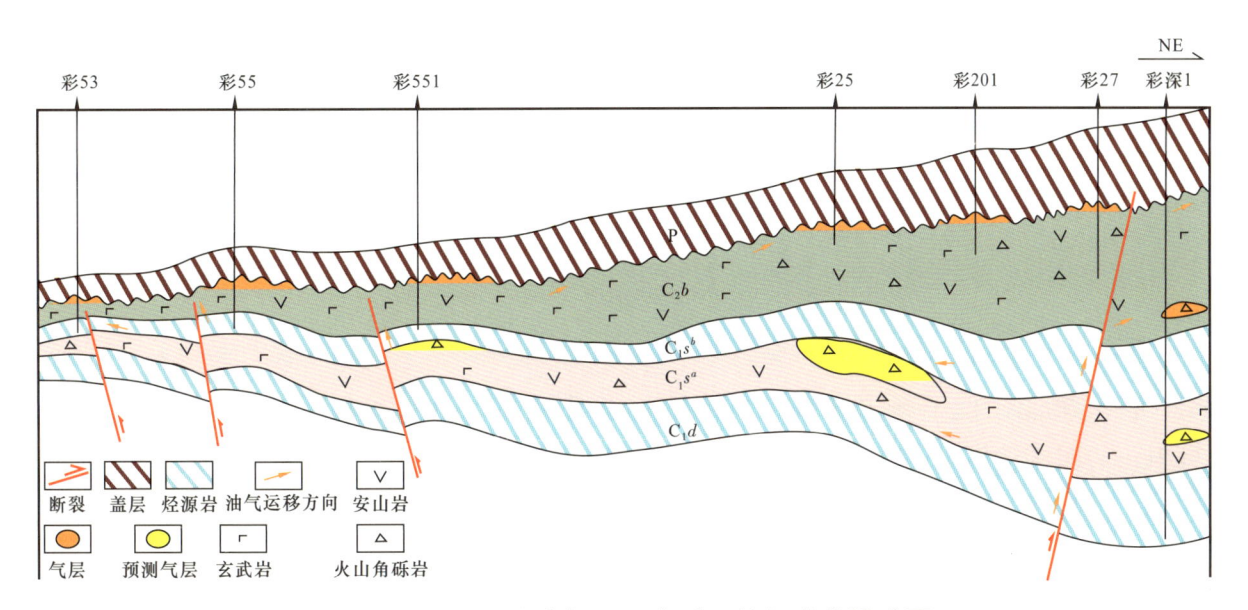

图 4-17　五彩湾气田石炭系天然气成藏模式图

图注　① 五彩湾气田石炭系巴塔玛依内山组气藏为石炭系自生自储气藏，凹陷内石炭系滴水泉组、松喀尔苏组上段泥岩为烃源岩，松喀尔苏组下段、巴塔玛依内山组火山岩为储层，上覆二叠系为盖层；② 滴水泉组、松喀尔苏组上段烃源岩在石炭系末进入生烃门限，三叠纪进入生烃高峰，侏罗纪末进入大量生气阶段；③ 五彩湾气田发现的巴塔玛依内山组风化壳型气藏，主要成藏期为三叠纪末及侏罗纪末两期，受喜马拉雅期构造向北东掀斜的影响，油气富集于凹陷斜坡区局部构造高部位，规模较小；④ 彩深 1 井在巴塔玛依内山组内幕获低产气流（4530m³/d）、松喀尔苏组下段火山岩见气测异常，证实石炭系内幕火山岩可形成内幕型气藏。

第五章　滴水泉油田

第一节　地质概况及勘探开发历程

一、地质概况

滴水泉油田位于新疆维吾尔自治区福海县境内，西南方向距已开发的彩南油田34.7km。在构造区划上位于准噶尔盆地陆梁隆起滴南凸起东段（称为滴水泉鼻隆）（图1—4）。油田范围内地表为沙漠，覆盖有少量植被，地面海拔710～790m。区内有彩南油田至滴水泉油田的简易公路，交通便利。

地层自下而上发育石炭系（C）、侏罗系八道湾组（J_1b）、三工河组（J_1s）、西山窑组（J_2x）和白垩系吐谷鲁群（K_1tg）。其中中—下侏罗统部分遭受剥蚀。石炭系与侏罗系、侏罗系与白垩系为区域性地层不整合接触。

至2018年底，滴水泉油田主要由滴12、滴2、滴20共三个油藏组成（表5—1）。含油层系为侏罗系八道湾组一段（图5—1）。

表5-1　滴水泉油田探明储量汇总表

井区块	层位	储量类别	计算面积（km²）	探明储量 原油（10⁴t）	探明储量 溶解气（10⁸m³）	油藏类型
滴12井区	J_1b	探明已开发	5.57	329.33	0.37	构造—岩性
滴2井区	J_1b	探明已开发	2.24	92.77	0.29	构造—岩性
滴20井区	J_1b	探明已开发	7.20	438.07	1.73	构造—岩性
合计			15.01	860.17	2.39	

二、发现历程

（一）地面调查及预探阶段（20世纪50年代—80年代初）

滴南凸起东段20世纪50年代开展地面地质调查和重磁力勘探，完成1∶5万地面地质调查及1∶20万重磁力普查。1958年在东部边缘钻探2口浅井（滴13井、滴14井），进尺726.32m，滴13井J_1b取心见1m油浸砂岩，显示该区为油气运移的有利指向区。

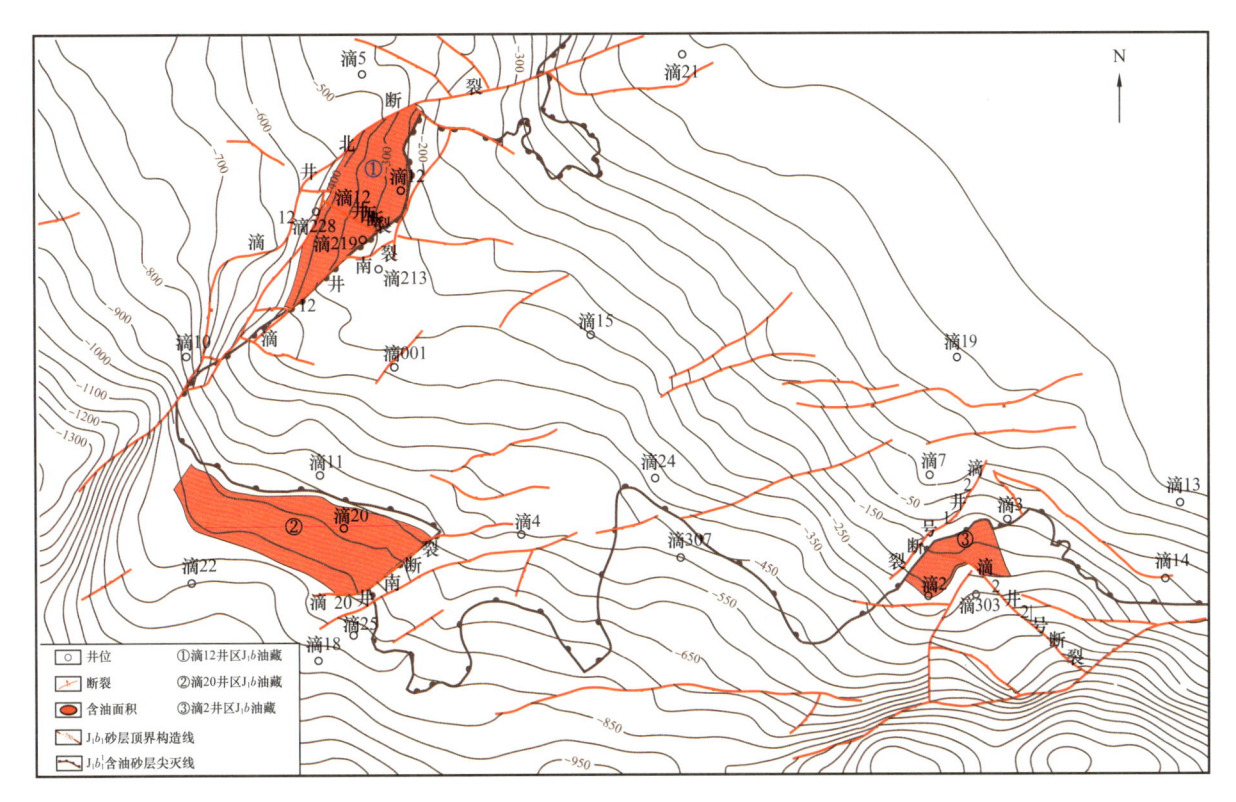

图 5-1　滴水泉油田油藏分布及含油面积图（附 J_1b_1 砂层顶界构造等值线）

20 世纪 80 年代初在靠近克拉美丽山的滴水泉鼻隆南翼以石炭系为主要目的层钻探滴 1 井（1982 年）、彩 2 井（1983 年），二者均未见任何油气显示。

（二）地震勘探及发现阶段（20 世纪 80 年代中后期—2004 年）

20 世纪 80 年代中后期该区开始进行地震勘探，至 1997 年二维测网密度（1.5～2）km×2km。得到基底以上沉积层的反射，基本查清了地层层序和接触关系，明确了滴水泉复式鼻状构造特征。

进入 20 世纪 90 年代，研究区周缘滴西构造、滴水泉断裂下盘、五彩湾凹陷连获发现。滴西构造钻探了滴西 1 井、滴西 2 井、滴西 3 井，在三叠系、侏罗系、白垩系获广泛的油气显示；滴水泉断裂下盘钻探的滴南 1 井、滴南 2 井在二叠系平地泉组、梧桐沟组见较好的油气显示；邻近的五彩湾凹陷石炭系喜获突破，彩 25 井、彩 201 井获高产工业气流。滴水泉鼻隆早在海西中晚期开始上隆，具有长期继承性，毗邻现实的生油凹陷（五彩湾凹陷、东道海子凹陷），具有油气成藏的有利条件。1997 年在二维资料基础上，按断块目标类型上钻滴 12 井、滴 2 井，滴 12 井在侏罗系八道湾组底部 1036.5～1041.5m 井段抽汲试油，获 8.86t/d 工业油流，从而发现了滴水泉油田滴 12 井区油藏。滴 2 井在八道湾组 991～1000m 井段，抽汲获油 1.6m³/d、水 6.16m³/d。

随后以滴 12 井、滴 2 井的发现为契机，1998 年在二维地震资料解释成果的基础上，相继钻探了滴3井、滴4井、滴5井、滴6井和滴001井，仅滴5井在八道湾组1172～1180m取心得0.72m荧光级岩心，5口井均未获成功。

1998年、1999年分别实施了滴12井A+B块、滴12井C块常规面元三维勘探。2002—2004年井位部署主要是鉴于滴北凸起泉1井在侏罗系三工河组获得25.05×10⁴m³/d高产天然气及气源来自石炭系的认识，以石炭系、侏罗系三工河组作为主要目的层，上钻滴7井、滴8井、滴9井、滴10井，但均未获得突破。

（三）构造岩性综合勘探阶段（2005—2013年）

2005年，鉴于滴12井区侏罗系八道湾组滚动评价效果较好，滴201井、滴202井、滴203井、滴210井、滴1013井5口评价井在八道湾组底部砂岩获得工业油流，产能基本在10t/d左右，实施滴9井区常规面元三维勘探。

2006年滴2井八道湾组重新试油，酸化获油3.6t/d、水4.3m³/d，从而发现滴2井区油藏。滴2井区、滴12井区投入开发后效果较好，均为侏罗系八道湾组岩性油藏。随将侏罗系八道湾组底砾岩作为主要含油层系，开展研究部署。2006年钻探滴15井，全井油气显示差而地质报废。2006年底滴12井区、滴2井区块侏罗系八道湾组油藏提交探明石油地质储量合计387.93×10⁴t。

2009年实施滴12井A+B块和滴9井区三块三维连片一致性处理，使得侏罗系断点、尖灭点清晰，砂层叠置关系明确。地震资料品质的提升带来了认识的提高，明确了侏罗系八道湾组砂体围绕古隆起呈多阶环带状分布，地层超覆线与断裂相配合形成了一系列的断层—地层圈闭。随后以探索地层、断层—地层型目标先后部署滴11井、滴18井、滴19井、滴20井、滴21井、滴22井、滴23井、滴24井。2010年3月滴20井在侏罗系八道湾组1388～1396m井段6mm自喷获油15.32t/d，发现滴20井油藏。但之后的滴21井、滴22井、滴23井及滴24井均未获得突破。2013年底滴20井区块侏罗系八道湾组油藏提交石油探明地质储量438.07×10⁴t。

三、勘探经验与启示

（一）认定领域、坚持探索是滴水泉油田持续发现的基础

滴水泉鼻隆是东道海子凹陷油气运移的优势指向区，油气来源确定。东道海子凹陷二叠系平地泉组排油高峰期为晚侏罗世和早白垩世，排气高峰期是第三纪—第四纪。滴水泉地区断裂非常发育，构成若干断块、断鼻、断层—地层圈闭，圈闭形成于早侏罗世，圈源时空配置是有利的。

滴水泉鼻隆的勘探可划分为四个阶段，先后持续57年。第一阶段是早期浅井钻探阶段（1958—1983年），先后钻探了滴13井、滴14井、滴1井、彩2井，滴13井在J_1b取心见油浸砂岩。表明滴水泉鼻隆位于油气运移的通道上。第二阶段是断块型目

标勘探阶段（1997—1999年），1997年滴12井首获突破，相继钻探滴3井、滴4井、滴5井、滴6井和滴001井，仅滴5井见荧光级岩心。为提高小断块圈闭的识别精度，1998年、1999年分别实施了两块常规面元三维勘探。第三阶段是石炭系及侏罗系三工河组天然气勘探阶段（2002—2004年），借鉴2001年滴北凸起泉1井在侏罗系三工河组获得高产天然气的经验，以石炭系、侏罗系三工河组作为主要目的层，上钻滴7井、滴8井、滴9井、滴10井，亦未获得突破。第四个阶段是侏罗系八道湾组岩性目标勘探阶段（2005—2010年），2005年在明确滴12井区油藏为岩性油藏的情况下，滴2井恢复试油发现滴2井油藏、部署滴15井失利。2009年实施三块三维连片处理，以提升岩性目标的识别精度，随后部署滴11井、滴18井、滴19井、滴20井、滴21井、滴22井、滴23井、滴24井。滴20井再获高产突破。

纵观滴水泉油田的持续发现，从1997年滴12井首次发现油藏到2009年滴20井再获突破，先后经历了12年，钻探了14口探井。钻井一口口失利又一口口部署，动力源于科研人员对滴水泉鼻隆为高效油藏领域的信心。一次次的失败换来一次次的坚持，过程中认识逐渐清晰，小幅度目标识别技术逐步完善，油气发现越来越近，最终迎来了滴20井区油藏的发现。

（二）精细刻画技术是小幅度目标识别的关键

2005年滴12井区投入开发即明确油藏为受断裂控制的J_1b_1砂层上倾尖灭的岩性油藏。2006年4月油田公司通过滴2井恢复试油建议及滴15井针对J_1b_1地层型圈闭的部署建议。2006年7月滴2井获得工业油流。2006年6月30日滴15井地质报废，岩性为灰色粉—细砂岩及中—细砂岩。该井目标是在滴12井A+B块三维勘探落实的，与滴12井出油层不属于同一套砂体，区域上砂层横向变化较大。

2009年滴水泉地区再上预探工作量，进行了三维连片叠前宽频处理。明确了古地形控古水系、控扇、控藏的模式，八道湾组砂体逐层超覆并叠置填平补齐沉积模式，平面上砂体呈多阶环带状分布。研究落实了八道湾组底部砂层2期尖灭线、识别众多地层型、断层—地层型圈闭，按整体部署分步实施的原则，6轮次部署8口探井。2009年7月首探井—滴11井地质报废，八道湾组底部砂层缺失，表明八道湾组底部砂层尖灭存在但尖灭线刻画不准。2009年9月滴11井下倾方向滴18井钻揭单层32m厚八道湾组底部砂砾岩，录井见荧光显示，取心获油斑级岩心，试油为水层，见油0.026t/d。表明滴18井远离砂层尖灭线，位置太低而未能成藏。2009年10月在滴18与滴11井间钻探滴20井，2010年3月滴20井自喷获工业油流。

油藏开发表明，滴12井区块油藏面积5.57km²，油藏高度180m、滴2井区块油藏面积2.24km²、油藏高度135m、滴20井区块油藏面积7.2km²，油藏高度115m，对于地层型目标，尤其是小幅度地层型目标，尖灭线位置的精确刻画至关重要。

为精细刻画小幅度目标，从处理源头采用地震叠前宽频处理技术，使频带有效拓宽，侏罗系尖灭点、断点清晰，地层叠置关系明确。解释端在精细地震地质统层基础上，利用地震相干、正演、三维可视化、井控变速成图技术刻画表征构造形态和断裂发育情况；利用层拉平古地貌分析、地震多属性分析、叠前叠后储层反演表征侏罗系八道湾组沉积及砂体发育特征。在对滴水泉地区侏罗系断块及岩性目标的刻画中，逐渐形成了中浅层岩性地层目标有针对性的处理解释一体化技术，在盆地腹部中浅层勘探中得到广泛应用。

四、开发简况

滴12井区块侏罗系八道湾组油藏2005年9月采用280m反七点面积注水井网开发。2006年上报油藏探明含油面积5.57km^2，地质储量329.33×10^{4}t。滴12井区建产周期长，三次扩边，新建产能7.2×10^{4}t/a，滴12井区设计产能5t，多数井超设计产能生产，造成油藏稳产期短，产能建设结束后，很快进入递减阶段。2012年开始调整注采比，精细小层注水，经过近几年注采比和吸水强度的调整，含水上升趋势得到控制，目前油藏开采状况良好，油藏进入开发中期。截至2018年12月，共完钻采油井45口，注水井20口。

滴2井区块侏罗系八道湾组油藏2007年按280m井距反七点法面积注水井网，部署开发井13口，其中采油井9口，注水井4口。滴2井区黏度相对较高，注水两年后含水快速突破，后期通过优化注水，调整注采比，油藏生产稳定，目前处于中高含水，中采出程度。截至2018年12月，共完钻采油井45口，注水井20口。

滴20井区侏罗系八道湾组油藏于2011年4月以280m井距反七点面积注水井网投入滚动开发，2013年底，历经四轮滚动扩边，产能建设全面完成，共完钻采油井47口，注水井24口。截至2017年8月因位于新疆卡拉麦里山有蹄类野生动物自然保护区内，根据2017年7月10日已获批的《准东采油厂卡拉麦里山有蹄类野生动物自然保护区退出方案》，于2017年8月整体关井。对停关井申请报废，报废审批后进行封井处置。

截至2017年8月，滴水泉油田已探明含油面积15.01km^2，原油地质储量860.17×10^{4}t。全油田共有油水井170口，其中油井240口，开井数89口；注水井70口，开井数44口，累计产油99.48×10^{4}t，累计产液239.75×10^{4}t，综合含水77.5%，采出程度11.6%（图5-2、图5-3）。

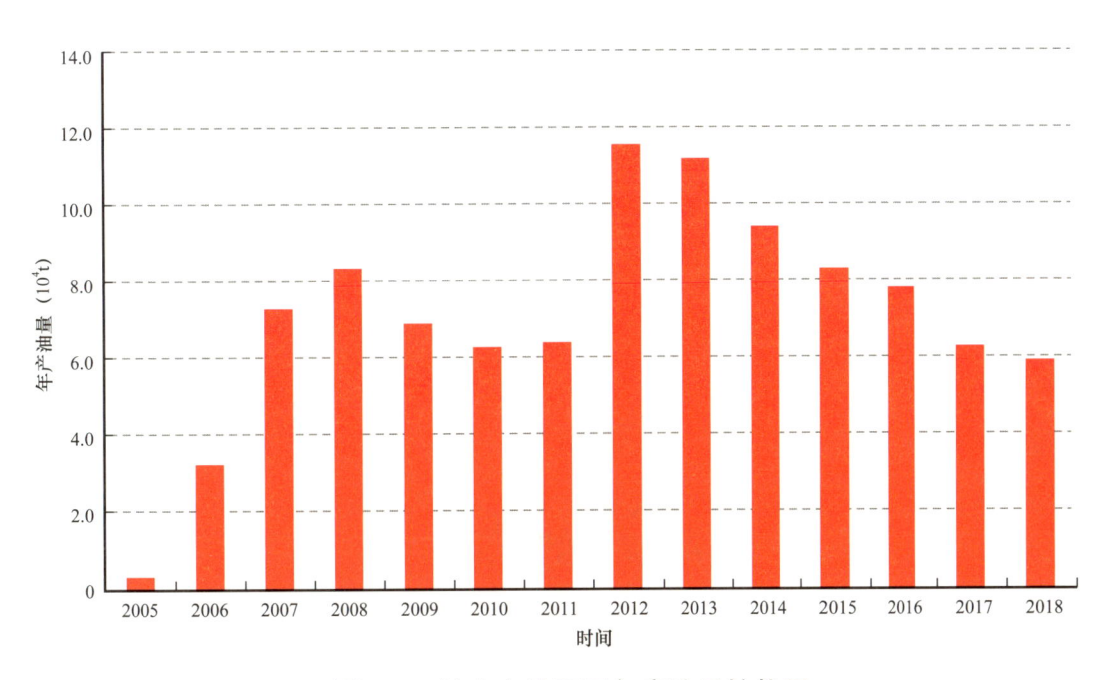

图 5-2 滴水泉油田历年产油量柱状图

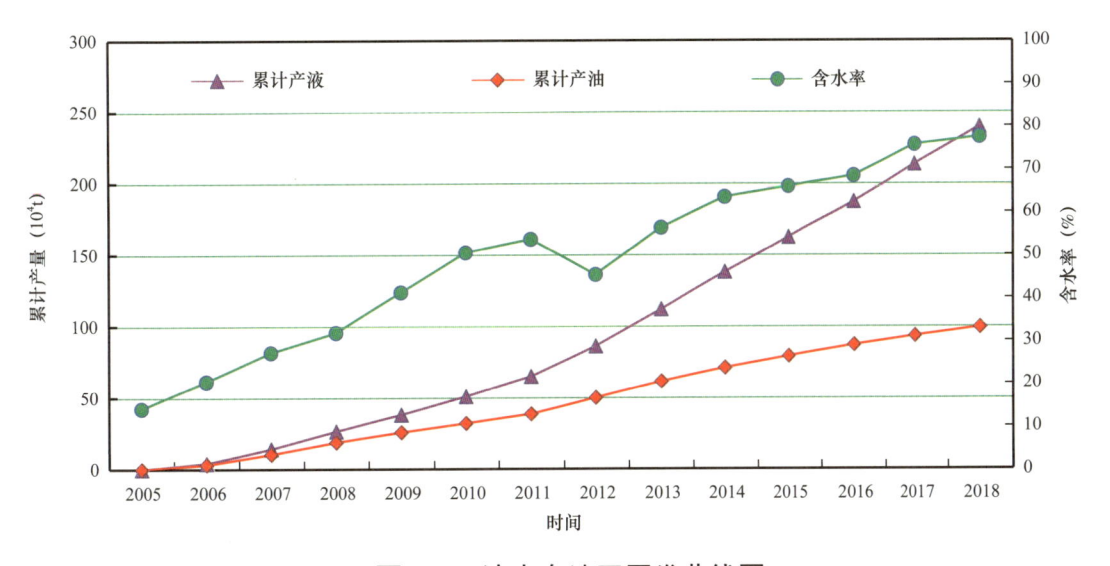

图 5-3 滴水泉油田开发曲线图

第二节　滴 12 井区侏罗系八道湾组油藏

一、石油地质特征

（一）构造特征

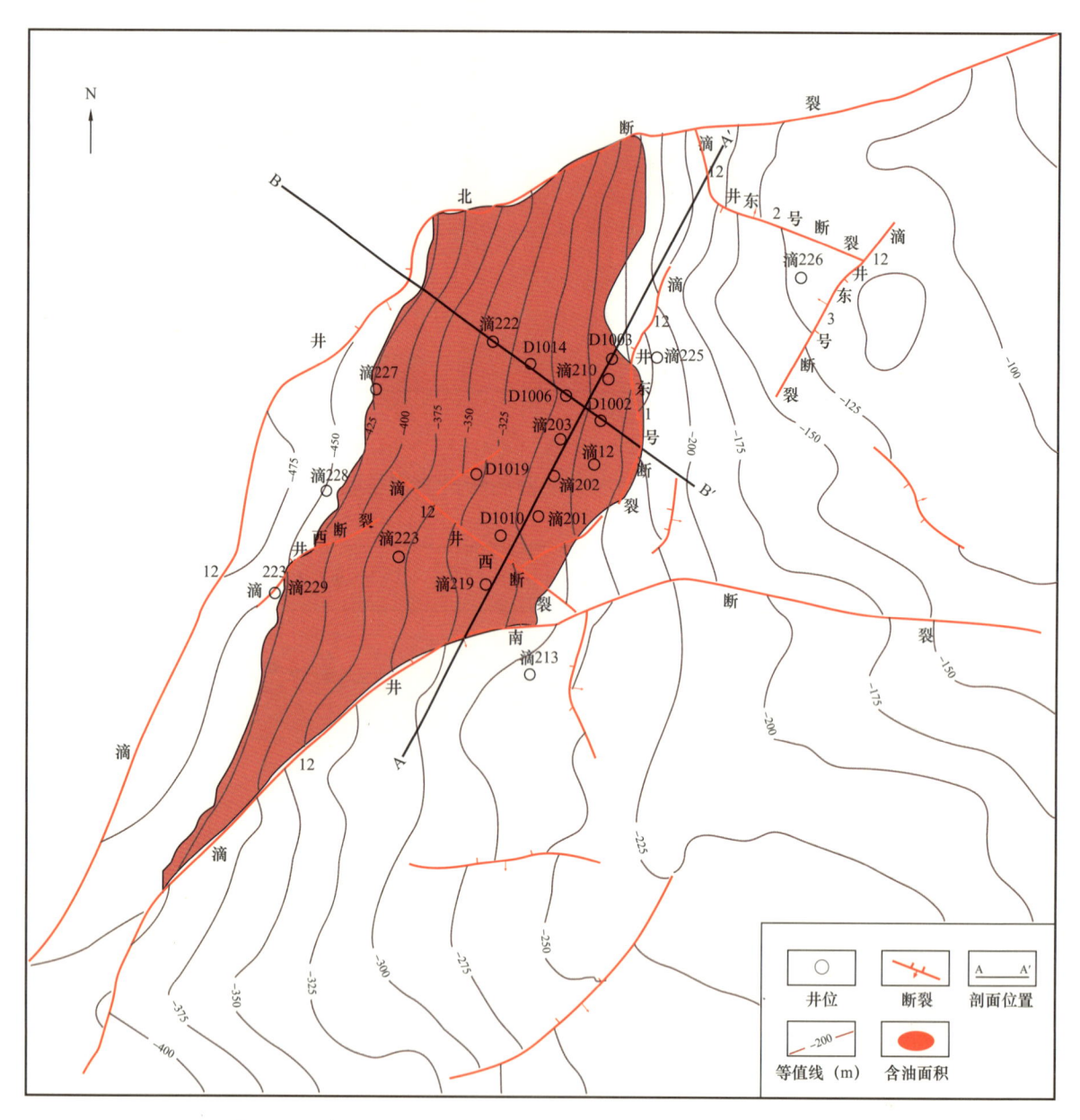

图 5-4　滴 12 井区侏罗系八道湾组一段含油砂层顶界构造图

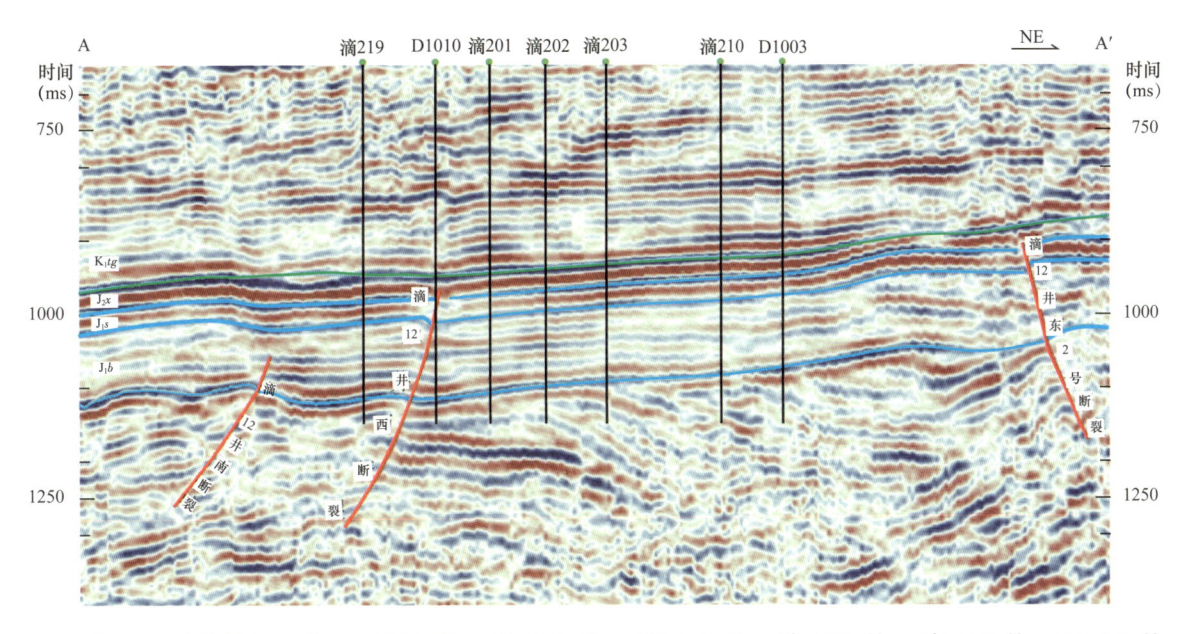

图 5-5 过滴 219 井—D1010 井—滴 201 井—滴 202 井—滴 203 井—滴 210 井—D1003 井地震地质解释剖面

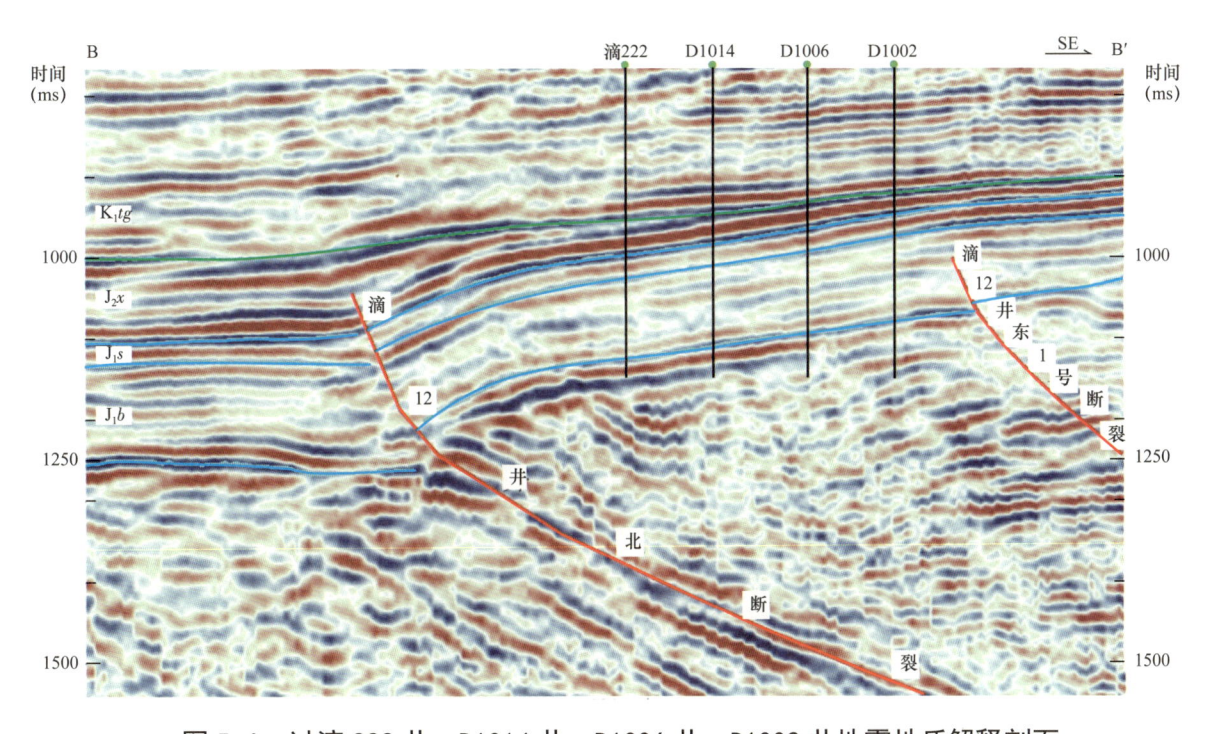

图 5-6 过滴 222 井—D1014 井—D1006 井—D1002 井地震地质解释剖面

图注 ① 利用滴 12 井区内已钻井各类资料将八道湾组底部构造校正为八道湾组底部含油砂层顶面构造，砂层顶面构造形态为一向西倾的单斜，地层倾角 5.5°左右；② 油藏主体部位无构造圈闭，与油藏有关的断裂有滴 12 井北断裂、滴 12 井南断裂、滴 12 井西断裂及滴 223 井西断裂。各断裂特征清晰。

表 5-2　滴 12 井区侏罗系八道湾组油藏断裂要素表

断裂名称	断层性质	断开层位	断距（m）	断层产状 走向	断层产状 倾向	断层产状 倾角	延伸长度（km）
滴 12 井北断裂	逆	K—C	30～70	NE—SW	SE	70°～80°	8
滴 12 井南断裂	逆	K—C	20～50	NE—SW	SE	70°～80°	7
滴 12 井西断裂	逆	J_1b—C	5～10	NW—SE	SW	70°～80°	2
滴 223 井西断裂	逆	J_1b—C	5～25	NE—SW	SE	70°～90°	1

表注　控藏断裂均为逆断裂，断裂倾角较陡，延伸长度不大。主控断裂滴 12 井北断裂、滴 12 井南断裂断距较大。

（二）地层分布

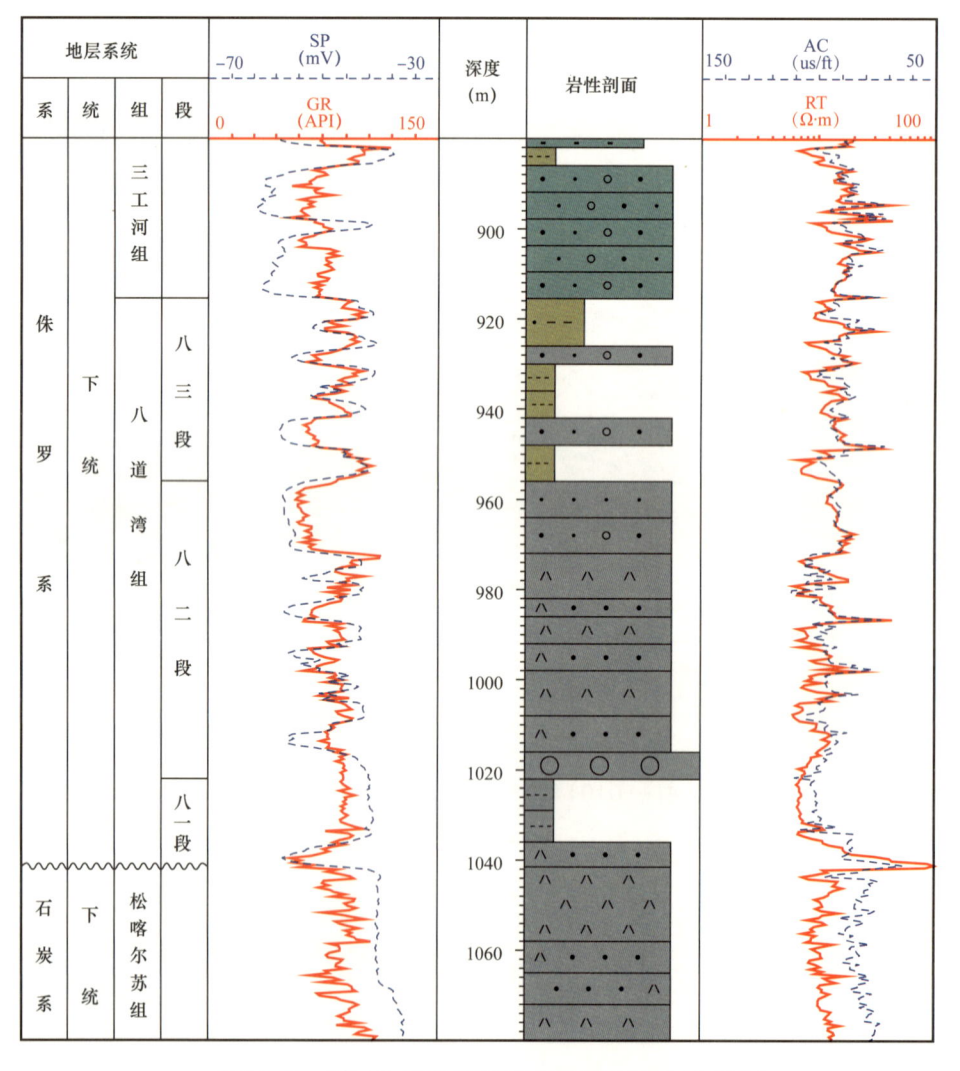

图 5-7　滴 12 井侏罗系八道湾组综合柱状图

表 5-3 滴 12 井区侏罗系厚度数据表

井号	完钻层位	地层厚度（m）				
		白垩系	侏罗系			石炭系
		吐谷鲁群	西山窑组	三工河组	八道湾组	松喀尔苏组
		K_1tg	J_2x	J_1s	J_1b	C_1s
滴 12	C	807	34.5	74	136	358.5（未穿）
滴 226	C	665	50	76	124	150（未穿）
滴 227	C	803	78	88	173	59（未穿）
滴 223	C	780	32	109	138	152（未穿）
滴 321	C	830		102	112	456（未穿）

图表注 ① 钻揭的地层分别为白垩系吐谷鲁群（K_1tg，厚度 665~830m），侏罗系西山窑组（J_2x，厚度 32~78m）、三工河组（J_1s，厚度 74~109m）、八道湾组（J_1b，厚度 112~173m），石炭系松喀尔苏组（C_1s，厚度 59~456m，未穿）；② 目的层侏罗系八道湾组与下伏石炭系不整合接触，与上覆三工河组整合接触，八道湾组一段为主力油层。

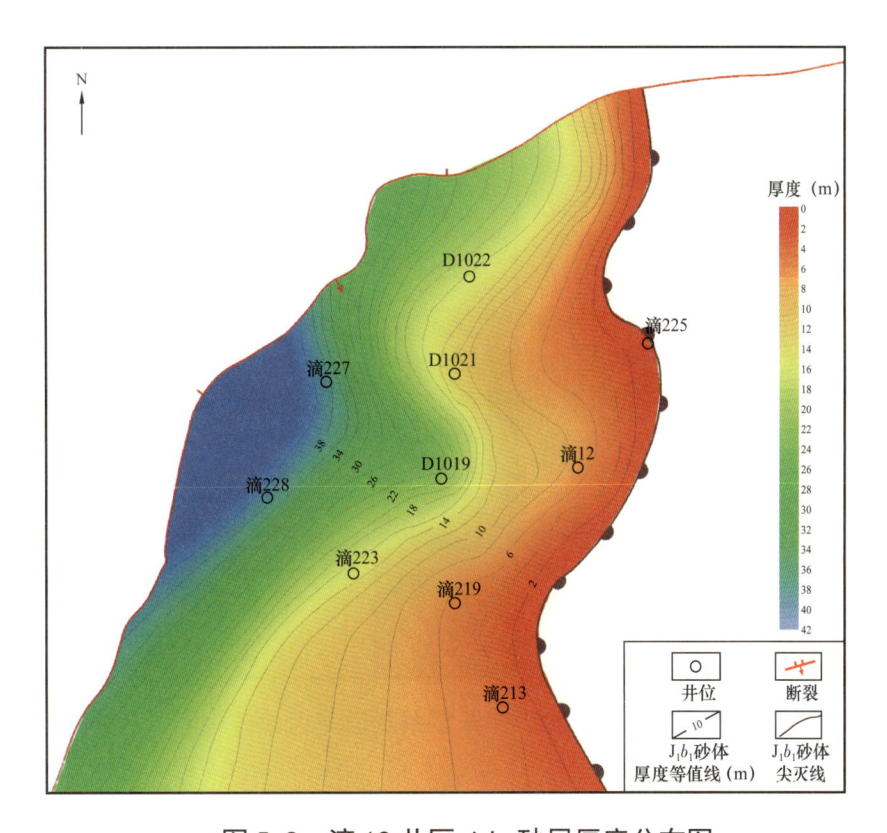

● 图 5-8 滴 12 井区 J_1b_1 砂层厚度分布图

图注 ① 滴 12 井区 J_1b_1 砂层厚度在 0~37m，油藏主体部位厚度一般为 15m；② 沉积厚度由东向西增厚，滴 227 井、滴 228 井 J_1b_1 砂层厚度达 37m。

（三）沉积特征

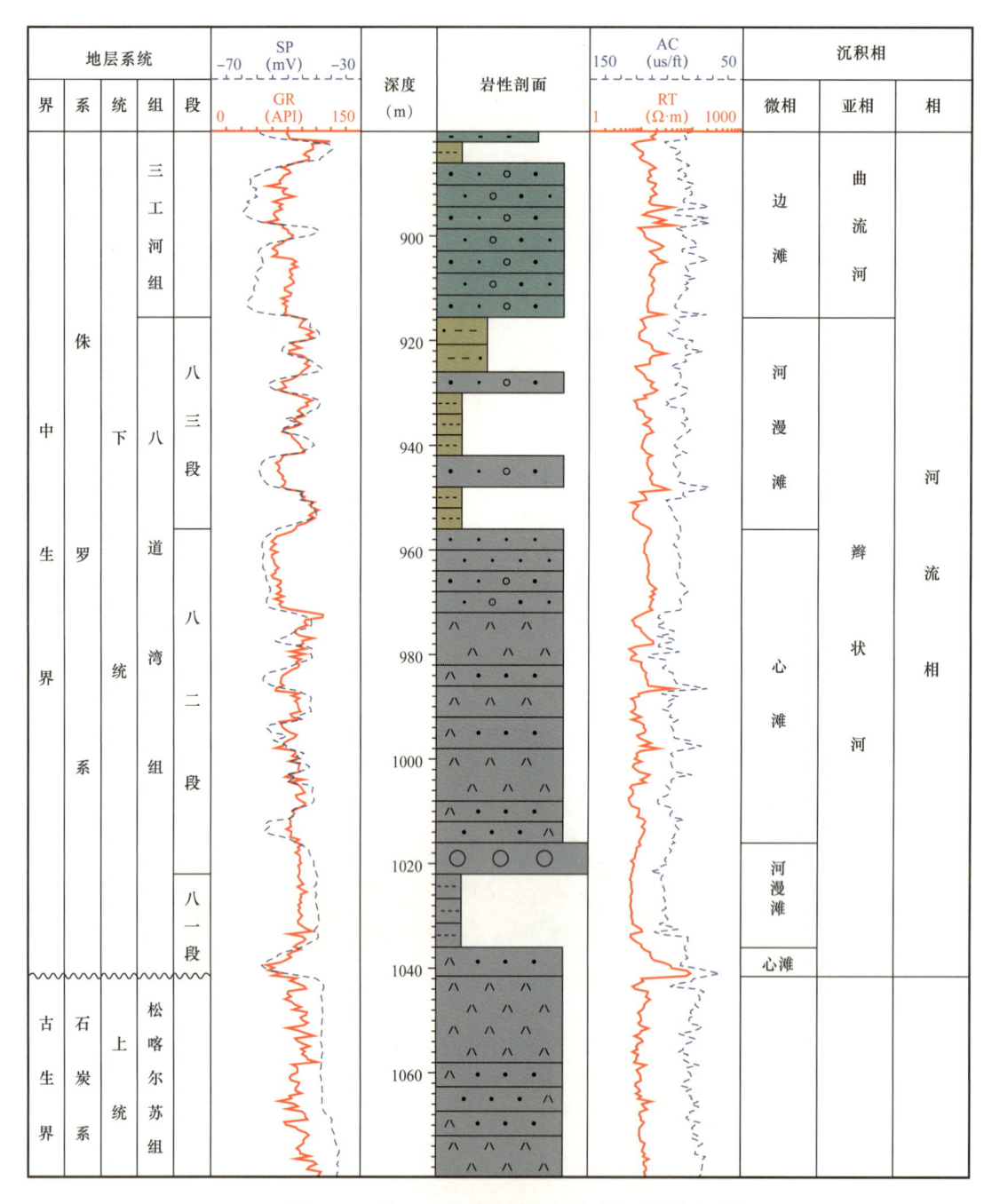

图 5-9 滴 12 井侏罗系八道湾组单井相图

图注 ① 主要发育辫状河相河床亚相的心滩微相及河漫亚相的河漫滩沉积；② 垂向上心滩与河漫滩微相相互叠置；③ 主力储层为心滩沉积，电阻率曲线呈漏斗形，11.2≤RT<164.5Ω·m，伽马曲线上表现为齿化箱形，54.8≤GR<85.3API，自然电位曲线为指状，-56.7≤SP<-49.9mV。

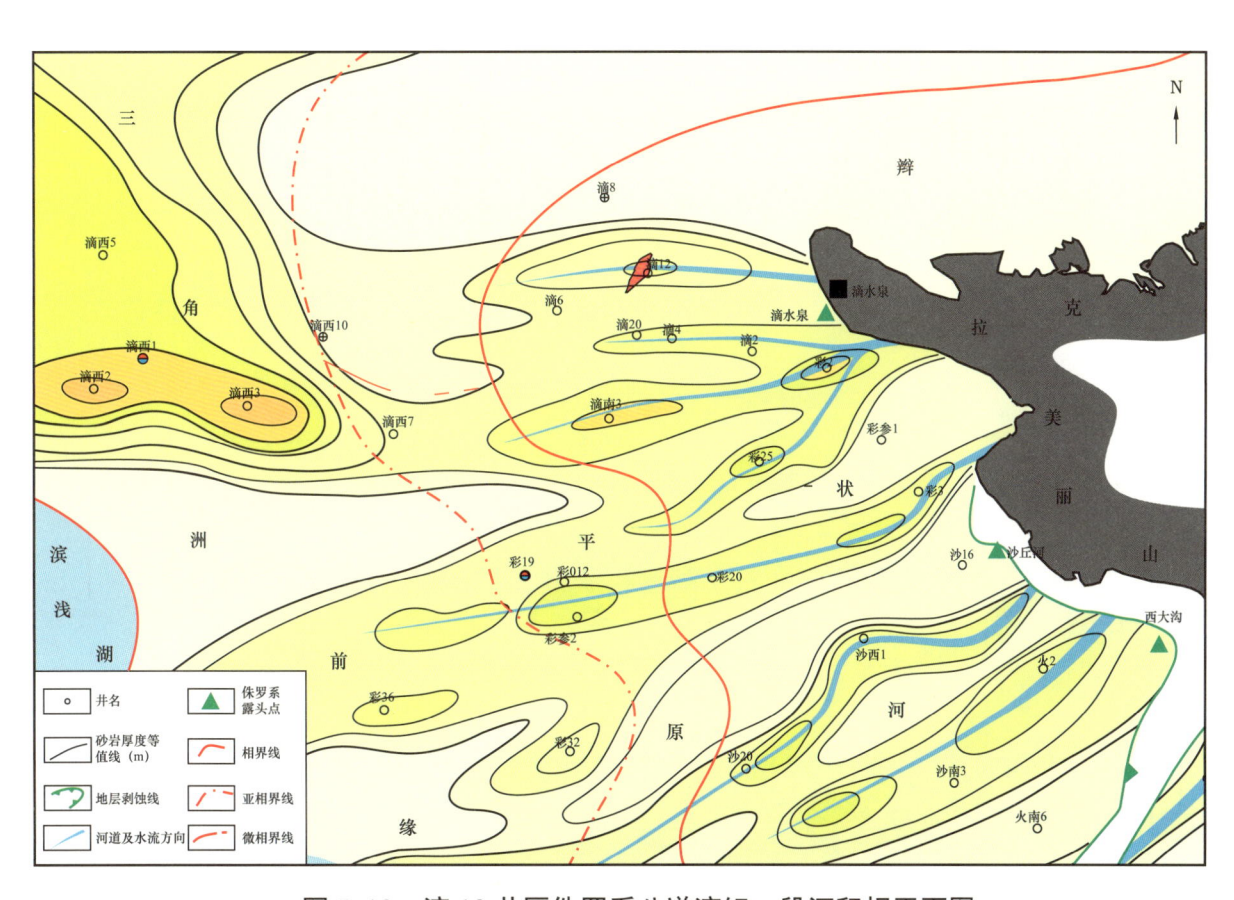

● 图 5-10　滴 12 井区侏罗系八道湾组一段沉积相平面图

图注　① 区域上看滴水泉鼻隆带侏罗系八道湾组一段发育辫状河沉积，物源来自东部克拉美丽山；② 广泛发育河床及河漫沉积，储层主要为心滩。

（四）油源分析

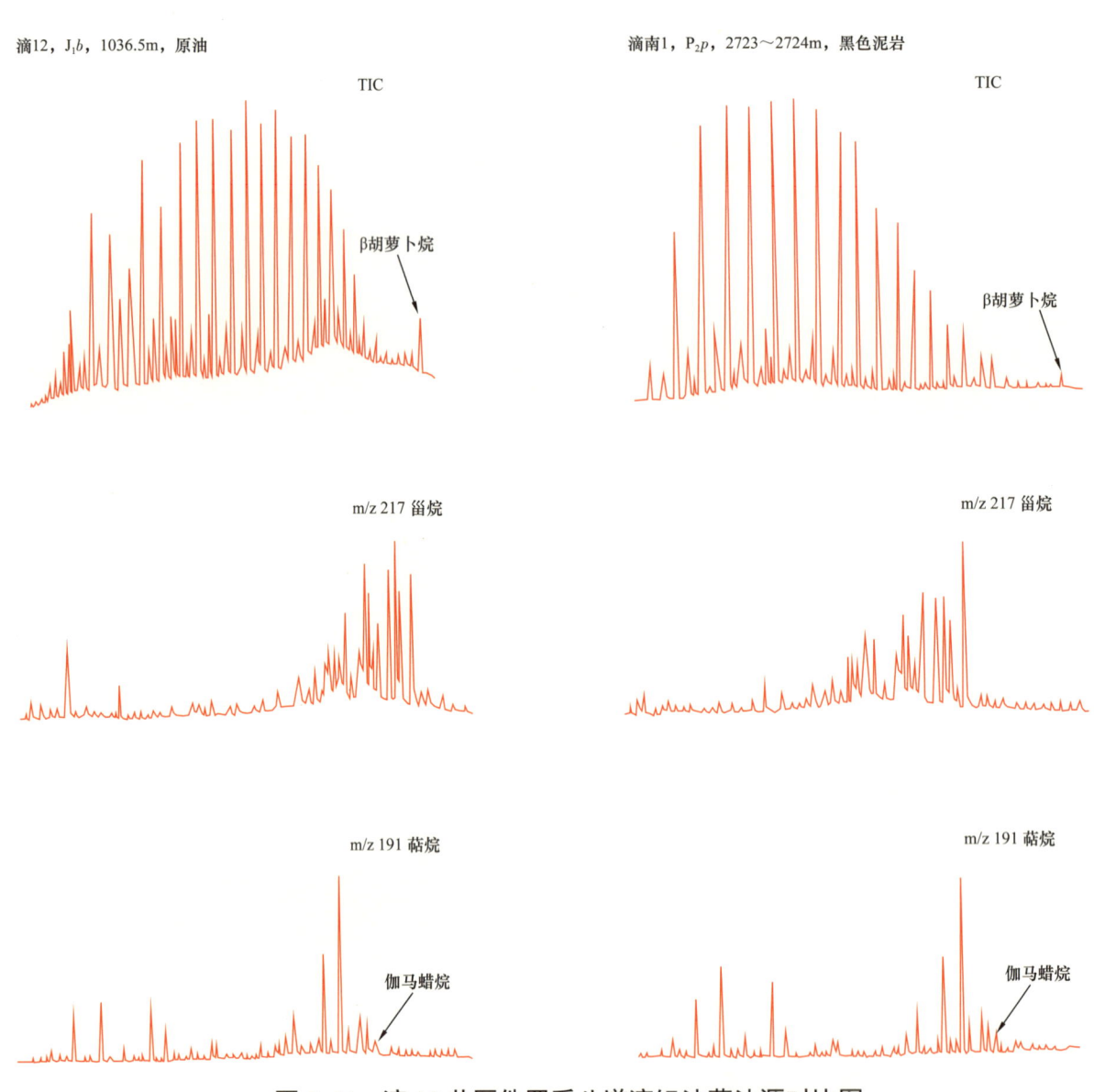

滴12，J_1b，1036.5m，原油

TIC

β胡萝卜烷

滴南1，P_2p，2723～2724m，黑色泥岩

TIC

β胡萝卜烷

m/z 217 甾烷

m/z 217 甾烷

m/z 191 萜烷

伽马蜡烷

m/z 191 萜烷

伽马蜡烷

● 图 5-11 滴 12 井区侏罗系八道湾组油藏油源对比图

图注 ① 滴水泉油田滴 12 井区侏罗系原油形成于还原的半咸水环境，母质类型以腐泥型—腐殖腐泥型为主；② 滴水泉油田侏罗系原油为成熟阶段原油；③ 烃源层和烃源区主要为东道海子凹陷二叠系平地泉组烃源岩。

（五）储层特征

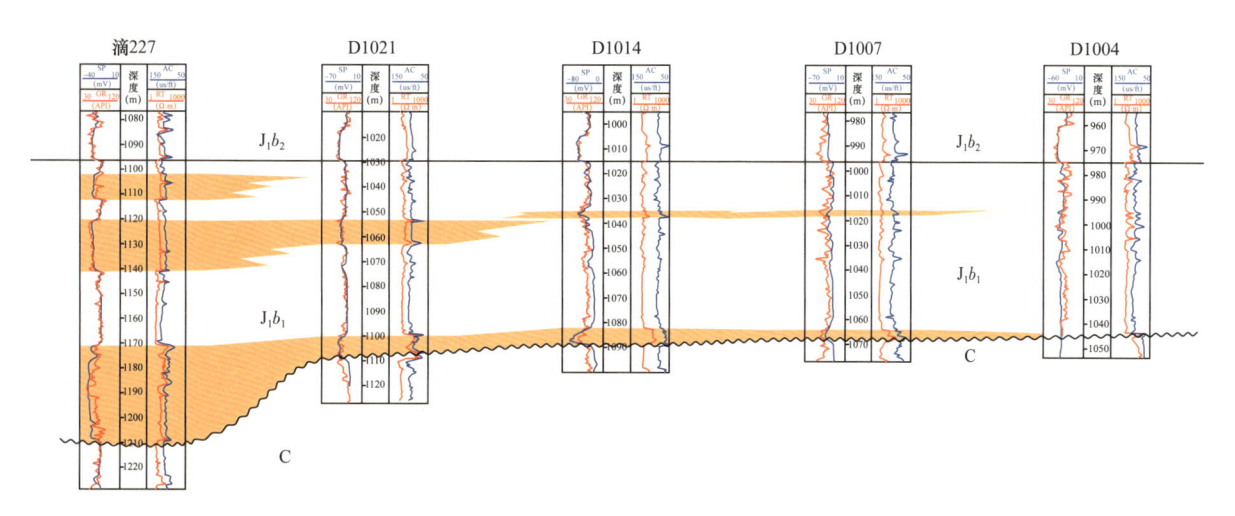

● 图 5-12　滴 12 井区侏罗系八道湾组一段砂体对比图

图注　① 滴 12 井区侏罗系八道湾组一段砂层向北东方向减薄尖灭，底部砂层连续性相对较好；② 储层岩性主要为灰色细砂岩、中砂岩和含砾不等粒砂岩、砂质小砾岩。

表 5-4　滴 12 井区侏罗系八道湾组油藏储层物性数据表

层位	孔隙度（%）			渗透率（mD）		
	样品数	变化范围	平均	样品数	变化范围	平均
J_1b_1	63	0.8~28.6	17.14	49	0.003~2324	9.5

表注　① 储层孔隙度分布在 0.8%~28.6%，平均值为 17.14%；渗透率分布在 0.003~2324mD 之间，平均值为 9.5mD；② 含油饱和度为 55.8%。

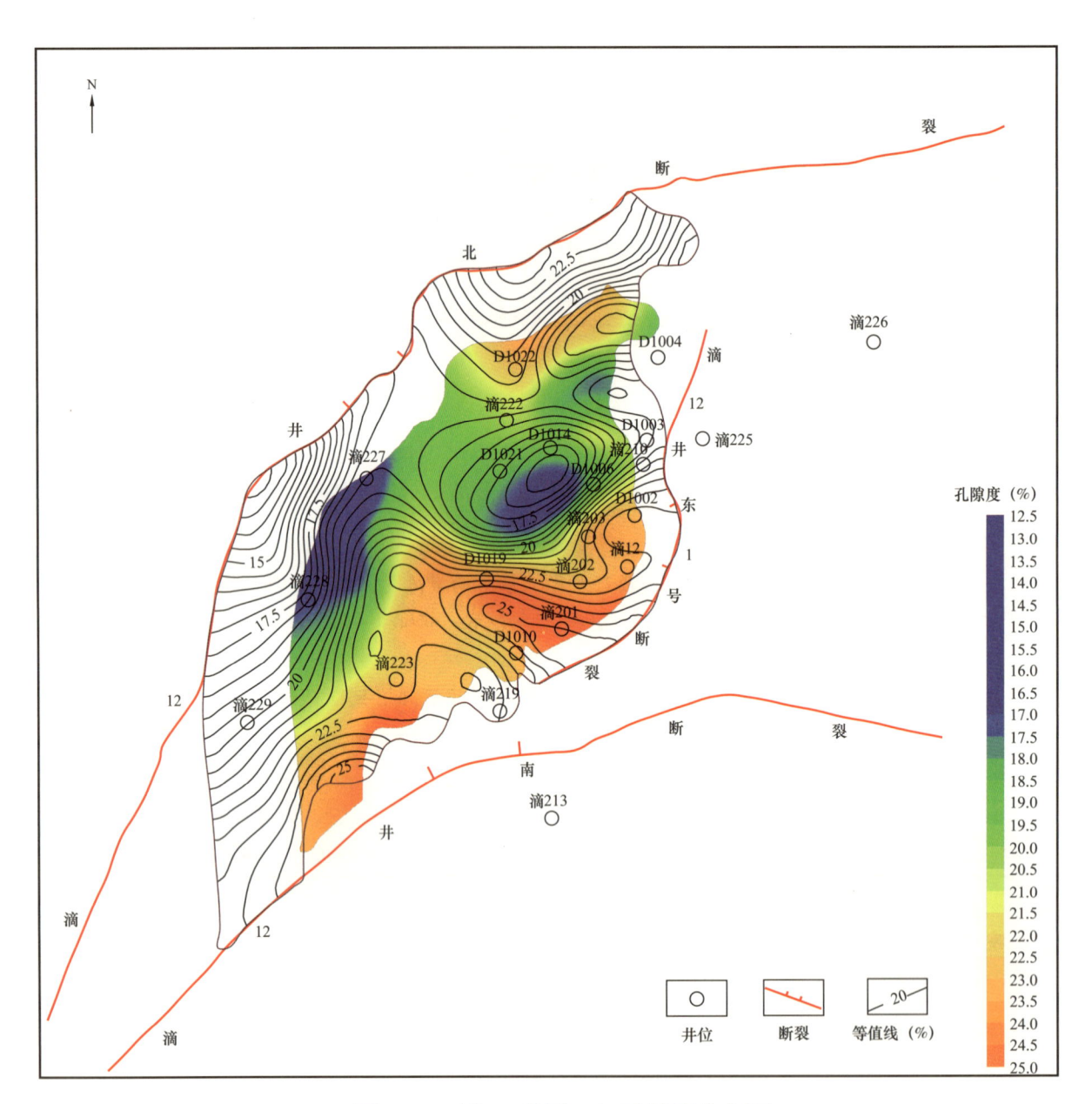

图 5-13 滴 12 井区 J_1b_1 孔隙度分布图

图注 ① 滴 12 井区 J_1b_1 油藏孔隙度平均范围在 12.5%~25%；② 油藏南部滴 223 井区—滴 201 井区—滴 12 井区孔隙度较大，物性较好。

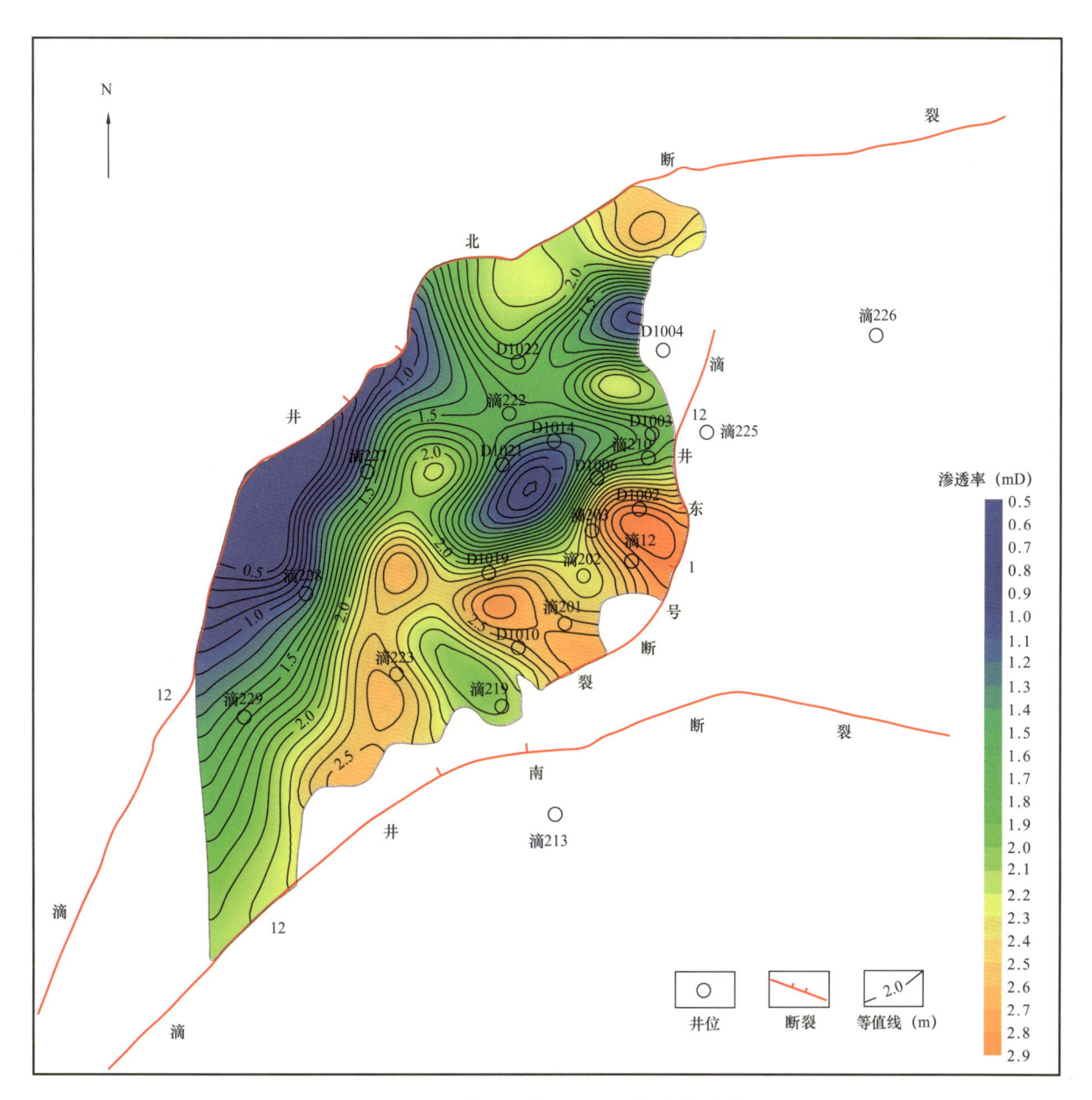

● 图 5-14 滴 12 井区 J_1b_1 渗透率分布图

图注 ① 滴 12 井区 J_1b_1 油藏渗透率平均范围在 0.5~2.9mD；② 油藏南部滴 223 井区—滴 201 井区—滴 12 井区渗透率较大，渗流能力较强。

(a) 滴223井，J_1b_1，1121.545m，灰色砂砾岩，砾石定向排列

(b) 滴223井，J_1b_1，1123.70m，灰色砂砾岩，碳质纹层顺层排列

(c) 滴223井，J_1b_1，1121.75m，灰色含砾砂岩，冲刷现象

(d) 滴223井，J_1b_1，1121.95m，灰色含砾砂岩，见碳质纹层

● 图5-15 滴12井区侏罗系八道湾组岩心照片

图注 ① 滴12井区侏罗系八道湾组一段岩石类型主要为灰色细砂岩、中砂岩和含砾不等粒砂岩、砂质小砾岩；② 发育冲刷充填构造，夹煤线，呈波状层理分布；③ 沉积构造观察统计反映侏罗系八道湾组一段沉积时水动力条件较强，沉积环境为辫状河。

(a) 滴2井，J_1b_1，997.38m，粗中砂岩，粒间溶孔，剩余粒间孔，×20（−）

(a) 滴2井，J_1b_1，998.29m，中砂岩，粒间溶孔，剩余粒间孔，×20（−）

(b) 滴2井，J_1b_1，998.58m，中砂岩，剩余粒间孔，粒间溶孔，×20（−）

(c) 滴2井，J_1b_1，1001.81m，不等粒砂岩，粒间溶孔，剩余粒间孔，×20（−）

● 图 5-16　滴 2 井八道湾组铸体照片

图注　①滴 12 井区无铸体照片，其储层特征与滴 2 井区相似，借用滴 2 井铸体照片；②根据铸体薄片鉴定分析，储层储集空间以剩余粒间孔、粒间溶孔为主；③碎屑颗粒间接触方式多为点接触，压实作用弱，为粗歪度大孔喉储层。

(a) 滴223井，J₁b₁，1121.13m，蠕虫状高岭石

(b) 滴223井，J₁b₁，1123.75m，粒间蠕虫状高岭石

(c) 滴223井，J₁b₁，1124.12m，不规则状高岭石

(d) 滴223井，J₁b₁，1131.15m，粒间书页状高岭石

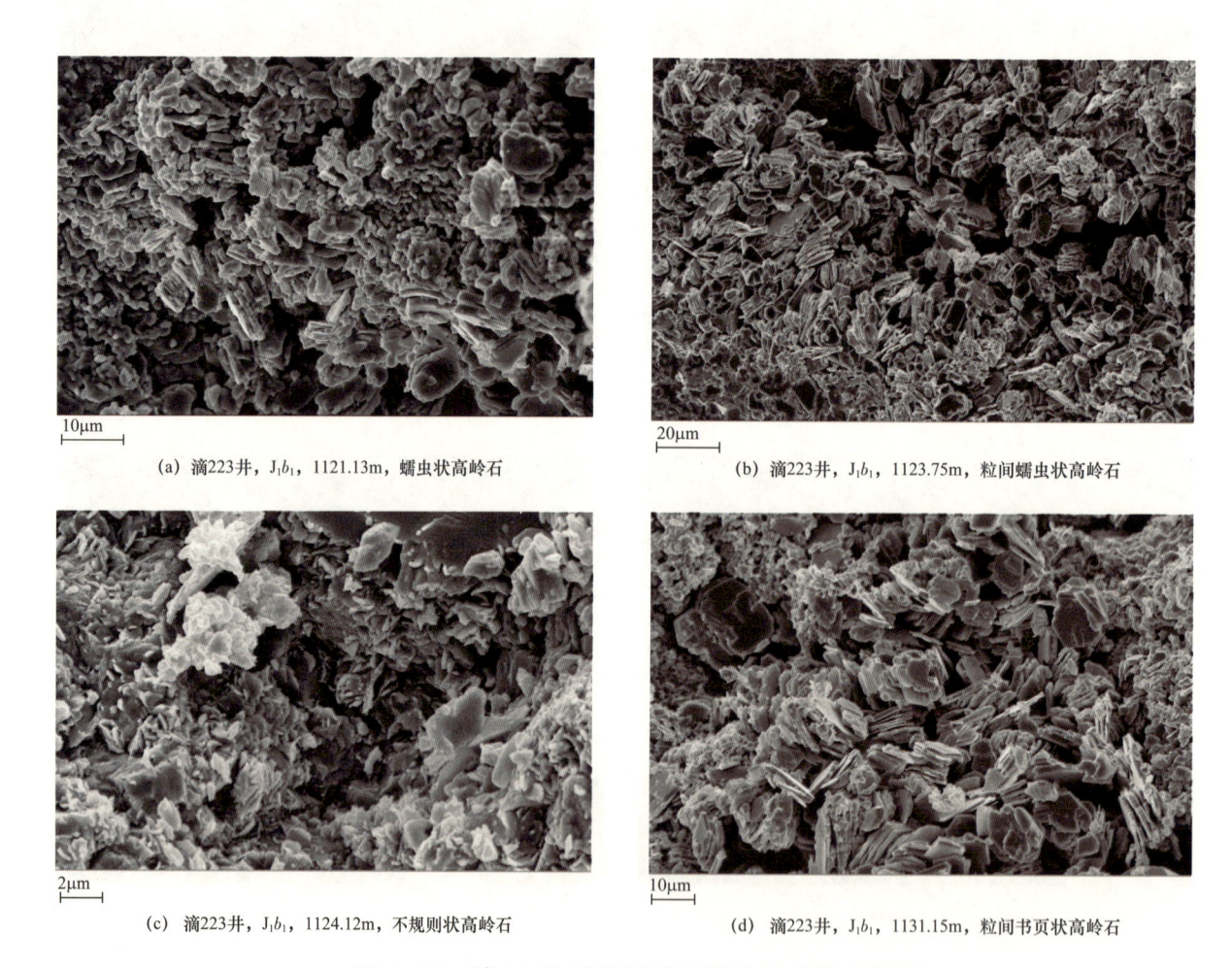

图 5-17　滴 12 井区侏罗系八道湾组扫描电镜图

图注　① 滴 12 井区八道湾组一段泥质含量占 5%；② 黏土矿物中以高岭石为主（70.4%），其次为伊/蒙混层（18%）、绿泥石（5.8%）、伊利石（5.8%）；伊/蒙混层比为 26%；③ 黏土矿物形态主要为蠕虫状、不规则状。

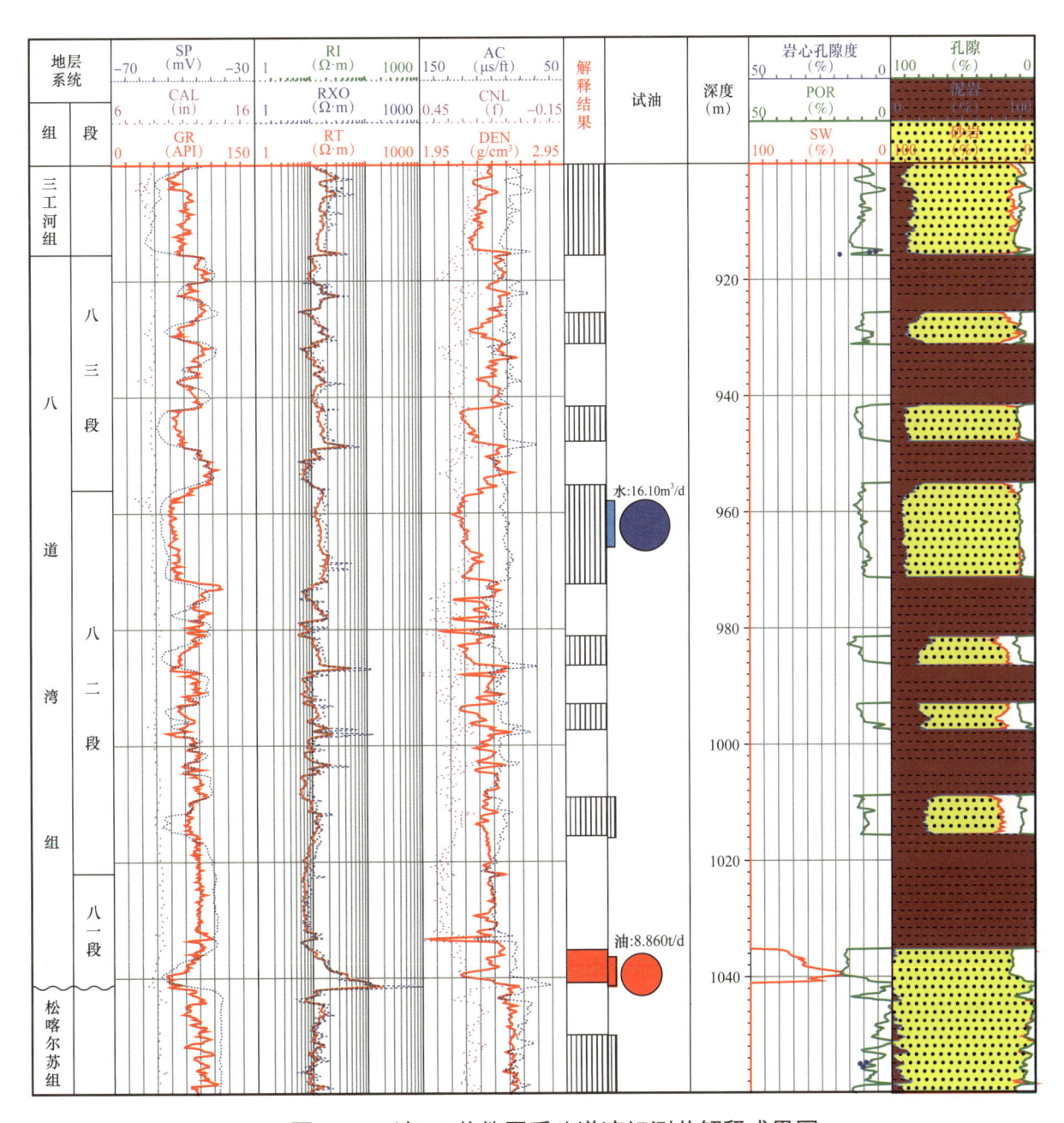

图 5-18 滴 12 井侏罗系八道湾组测井解释成果图

图注 ①滴 12 井八道湾组共解释油层 5.7m/1 层、干层 43.8m/6 层；②累计试油 20m/3 层，获得油层 5m/1 层，干层 15m/2 层。

（六）油藏剖面

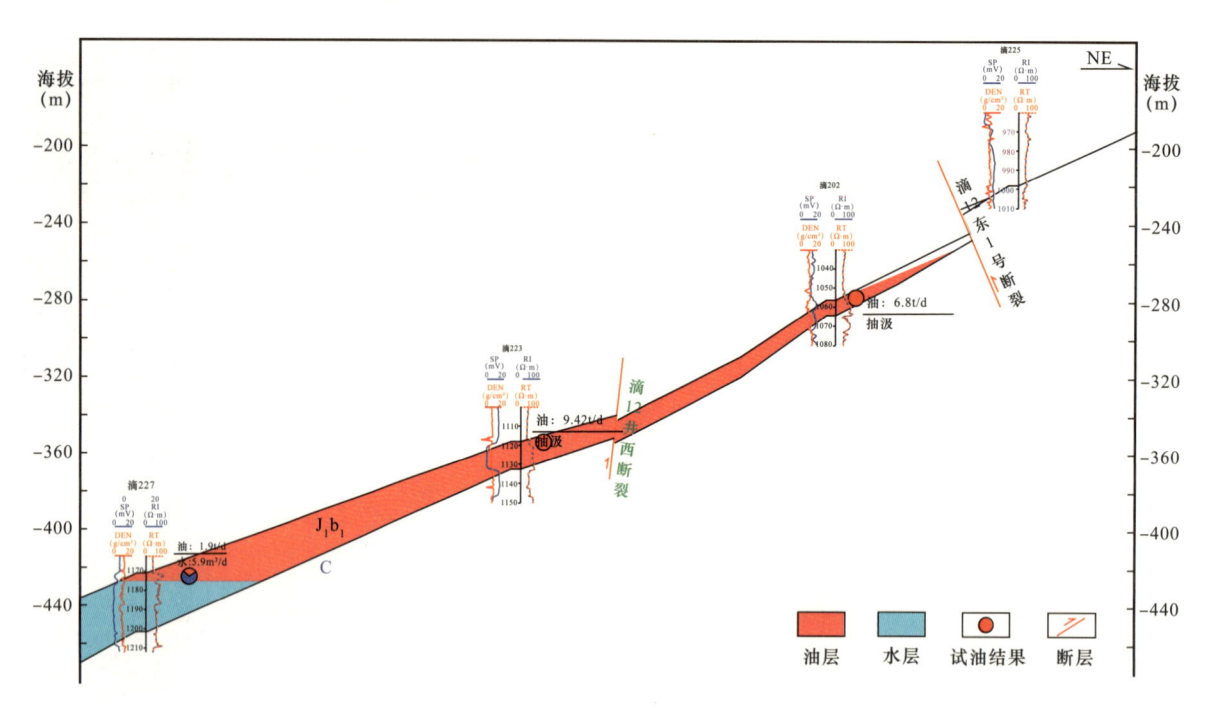

图 5-19　滴 12 井区过滴 227 井—滴 223 井—滴 202 井—滴 225 井八道湾组油藏剖面图

图注　① 滴 12 井区八道湾组油藏为受断裂控制的岩性油藏，东部高部位滴 225 井储层厚度为 0m，构成岩性封闭边界，控制了油藏范围，油水界面海拔 -426.9m；② 八道湾组一段油层平均有效厚度 6.6m。

（七）流体性质

表 5-5　滴 12 井区侏罗系八道湾组油藏地面原油性质参数表

层位	密度（g/cm³）	50℃黏度（mPa·s）	含蜡量（%）	凝固点（℃）
J_1b_1	0.883	39.8	4.17	2.23

表注　侏罗系八道湾组油藏原油性质单一，地面原油密度 0.8715~0.8995g/cm³，平均为 0.883g/cm³；50℃黏度 20.1~69.4mPa·s，平均为 39.8mPa·s；含蜡量 1.21%~7.67%，平均为 4.17%；凝固点 -25~22℃，平均为 2.23℃。

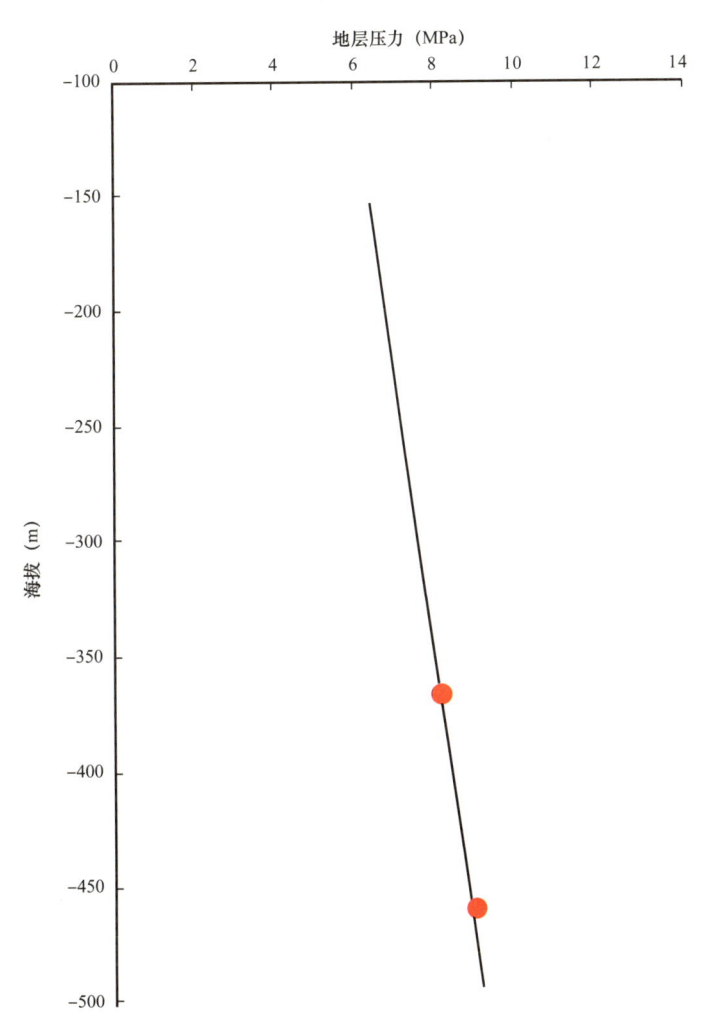

图 5-20 滴 12 井区侏罗系八道湾组油藏地层压力梯度图

图注 滴 12 井区侏罗系八道湾组一段油藏中部地层压力为 8.678MPa，压力系数为 0.778。

(八)成藏模式

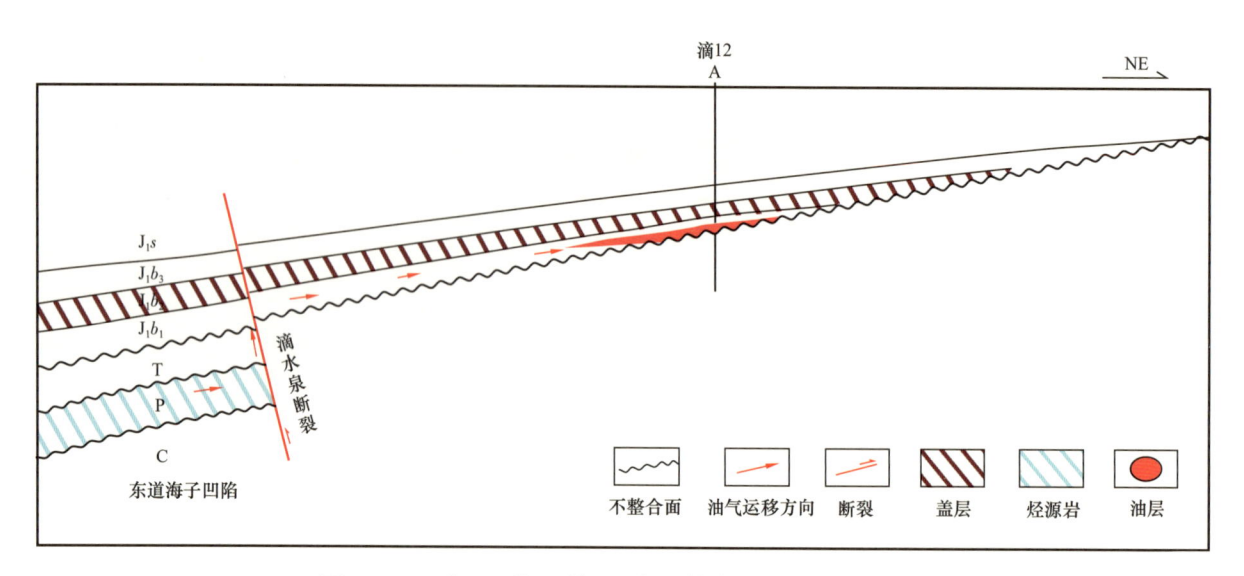

图 5-21　滴 12 井区侏罗系八道湾组油气成藏模式图

图注　① 滴水泉油田侏罗系八道湾组油藏储盖组合为：东道海子凹陷二叠系平地泉组为烃源岩，侏罗系八道湾组一段砂岩为储层，八道湾组二段为主要盖层；② 该区油源断裂多为逆断裂，主要分布在石炭系、二叠系内，配合区域不整合面构成油气长距离横向运移的主要通道；③ 滴水泉油田油藏成藏期为白垩纪末，东道海子凹陷二叠系平地泉组烃源岩达到生油高峰，油气通过油源断裂及不整合面到达侏罗系八道湾组成藏。后期受构造抬升影响，部分油藏遭受生物降解作用而使原油发生稠变。

二、开发特征

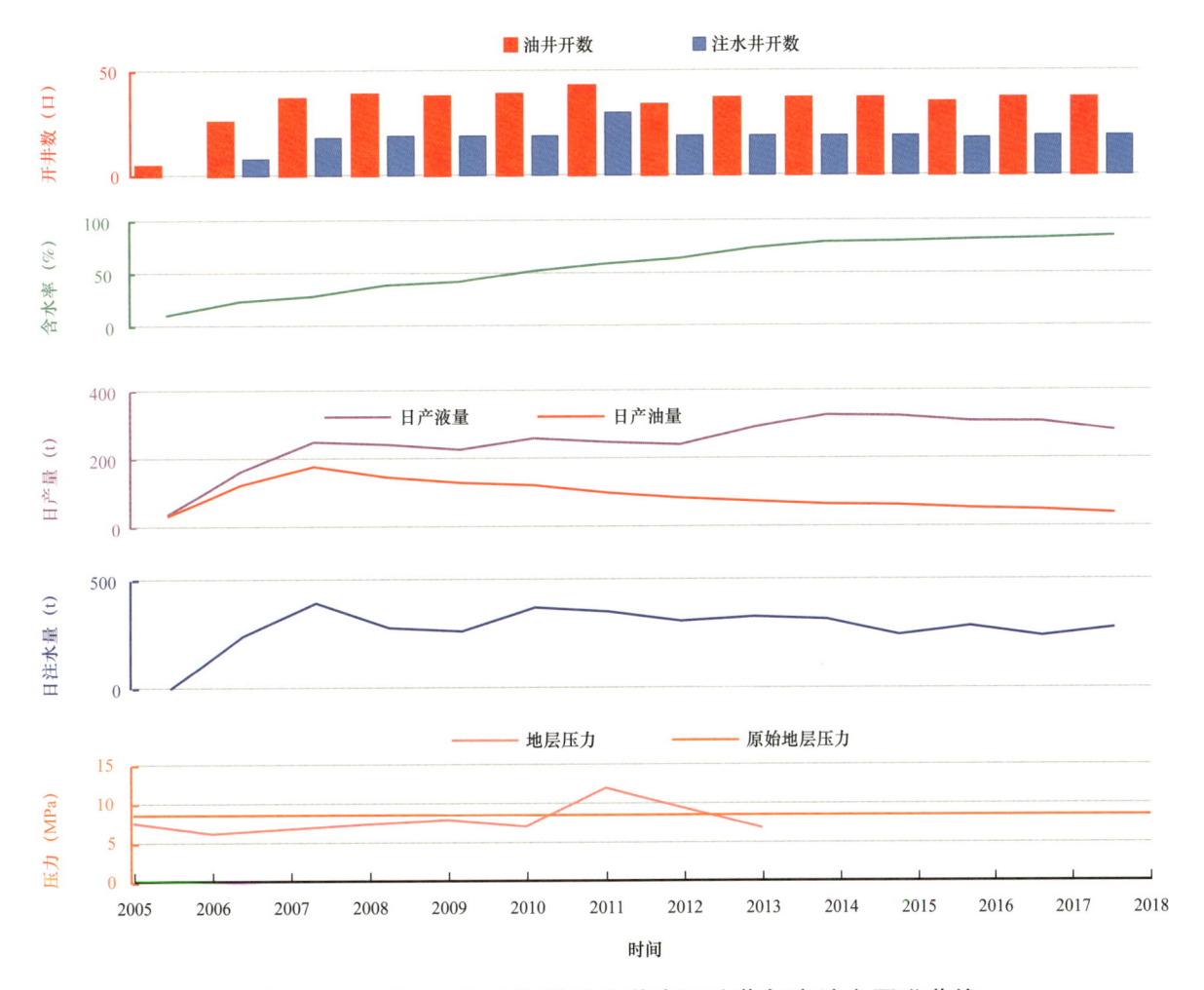

图 5-22　滴 12 井区侏罗系八道湾组油藏年度综合开发曲线

图注　截至 2017 年 8 月，滴 12 井区侏罗系八道湾组油藏累计生产原油 47.6×10⁴t，平均年产油 3.66×10⁴t，2007 年达高峰产油量 6.9×10⁴t，采出程度 14.4%，综合含水 85.5%，采油速度 0.48%。

第三节　滴 20 井区侏罗系八道湾组油藏

一、石油地质特征

（一）构造特征

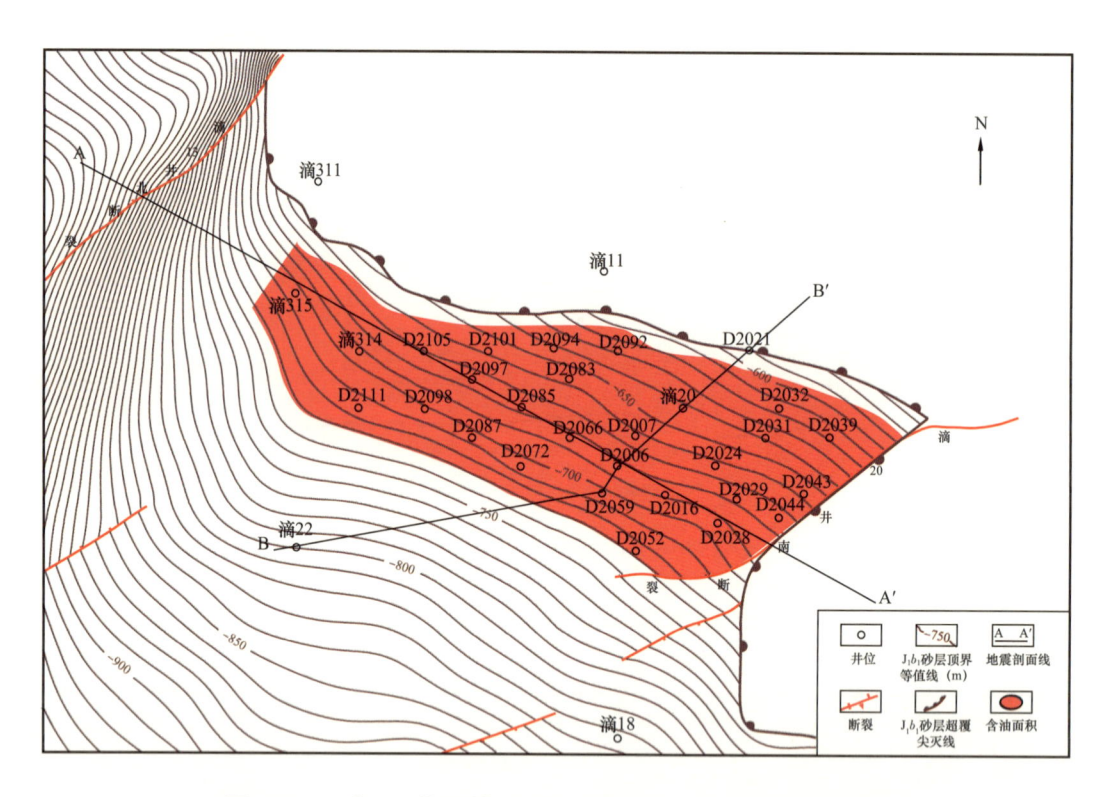

● 图 5-23　滴 20 井区侏罗系八道湾组一段砂层顶面构造图

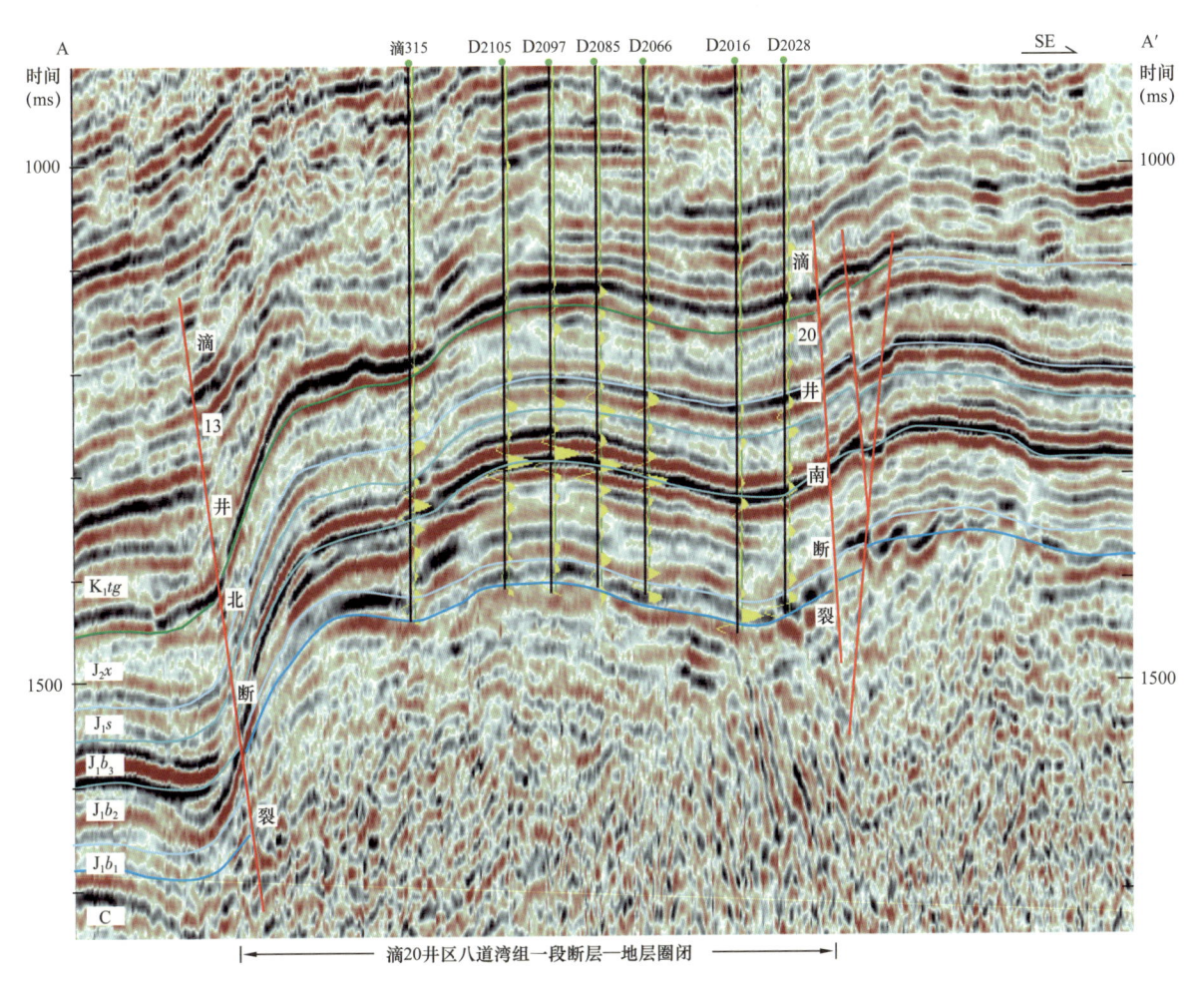

图 5-24 过滴 315 井—D2105 井—D2097 井—D2085 井—D2066 井—D2016 井—D2028 井地震地质解释剖面

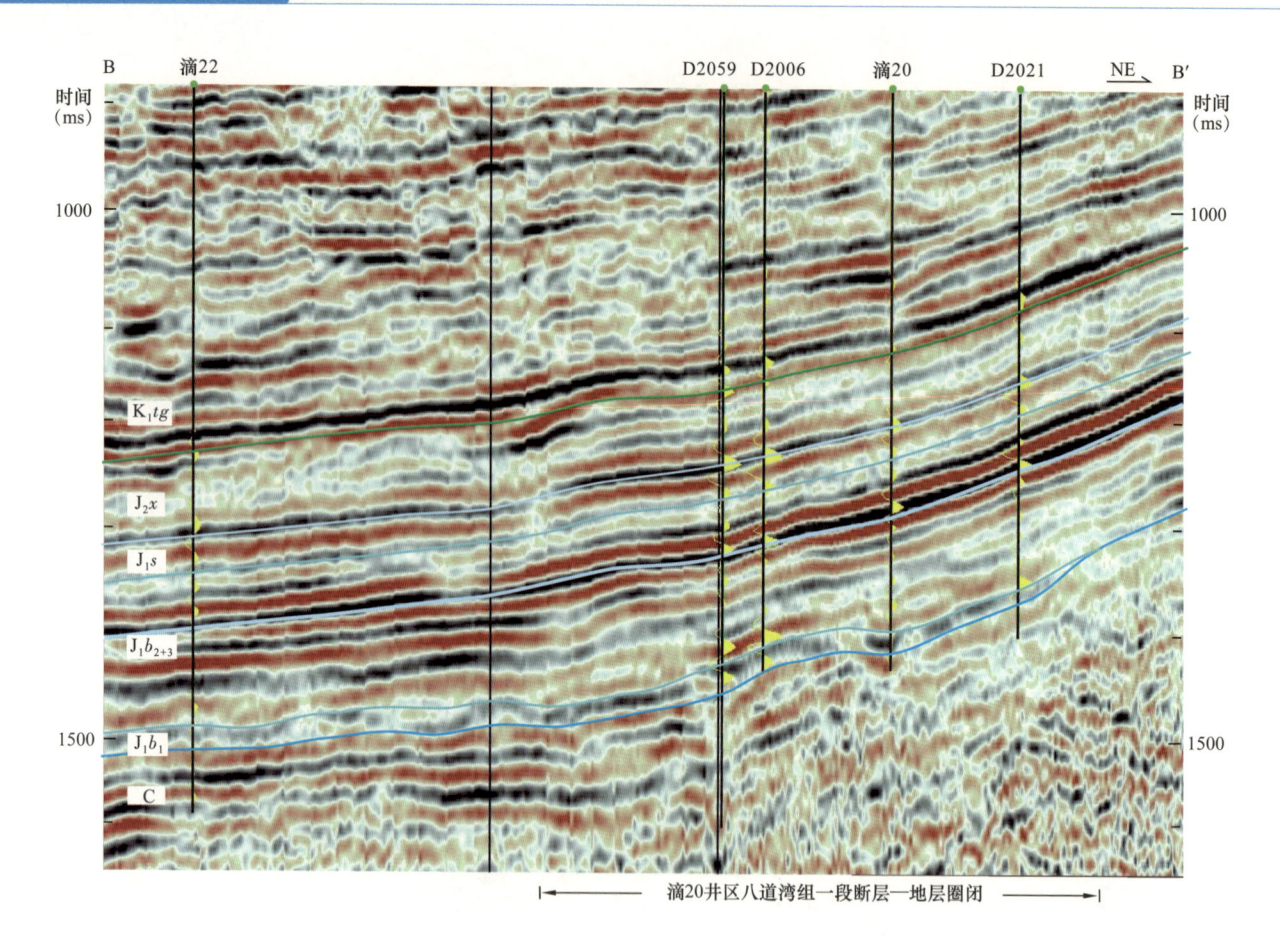

● 图 5-25　过滴 22 井—D2059 井—D2006 井—滴 20 井—D2021 井地震地质解释剖面

图注　① 滴 20 井区八道湾组底部砂层顶面构造形态为一东西两侧被断裂夹持的向西南倾的单斜，北东缓，南西陡，地层倾角 4°～12°；② 主要受滴 20 井南断裂控制；③ 八道湾组一段砂体超覆沉积于石炭系之上，在北部上倾方向减薄尖灭形成一个近东西向的岩性遮挡边界，在构造背景下形成了滴 20 井区八道湾组断层—地层圈闭。

表 5-6　滴 20 井区侏罗系八道湾组油藏断裂要素表

断裂名称	断层性质	断开层位	断距（m）	断层产状			
				走向	倾向	倾角	延伸长度（km）
滴 20 井南断裂	逆	J—C	10	NE—SW	SE	60°～70°	2

表注　控藏断裂为滴 20 井南断裂，为继承性逆断裂，断距较小，倾角较陡，延伸长度不大。

（二）地层分布

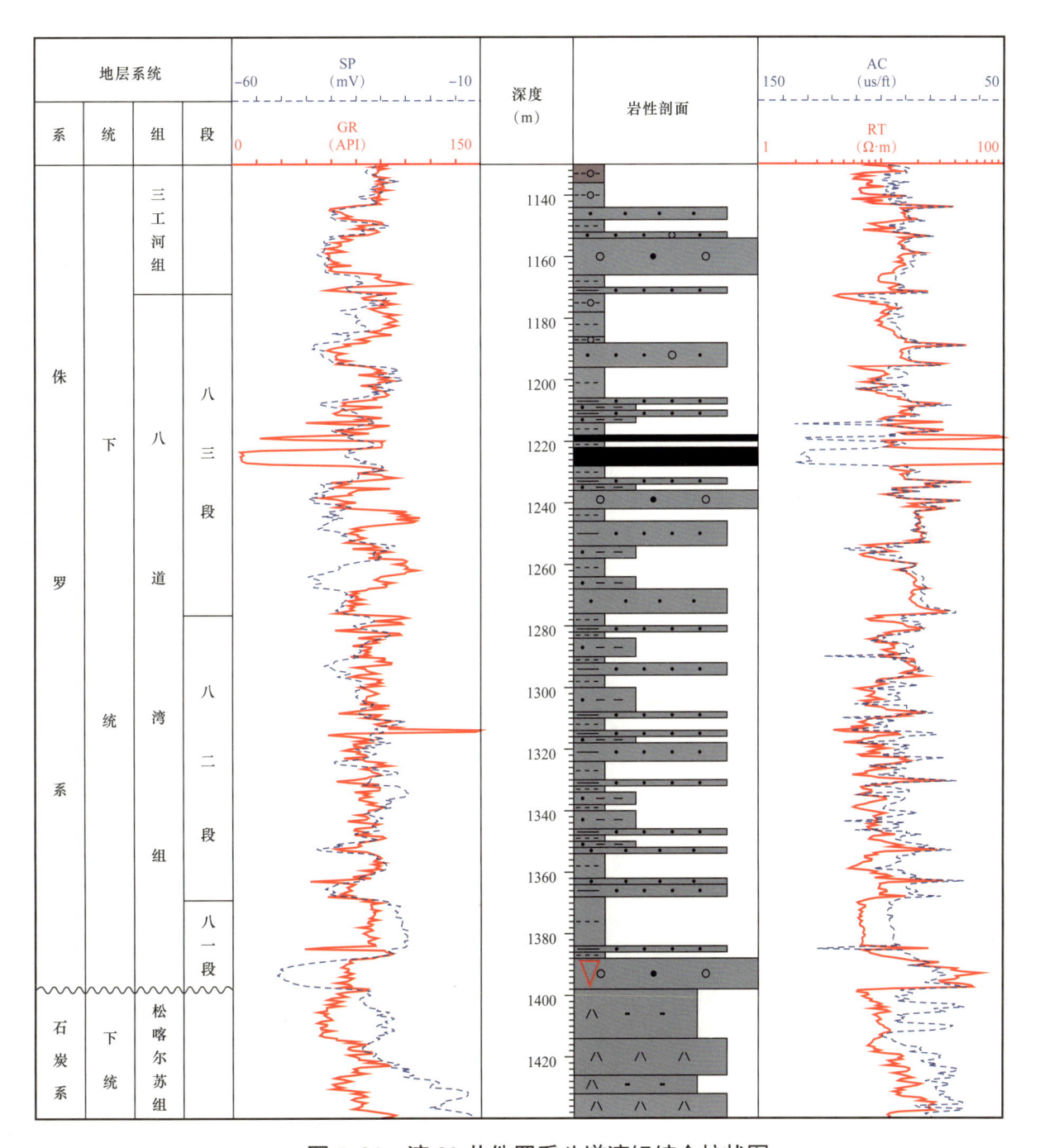

图 5-26　滴 20 井侏罗系八道湾组综合柱状图

表 5-7 滴 20 井区侏罗系厚度数据表

井号	完钻层位	地层厚度（m）				
^	^	白垩系	侏罗系			石炭系
^	^	吐谷鲁群	西山窑组	三工河组	八道湾组	松喀尔苏组
^	^	K$_1$tg	J$_2$x	J$_1$s	J$_1$b	C$_1$s
滴 20	C	964	55.5	52.5	226	132（未穿）
滴 311	C	983	58	133	207	182（未穿）
滴 314	C	1008	58	159	226	29（未穿）
滴 315	C	1020	54	172	214	30（未穿）

图表注 ① 钻揭的地层分别为白垩系吐谷鲁群（K$_1$tg，厚度 964~1020m），侏罗系西山窑组（J$_2$x，厚度 40~70m）、三工河组（J$_1$s，厚度 50~200m）、八道湾组（J$_1$b，厚度 150~250m），石炭系松喀尔苏组（C$_1$s，厚度 29~182m，未穿）；② 目的层侏罗系八道湾组与下伏石炭系不整合接触，与上覆三工河组整合接触，八道湾组一段为主力油层。

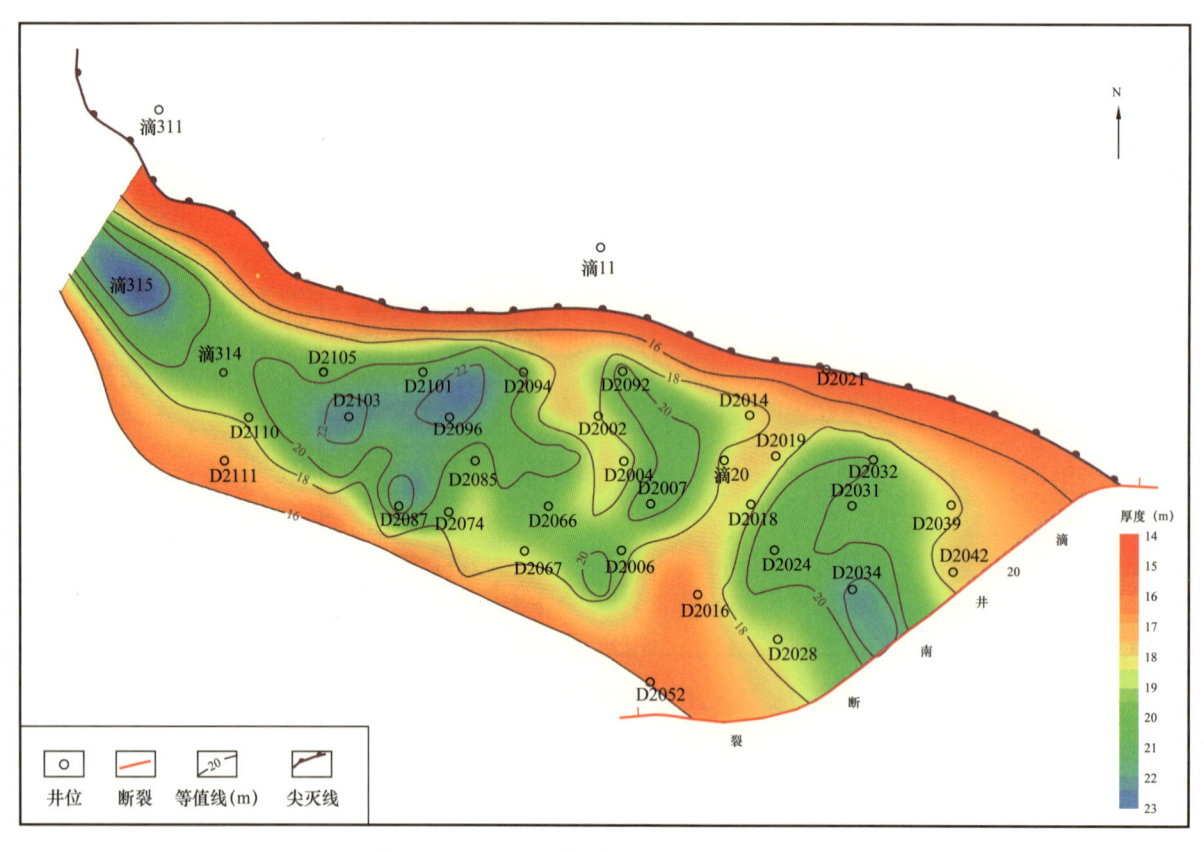

图 5-27 滴 20 井区 J$_1$b$_1$ 砂层厚度分布图

图注 ① 滴 20 井区八道湾组含油砂层位于八道湾组一段，平面上南西厚、北东薄，最厚可达 25m，最薄 4m；② 油藏主体部位砂岩、砂砾岩厚度在 7~20m。

（三）沉积特征

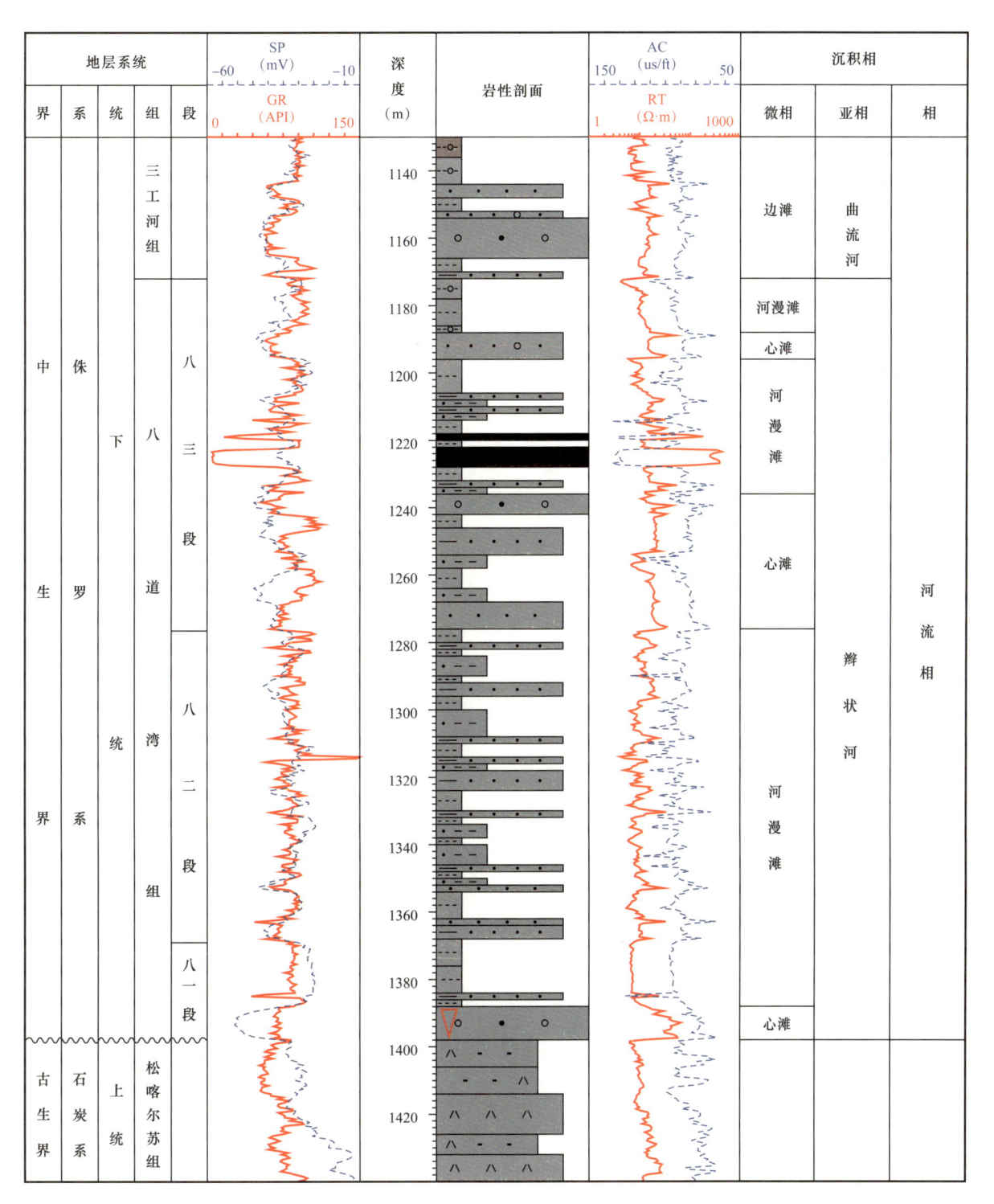

图 5-28　滴 20 井侏罗系八道湾组单井相图

图注　① 主要发育辫状河相的河床亚相的心滩微相及河漫亚相的河漫滩微相；② 垂向上心滩微相与河漫滩微相相互叠置；③ 主力储层为心滩沉积，电阻率曲线呈漏斗形，14.9≤RT＜73.4Ω·m，伽马曲线上表现为齿化箱形，59.6≤GR＜77.3API，自然电位曲线呈指状，−51.2≤SP＜−41.3mV。

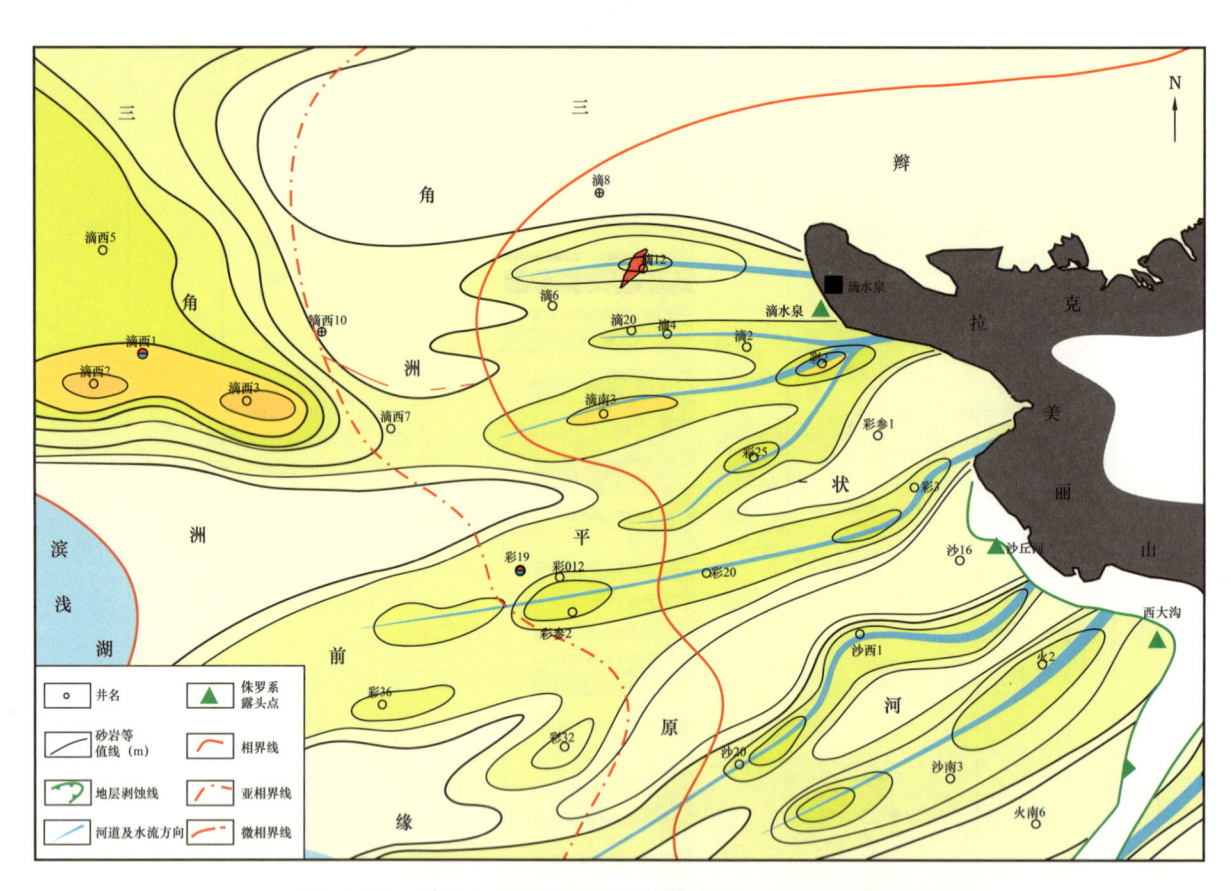

● 图5-29 滴20井区侏罗系八道湾组一段沉积相平面图

图注 ① 区域上看滴水泉鼻隆带侏罗系八道湾组一段发育辫状河沉积,物源来自东部克拉美丽山;
② 广泛发育河床及河漫沉积,储层主要为心滩。

（四）油源分析

滴20，J_1b，1388～1396m，原油

滴南1，P_2p，2723～2724m，黑色泥岩

● 图 5-30　滴水泉油田滴 20 井区侏罗系油藏油源对比图

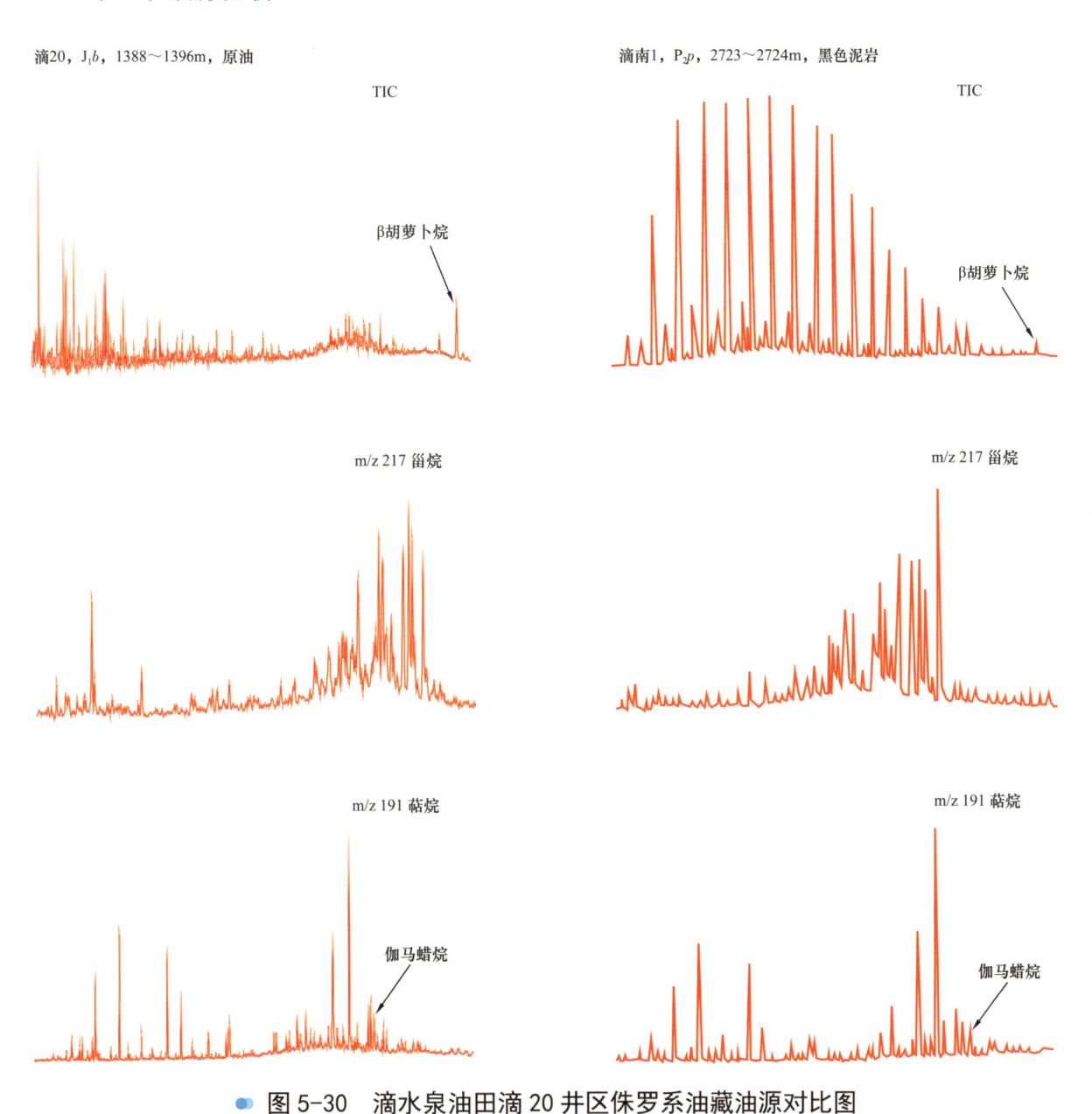

图注　① 滴水泉油田滴 20 井区侏罗系原油形成于还原的半咸水环境，母质类型以腐泥型—腐殖腐泥型为主；② 滴水泉油田侏罗系原油为成熟阶段原油，原油遭受生物降解作用；③ 烃源层和烃源区主要为东道海子凹陷二叠系平地泉组烃源岩。

（五）储层特征

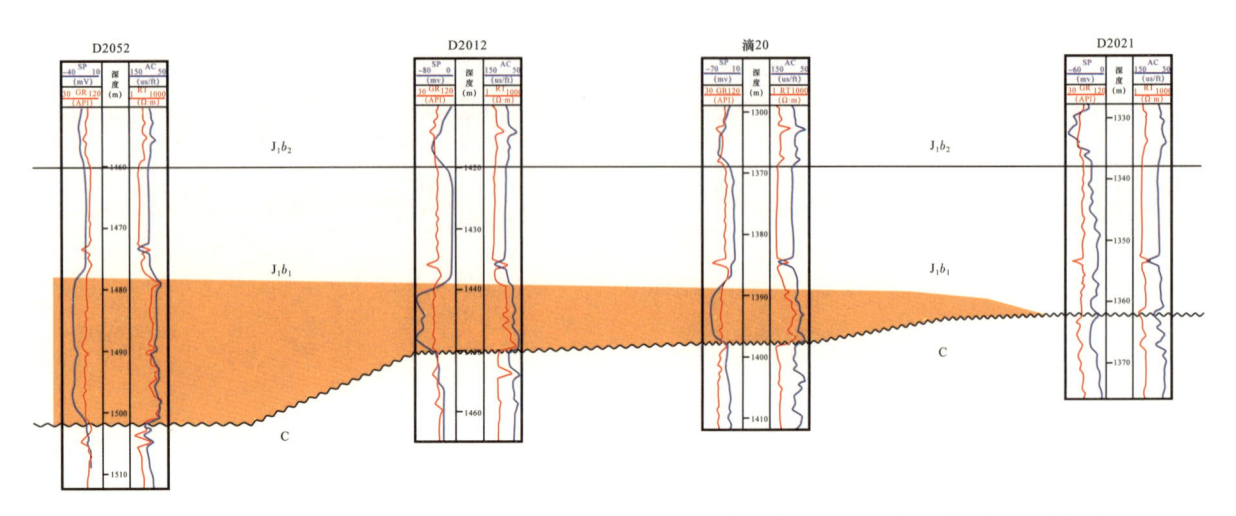

● 图 5-31　滴 20 井区过 D2052—D2021 井侏罗系八道湾组一段油藏砂体对比图

图注　① 滴 20 井区侏罗系八道湾组一段砂层向北东方向减薄尖灭，底部砂层连续性相对较好；② 储层岩性主要为灰色细砂岩、中砂岩和含砾不等粒砂岩、砂砾岩。

表 5-8　滴 20 井区侏罗系八道湾组一段储层物性数据表

层位	孔隙度（%）			渗透率（mD）		
	样品数	变化范围	平均	样品数	变化范围	平均
J_1b_1	63	2.8～28.2	14.5	63	0.29～1430	4.2

表注　① 储层孔隙度分布在 2.8%～28.2%，平均为 14.5%；② 渗透率分布在 0.29～1430mD，平均为 4.2mD。含油饱和度为 51%。

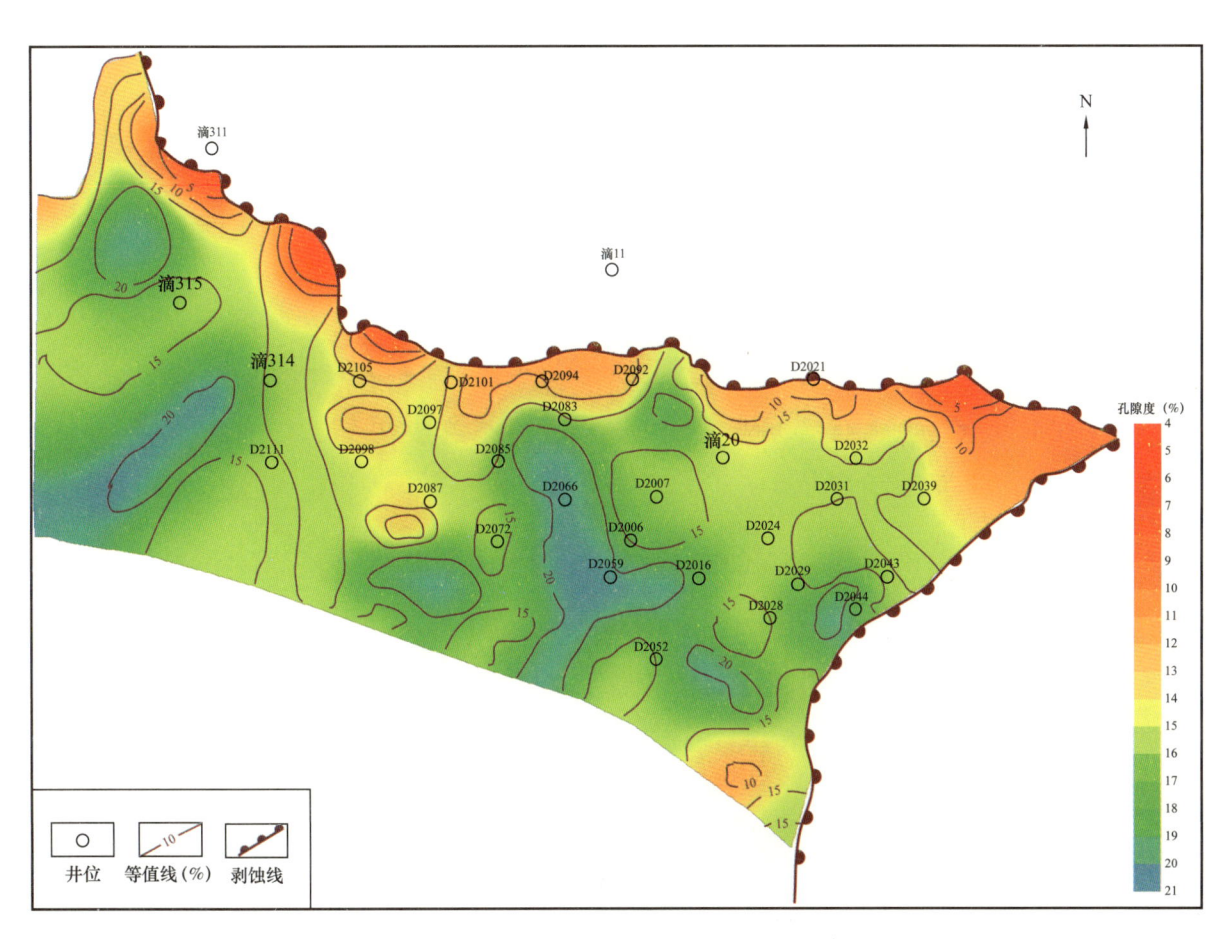

● 图 5-32　滴 20 井区 J_1b_1 孔隙度分布图

图注　① 滴 20 井区 J_1b_1 油藏孔隙度平均范围在 5.0%～25%；② 油藏南部 D2066 井区—D2059 井区孔隙度较大，物性较好。

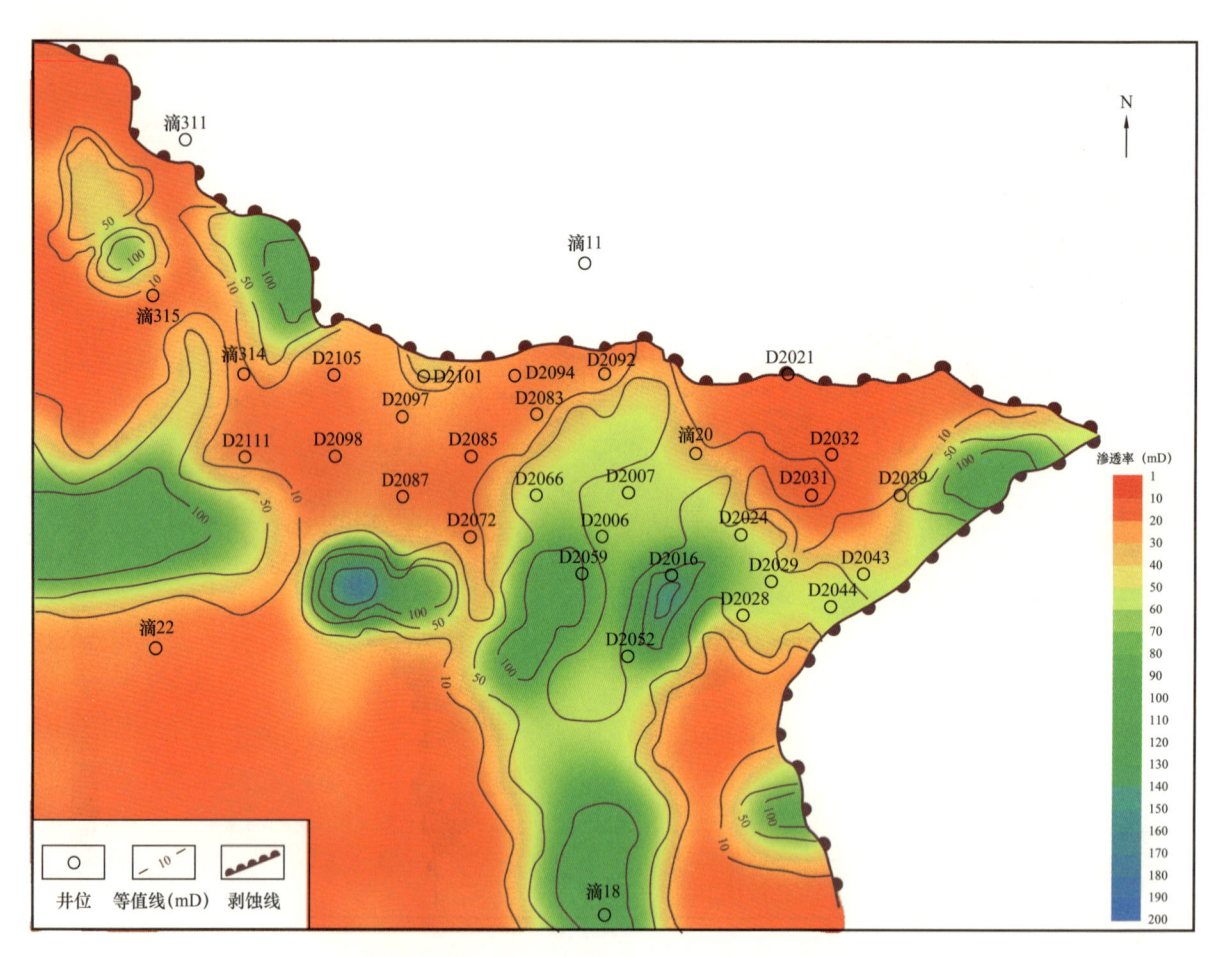

● 图 5-33　滴 20 井区 J_1b_1 渗透率分布图

图注　① 滴 20 井区 J_1b_1 油藏渗透率范围在 0~200mD；② 油藏东部 D2066 井区—D2006 井区—D2016 井区—D2044 井区渗透率较大，渗流能力较好。

(a) 滴20井，J_1b_1，1389.10m，灰色砂砾岩、细砂岩，砾石定向排列

(b) 滴20井，J_1b_1，1351.25m，灰绿色细砂岩夹碳质水平纹层

(c) 滴314井，J_1b_1，1450.61m，灰色砂砾岩，砾石大小混杂

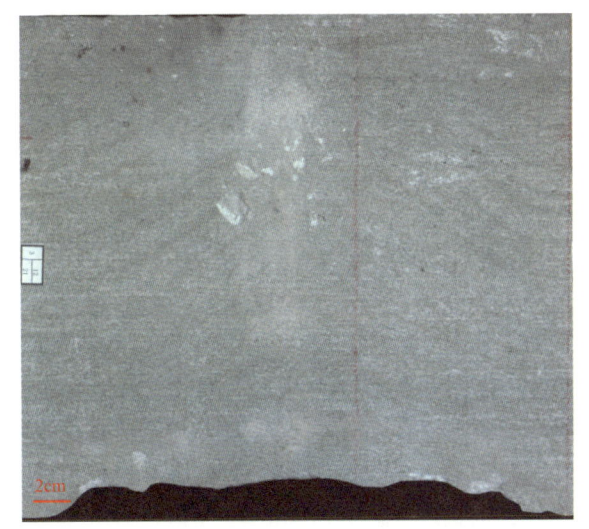

(d) 滴314井，J_1b_1，1448.69m，灰色含砾中砂岩

● 图 5-34　滴 20 井区侏罗系八道湾组岩心照片

图注　① 滴 20 井区侏罗系八道湾组一段岩石类型主要灰色细砂岩、中砂岩和含砾不等粒砂岩、砂砾岩；② 砾石定向排列，岩性渐变接触；③ 沉积构造观察统计反映侏罗系八道湾组一段沉积时水动力条件较强，沉积环境为辫状河。

(a) D2018井，J_1b_1，1406.79m，含砾细砂岩，剩余粒间孔、颗粒溶蚀孔，×40（-）

(b) D2018井，J_1b_1，1407.09m，细砂岩，剩余粒间孔、颗粒溶蚀孔，×40（-）

(c) D2018井，J_1b_1，1410.09m，中砂岩，剩余粒间孔、颗粒溶蚀孔，×40（-）

(d) D2018井，J_1b_1，1411.09m，砂砾岩，剩余粒间孔、颗粒溶蚀孔，×40（-）

● 图 5-35　滴 20 井区侏罗系八道湾组铸体薄片照片

图注　① 根据铸体薄片鉴定分析，储层储集空间以剩余粒间孔为主，含少量颗粒溶蚀孔；② 碎屑颗粒分选以好为主，少数中等至差，磨圆度一般为次棱角状—次圆状；③ 碎屑颗粒间接触方式多为点接触，压实作用弱，填隙物含量1%~3%，主要为高岭石，见少量硅质及铁方解石。

(a) 滴314井，J_1b_1，1442.88m，不规则状伊/蒙混层

(b) 滴314井，J_1b_1，1443.72m，不规则状伊/蒙混层

(c) 滴314井，J_1b_1，1444.16m，不规则状伊/蒙混层

(d) 滴314井，J_1b_1，1444.16m，不规则状伊/蒙混层

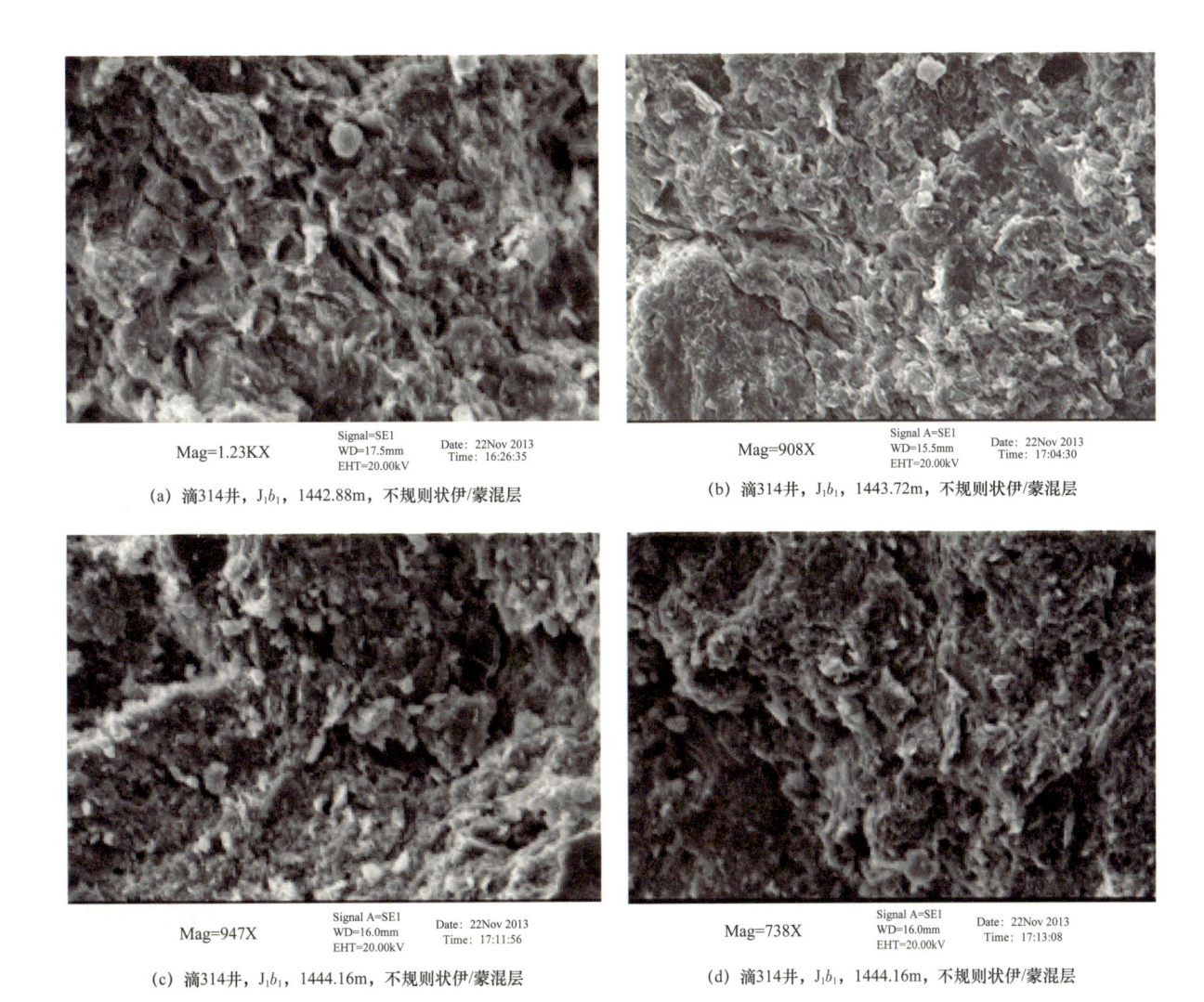

● 图5-36　滴20井区侏罗系八道湾组扫描电镜图

图注　① 滴20井区八道湾组一段泥质含量为1%～2%；② 黏土矿物中以伊/蒙混层为主；③ 黏土矿物形态主要为不规则状。

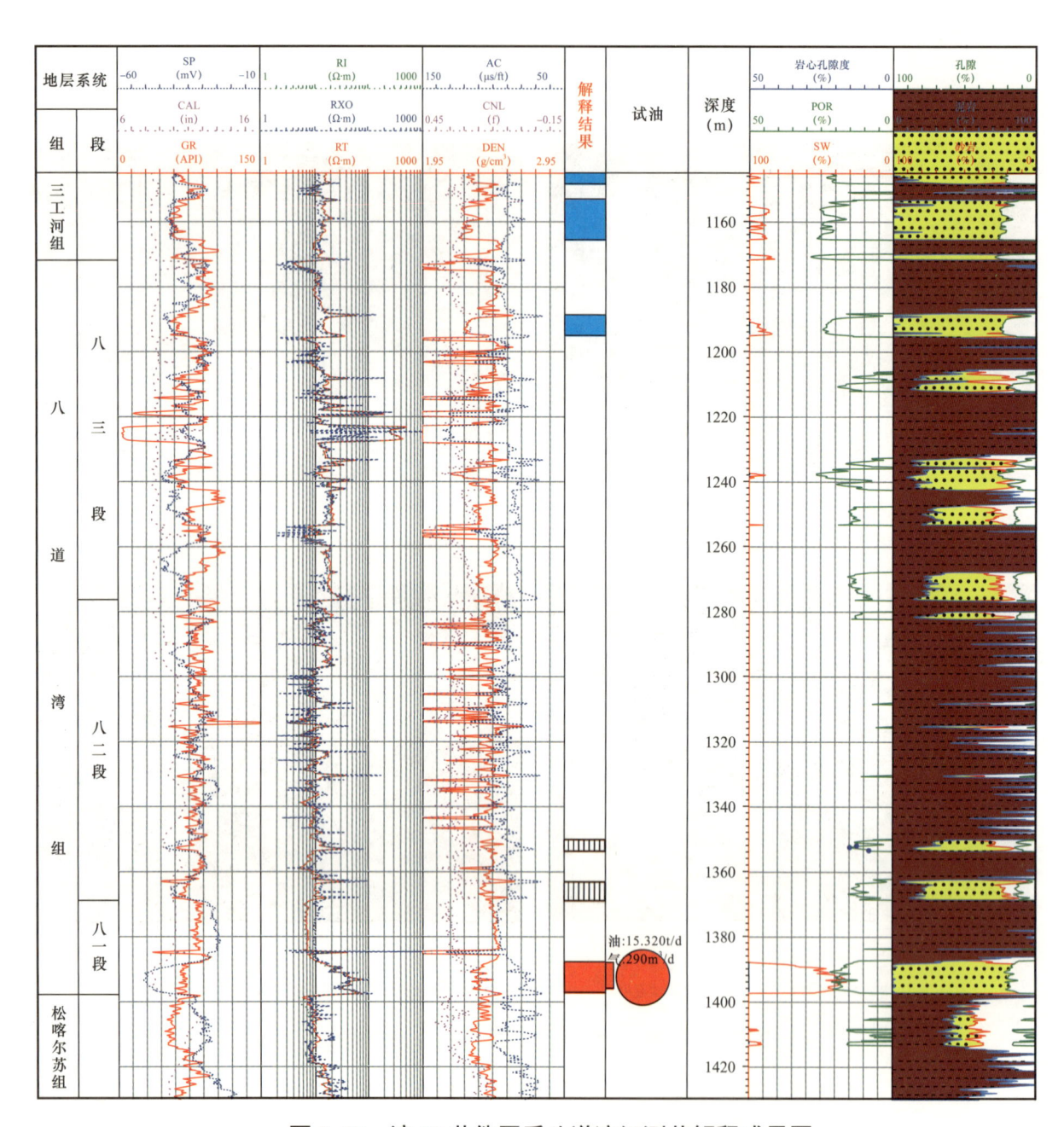

图 5-37 滴 20 井侏罗系八道湾组测井解释成果图

图注 ① 滴 20 井八道湾组共解释油层 9.4m/1 层、干层 9.5m/2 层、水层 6.4m/1 层；② 累计试油 8m/1 层，获得油层 8m/1 层。

（六）油藏剖面

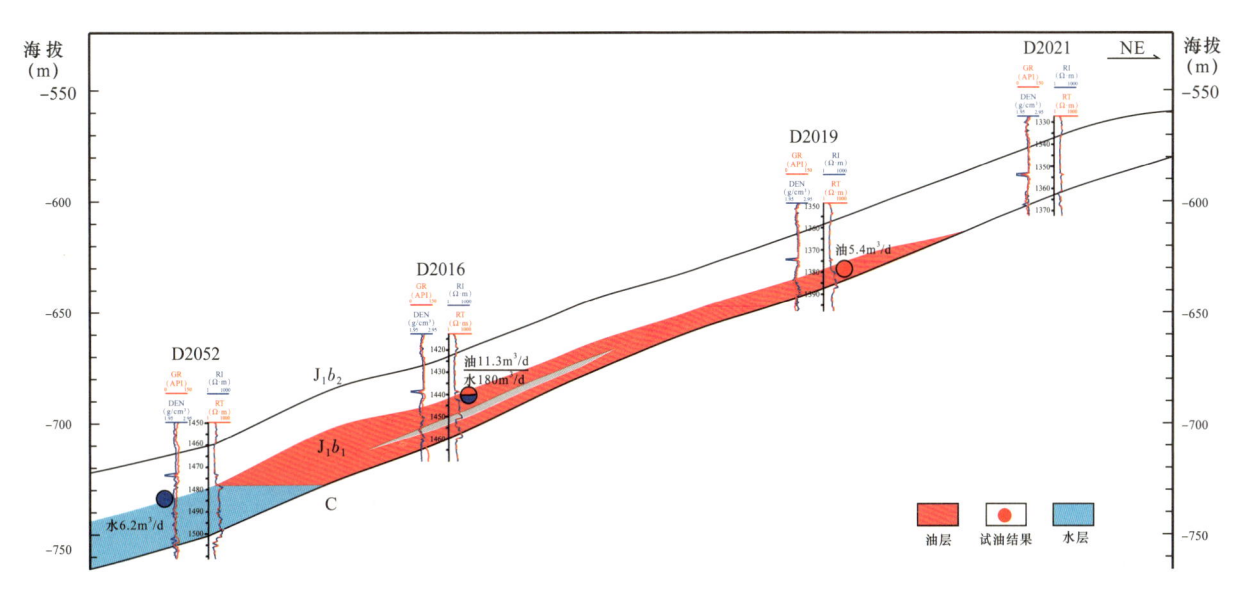

图 5-38　滴 20 井区过 D2052 井—D2021 井侏罗系八道湾组油藏剖面图

图注　① 滴 20 井区侏罗系八道湾组油藏为构造—岩性油藏，油水界面为 -728m；② 八道湾组一段油层平均有效厚度 6.5m。

（七）流体性质

表 5-9　滴 20 井区侏罗系八道湾组油藏地面原油性质参数表

层位	密度（g/cm³）	50℃黏度（mPa·s）	含蜡量（%）	凝固点（℃）
J_1b_1	0.888	42.4	2.31	-24

表注　油藏原油密度在 0.8604~0.8932g/cm³，平均为 0.888g/cm³；50℃黏度为 31.7~64.4mPa·s，平均为 42.4mPa·s；含蜡量变化范围在 0.20%~4.76%，平均为 2.31%；凝固点 -30~-16℃，平均为 -24℃。

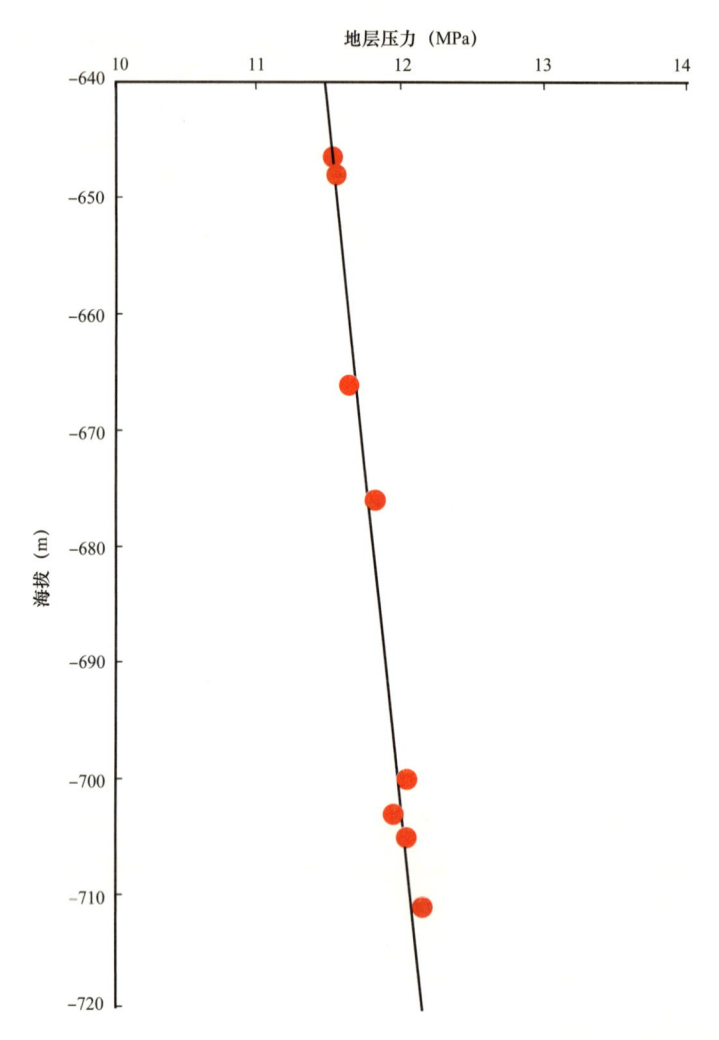

● 图 5-39　滴 20 井区侏罗系八道湾组油藏地层压力梯度图

图注　滴 20 井区侏罗系八道湾组油藏中部地层压力为 11.57MPa，压力系数为 0.82。

二、开发特征

图 5-40　滴 20 井区侏罗系八道湾组油藏图年度综合开发曲线

图注　截至 2017 年 8 月，滴 20 井区侏罗系八道湾组油藏累计生产原油 41.0×10^{4}t，平均年产油 3.4×10^{4}t，2013 年达高峰产油量 7.8×10^{4}t，采出程度 9.37%，综合含水 70.1%，采油速度 1.03%。

第六章 沙北油田

第一节 地质概况及勘探开发历程

一、地质概况

沙北油田位于准噶尔盆地东部,西南距阜康市约88km,北东距火烧山油田约32km,北西距彩南油田约22km。位于新疆维吾尔自治区昌吉州阜康市境内。在构造区划上位于准噶尔盆地东部隆起沙奇凸起(图1-4)。油田范围地表为沙漠,地面海拔600~640m。区内有阜康市至彩南油田和火烧山油田的公路,交通较为便利。

地层自下而上发育石炭系(C),二叠系平地泉组(P_2p)、梧桐沟组(P_3wt)、三叠系韭菜园子组(T_1j)、烧房沟组(T_1s)、小泉沟群($T_{2-3}xq$),侏罗系八道湾组(J_1b)、三工河组(J_1s)、西山窑组(J_2x)、石树沟群($J_{2-3}sh$)及白垩系吐谷鲁群(K_1tg)。其中石炭系与二叠系、二叠系与三叠系、三叠系与侏罗系、侏罗系与白垩系为区域性地层不整合接触。

至2018年底,沙北油田由沙19、沙20共两个油藏组成(表6-1)。含油层系为侏罗系西山窑组一段(图6-1)。

表6-1 沙北油田探明储量汇总表

油藏	层位	储量类别	计算面积(km^2)	探明储量 原油(10^4t)	探明储量 溶解气(10^8m^3)	油藏类型
沙19井区	J_2x	探明已开发	2.45	257.89	0.42	构造
沙20井区	J_2x	探明已开发	2.55	168.58	0.28	构造—岩性

二、勘探历程

(一)地震概查及初期钻探阶段(20世纪80—90年代)

20世纪80年代初开始地震概查,1985—1992年二维地震测网密度已达1.0km×1.5km,覆盖次数12~24次,发现了沙南断块。1989年,由新疆石油管理局东部会战指挥部在沙南断块部署第一口预探井——沙8井,准东钻井公司ZJ4568钻井队承钻,1990年2月10日开钻,该井在三工河组1446.04~1450.83m取心,获荧光到油斑级岩心，出筒时局部见原油斑点状外渗，可闻到原油味，油质轻；在石炭系上部和下仓房沟群录井油气显示也较活跃，有些岩心出筒时外渗原油或冒气。1990—1999年，在沙南断块区陆续钻井5口（沙9井、沙10井、沙12井、沙13井、沙15井），沙9井在西山窑组1174.98~1177.28m取心，岩心含油面积达30%，试油为低产油层，产油0.769t/d；沙15井在三叠系韭菜园组2380~2384m井段试油，获气8800m³/d。这些钻试成果表明沙南断块是一个多层系含油的有利聚集区，具有相对较好的勘探前景。

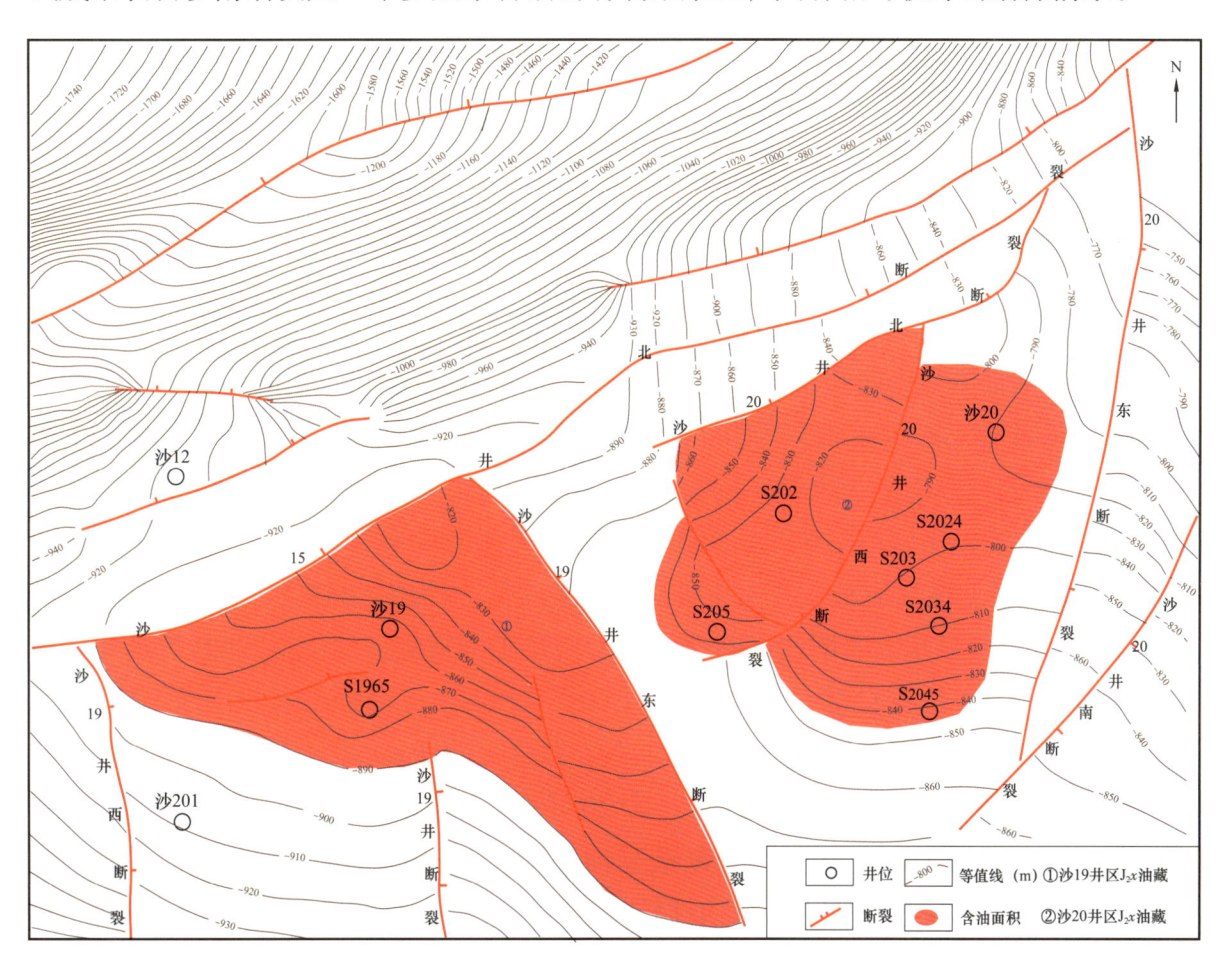

图 6-1　沙北油田油藏分布及含油面积图

（二）地震详查与发现阶段（2000—2006年）

2000年施工了以侏罗系为目的层的沙15井三维，满覆盖面积301.88km²，面元25m×50m，覆盖次数60次，基本搞清了沙南断块的断裂展布和构造形态。2002年4月26日沙19井开钻，同年5月8日完钻，井深1745m，完钻层位侏罗系八道湾组。同年5月28日射开侏罗系西山窑组1473.0~1475.5m井段，29日无油嘴自喷，获油6.16m³/d，后又补孔射开1467.4~1477.8m井段，合计射孔厚度4.7m，压裂后抽汲求产，获油22.43m³/d，从而发现了沙北油田侏罗系西山窑组油藏。2003年底沙19井区块侏罗系西山窑组油藏提交探明石油地质储量 306×10^4t。

2002年7月6日在沙8井西断块部署的沙20井开钻，同年7月30日完钻，完钻井深1652m，完钻层位八道湾组。8月20日射开西山窑组1376～1380m井段，压裂后抽汲求产，获油2.33t/d，产水0.7m³/d，从而发现了沙北油田沙20井区块侏罗系西山窑组油藏。2005年为进一步评价沙20井区块油藏，上钻了开发评价井S202井和S203井，S202井于2005年4月在侏罗系西山窑组1436～1454m井段压裂后转抽获得日产15.7t的工业油流，S203井于2005年7月在侏罗系西山窑组1409.5～1425.0m井段，压裂后转抽获得日产7.2t工业油流。2006年底，沙20井区提交探明石油地质储量 168.58×10^4t。

三、勘探经验与启示

（一）输导断裂与遮挡断裂的有效配置是成藏的关键

沙南断块整体是一向北东方向抬升的断块构造，其西北以东南倾的沙西逆断裂为界，东北高部位以北东倾的沙南逆断裂为界。断块轴部受北东—南西向的正断裂沙15井北断裂、沙20井南断裂夹持，同时发育北北西、北北东、南北向的断裂。在沙19井发现油藏之前，先后钻探6口井，低部位的沙15井在三叠系获低产气，高部位的沙8井在三工河组见油气显示、沙9井在西山窑组获低产油层，侧翼沙10井、沙12井、沙13井未见油气显示。表明沙南断块油气沿构造轴部富集。沙15井北断裂延伸长度超过7km，断开层位石炭系—白垩系，断距80～300m，可远距离大跨度地调整油气，是该区重要的油气输导断裂。与沙15井北断裂相交的沙19井东断裂延伸长度2km，断开层位石炭系—侏罗系，断距30m；沙20井西断裂延伸长度2km，断开层位侏罗系—白垩系，断距15m。沙20井北断裂延伸长度2.3km，断开层位侏罗系—白垩系，断距20m，遮挡断裂断距较小，活动性较弱，封闭性较好。输导断裂与遮挡断裂的有效配置是沙北油田成藏的关键。

（二）阜康凹陷侏罗系生烃能力的确立开启了阜东地区勘探的新局面

1991年发现的彩南油田烃源岩被认为主要是侏罗系烃源岩的贡献，混有部分二叠系来源油。油源区来自阜康凹陷还是东道海子凹陷一直以来存在一定争议。而沙北油田反映了典型侏罗系来源油的特征，全油碳同位素重，$\delta^{13}C$ 为 –26.25‰，姥植比高，Pr/Ph为2.91，不含 β- 胡萝卜烷。生物标志物组成中，规则甾烷 C_{27}、C_{28}、C_{29} 呈反"L"形分布；三环萜烷以 C_{19}、C_{20} 为主，五环萜烷中伽马蜡烷含量很低。沙北油田原油来源确定，再次证实阜康凹陷侏罗系生烃能力。后续阜东地区立足阜康凹陷侏罗系烃源岩，持续探索侏罗系头屯河组河道砂体高效油藏不断取得新发现。

四、开发现状

沙北油田投入生产到 2017 年 8 月，经历了产能建设、稳产、产量递减三个阶段。

（一）产能建设阶段

该阶段主要为 2003—2005 年。2003 年 12 月，根据《沙南油田沙 19 井区西山窑组油藏开发评价井意见》，部署并钻探 S1963 井、S1965 井两口开发控制井，抽油生产分别获得日产 15t 和日产 21t 的高产油流，沙北油田正式进入试采阶段。同年 12 月，编制了《沙北油田沙 19 井区西山窑组油藏布井意见》。采用反九点面积注水井网，共部署井位井 16 口，其中采油井 12 口（利用老井 3 口），注水井 4 口，设计单井产能 12t/d，区日产水平 144t，年产油能力 4.32×10^4t。2004 年 4 月，沙 19 井区油藏的现场产能建设拉开序幕，进入开发钻井阶段。同年 8 月根据前一阶段钻井情况，对方案进行了跟踪研究，编制了《沙北油田沙 19 井区 S1934、S1936 布井意见》。2004 年 10 月 S1944 井和 S1964 井首先投注，沙 19 井区进入注水开发阶段，做到了注水与采油同步投入运营。

（二）稳产阶段

该阶段主要为 2006—2012 年。按照滚动开发，跟踪研究，及时调整的指导思想，2005 年 4 月，完成《沙北油田沙 19 井区局部注采井网调整意见》，将原方案设计注水井 S1946 井、S1937 井改为采油井，将 S1956 井、S1936 井调整为注水井并投注。至 2005 年 12 月，沙北油田沙 19 井区完成产能建设任务，共有开发井 36 口，其中采油井 31 口，注水井 5 口，建成年产能 5.8×10^4t，初期单井平均日产油量达到 12t，开发效果良好。在沙北油田沙 19 井区开发的同时，2005 年 4 月编制了《沙北油田沙 20 井断块侏罗系西山窑组油藏开发布井意见》，采用反九点面积注水井网，共部署井位 12 口，包括已钻井 1 口（S203 井），新井 12 口（采油井 9 口，注水井 3 口），设计单井平均产能 5.0t/d，区日产水平 45t，年产油能力 1.35×10^4t，开发效果良好。

（三）产量递减阶段

该阶段主要为 2013—2017 年。近几年受高含水井控关、泵况及生产时率影响，采油井产量大幅度下降或丧失了产能，油量递减明显增大，但依据合理开采技术政策，精细注水，控制含水上升速度。因沙北油田沙 19 井区、沙 20 井区整体位于新疆卡拉麦里山有蹄类野生动物自然保护区内，根据 2017 年 7 月 10 日已获批的《准东采油厂卡拉麦里山有蹄类野生动物自然保护区退出方案》以上两个井区于 2017 年 8 月整体关井。对停关井申请报废，报废审批后进行封井处置（图 6-2）。

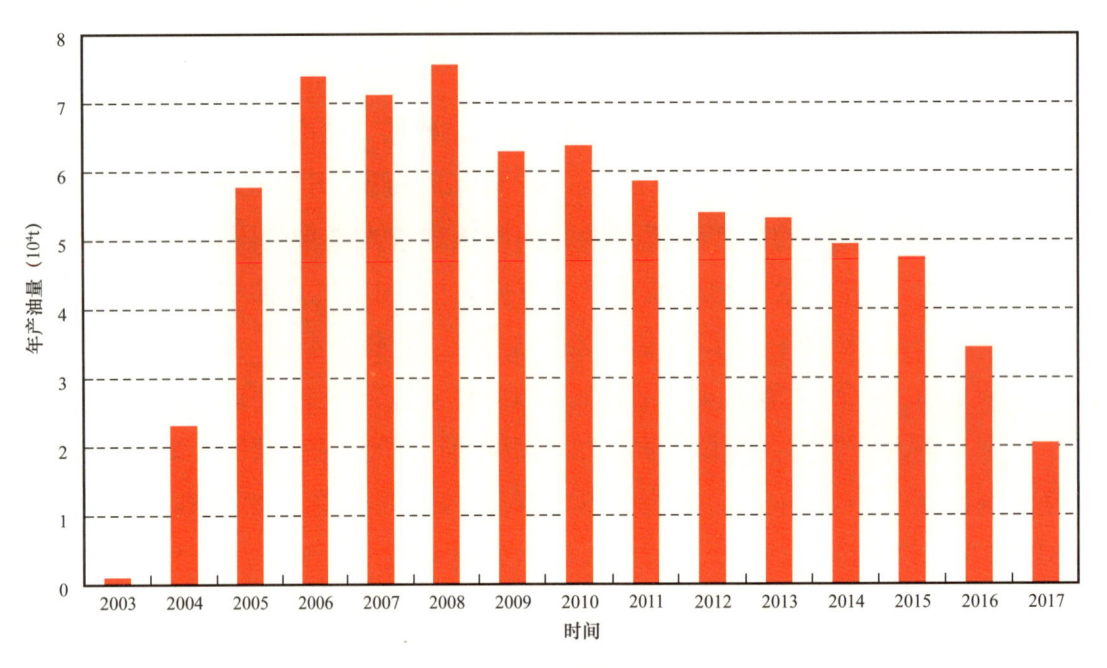

图 6-2 沙北油田历年产油量柱状图

截至 2017 年 8 月，沙北油田已探明含油面积 5km²，原油地质储量 426.47×10⁴t。全油田共有油水井 55 口，其中油井 36 口；注水井 19 口，累计产油 74.6×10⁴t，累计产液 94.4×10⁴t，综合含水 50.6%，采出程度 17.5%（图 6-3）。

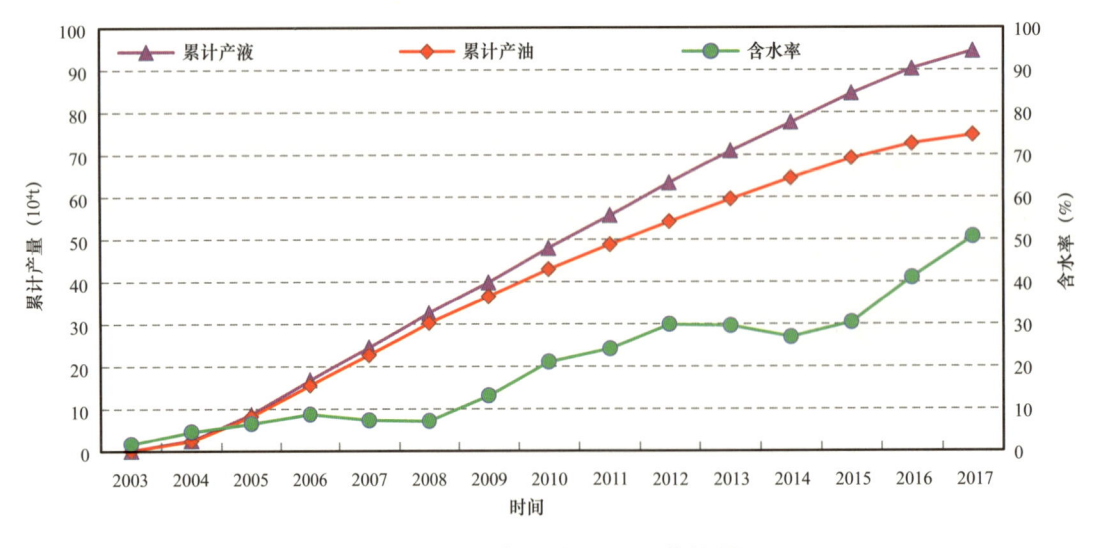

图 6-3 沙北油田开发曲线图

第二节 沙 19 井区侏罗系西山窑组油藏

一、石油地质特征

（一）构造特征

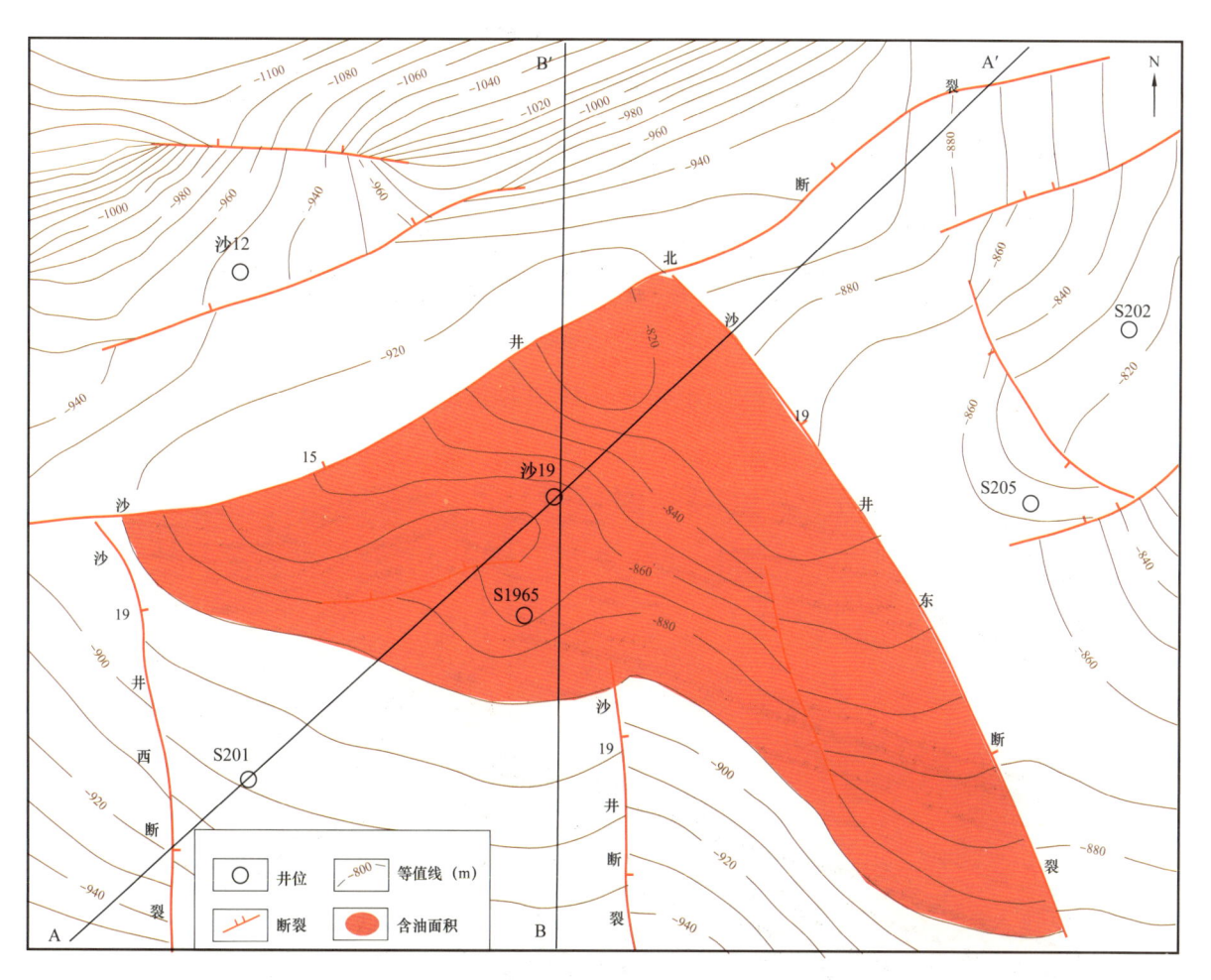

● 图 6-4 沙北油田沙 19 井区侏罗系西山窑组一段顶面构造图

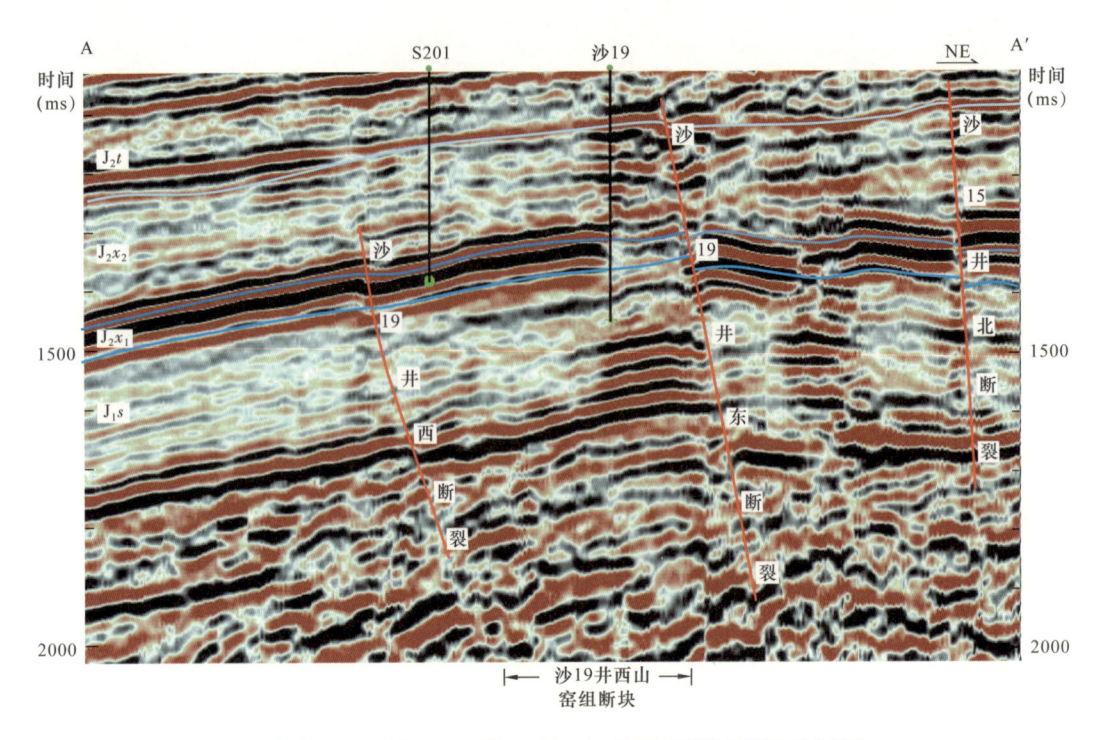

● 图 6-5　过 S201 井—沙 19 井地震地质解释剖面

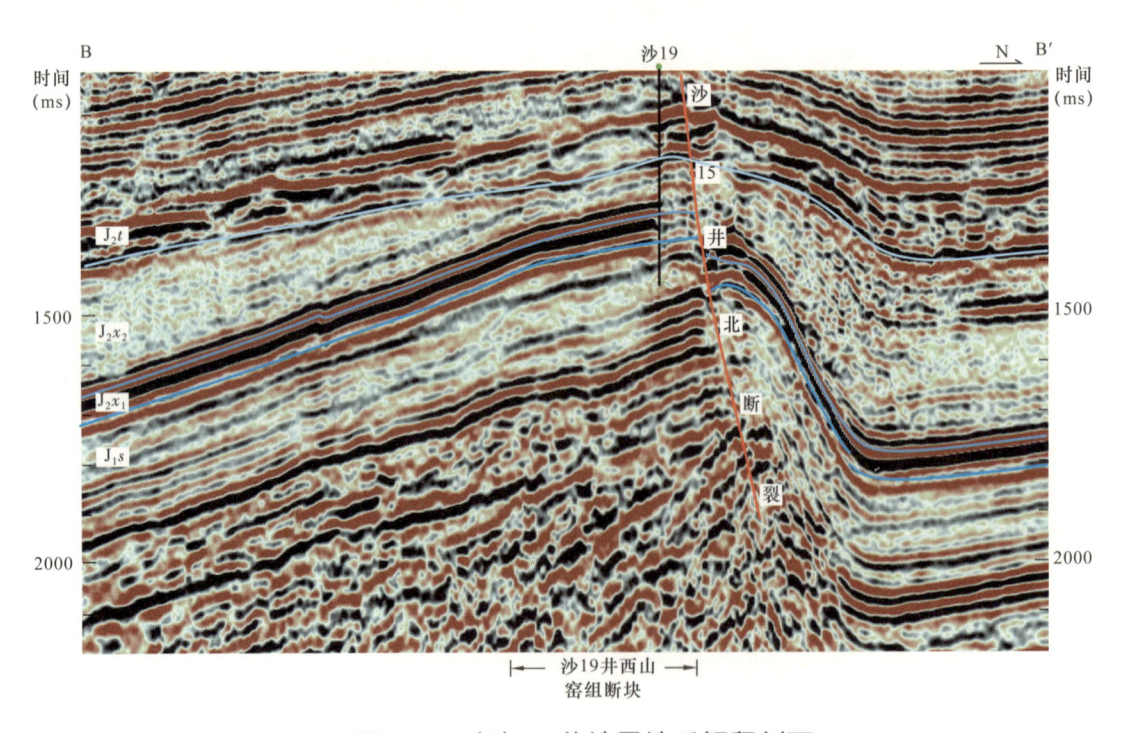

● 图 6-6　过沙 19 井地震地质解释剖面

图注　① 沙 19 井侏罗系西山窑组断块，位于沙南断块区近东西向延伸的轴部，形似西倾断鼻；② 由沙 15 井北断裂及沙 19 井东断裂相交而成，两条断裂均为正断裂；③ 圈闭高点靠近东边的沙 19 井东断裂，圈闭面积 2.5km², 闭合度 60m，溢出点海拔 −890m，高点埋深 1450m。

表 6-2　沙 19 井区块断裂要素表

断裂名称	断层性质	断开层位	断距（m）	断层产状 走向	断层产状 倾向	断层产状 倾角	延伸长度（km）
沙 15 井北断裂	正	C—K	80～300	EW	N	60°～80°	7.0
沙 19 井东断裂	正	C—J	30	NW—SE	NE	70°～80°	2.0

表注　沙 19 井区主控断裂有两条，均为正断裂，断面较陡，断距在 30～300m。

（二）地层分布

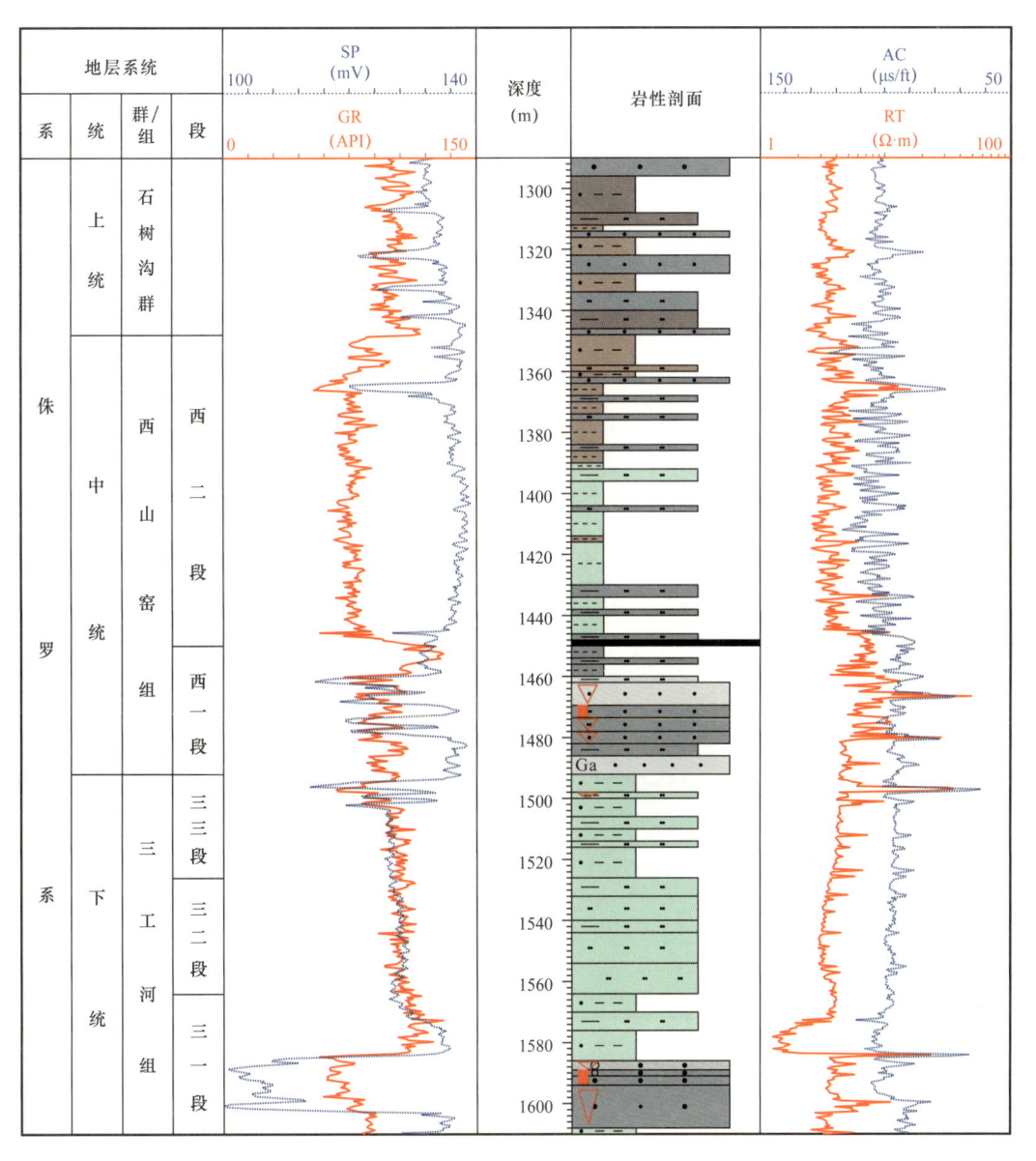

● 图 6-7　沙 19 井侏罗系西山窑组综合柱状图

表 6-3　沙北油田侏罗系厚度数据表

井号	完钻层位	地层厚度（m）			
^	^	侏罗系			
^	^	石树沟群	西山窑组	三工河组	八道湾组
^	^	$J_{2-3}sh$	J_2x	J_1s	J_1b
沙10井	C_2b	67	169	115	401
沙12井	C_2b	134	108	141	307
沙15井	C_2b	71	161	115	407
沙19井	J_1b	61	142	113	142（未穿）
沙201井	J_1s	64	160	71（未穿）	

图表注　① 钻揭的地层有侏罗系八道湾组（J_1b，厚度300～410m）、三工河组（J_1s，厚度110～150m）、西山窑组（J_2x，厚度100～170m）、石树沟群（$J_{2-3}sh$，厚度60～150m）；② 目的层侏罗系西山窑组，其下与三工河组呈整合接触，上与石树沟群呈假整合接触。西山窑组一段（J_2x_1）为主要含油层。

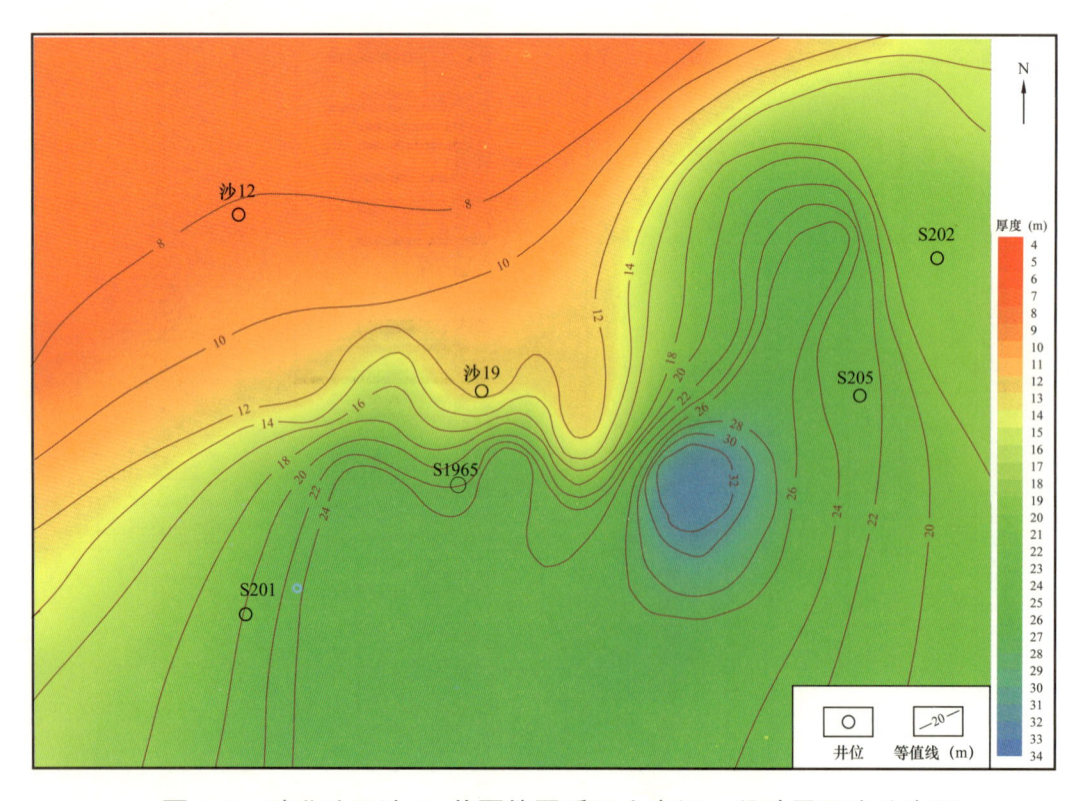

● 图 6-8　沙北油田沙19井区侏罗系西山窑组一段砂层厚度分布图

图注　① 沙19井区侏罗系西山窑组一段沉积厚度在40～50m，砂层厚度在8～30m，平均为16m；② 沉积厚度由北向南增厚。

（三）沉积特征

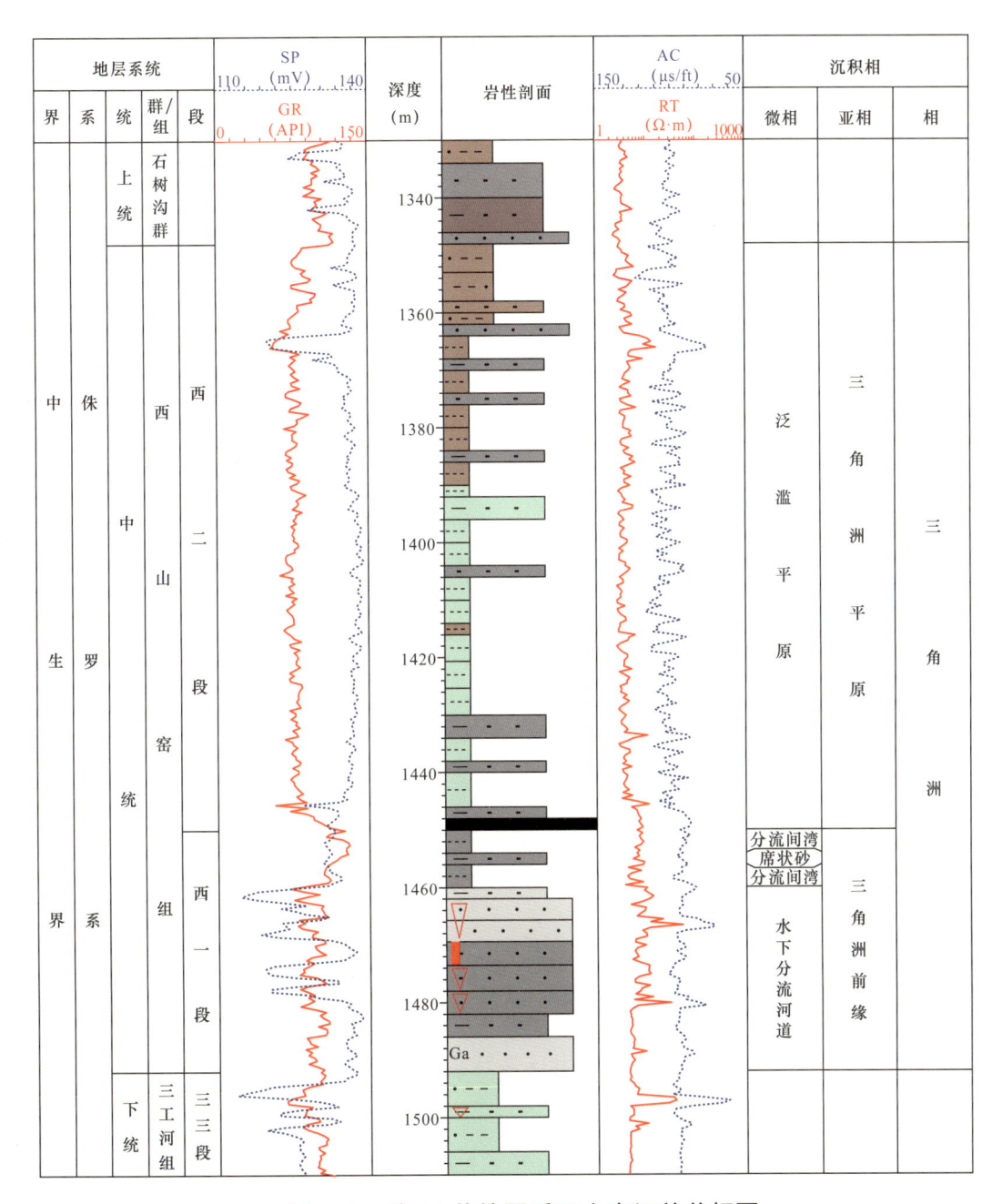

图 6-9　沙 19 井侏罗系西山窑组单井相图

图注　① 沙 19 井区侏罗系西山窑组主要发育三角洲前缘及平原亚相；② 主力储层为水下分流河道及席状砂，电阻率曲线呈指状，$5.0 \leq RT < 28.5\Omega \cdot m$，伽马曲线上表现齿化箱形，$78.2 \leq GR < 106.1 API$，自然电位曲线呈指状，$119.2 \leq SP < 134.2 mV$。

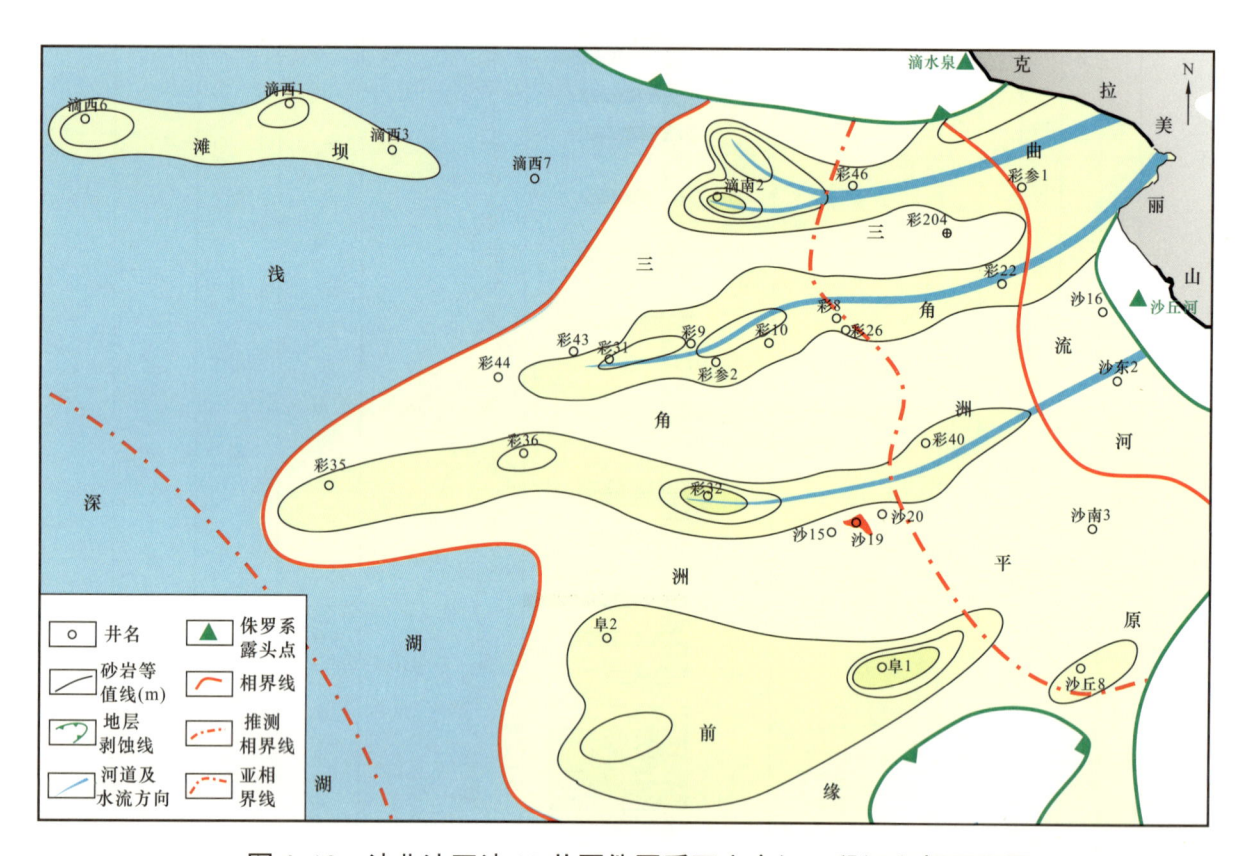

● 图 6-10 沙北油田沙 19 井区侏罗系西山窑组一段沉积相平面图

图注 ① 区域上看沙北油田侏罗系西山窑组发育三角洲沉积，物源来自东北克拉美丽山；② 广泛发育水下分流河道及席状砂沉积。

（四）油源分析

沙19，J_2x，1473~1475.5m，原油　　　　　　　　阜13，J_1s，4117.52m，灰黑色泥岩

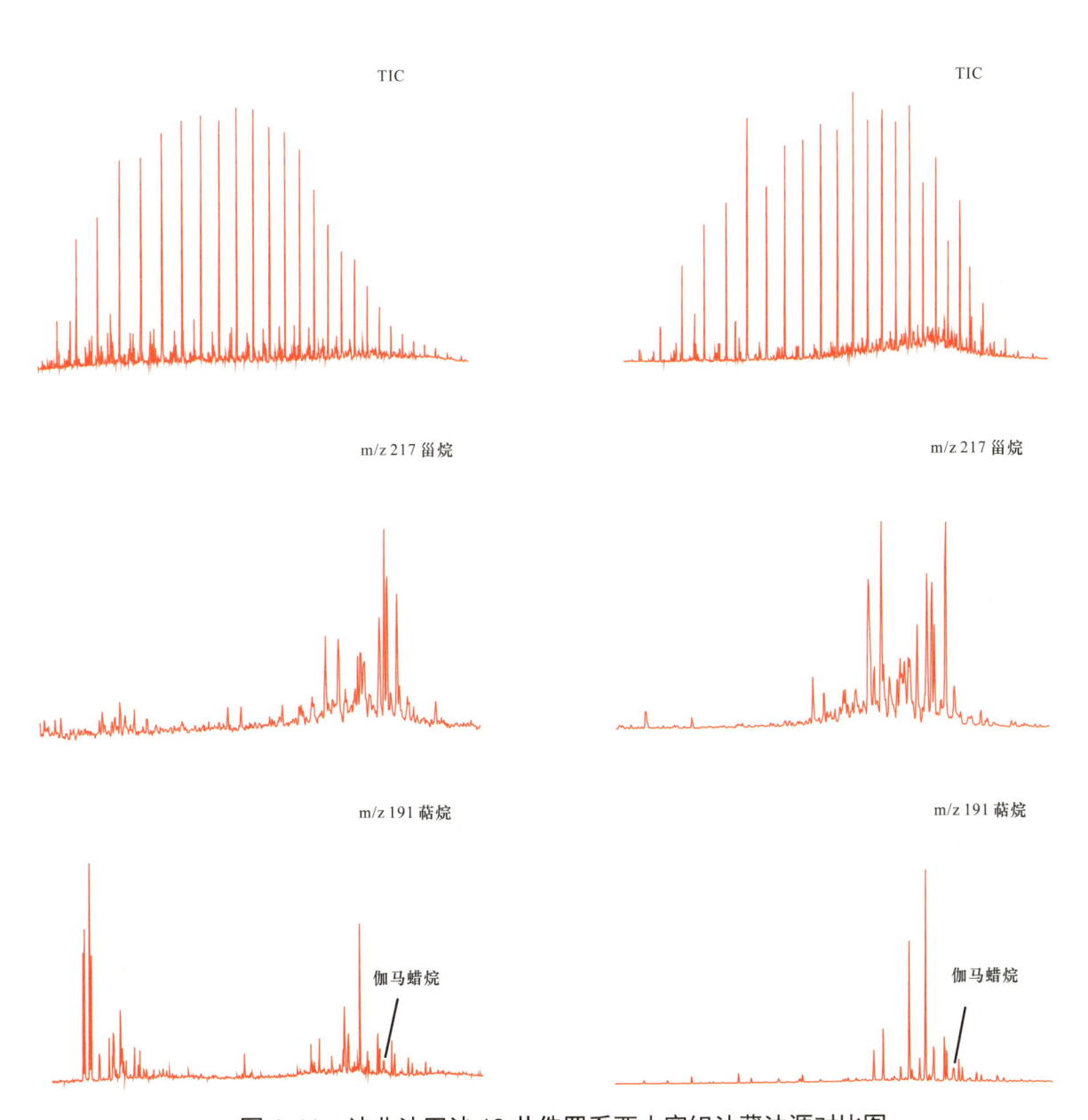

TIC　　　　　　　　　　　　　　　　　　　　　TIC

m/z 217 甾烷　　　　　　　　　　　　　　　　　m/z 217 甾烷

m/z 191 萜烷　　　　　　　　　　　　　　　　　m/z 191 萜烷

伽马蜡烷　　　　　　　　　　　　　　　　　　　伽马蜡烷

● 图 6-11　沙北油田沙 19 井侏罗系西山窑组油藏油源对比图

图注　① 沙北油田沙 19 井区侏罗系原油形成于淡水环境，母质类型以腐殖型为主；② 沙 19 井区侏罗系原油为成熟阶段原油；③ 烃源层和烃源区主要为阜康凹陷侏罗系烃源岩。

（五）储层特征

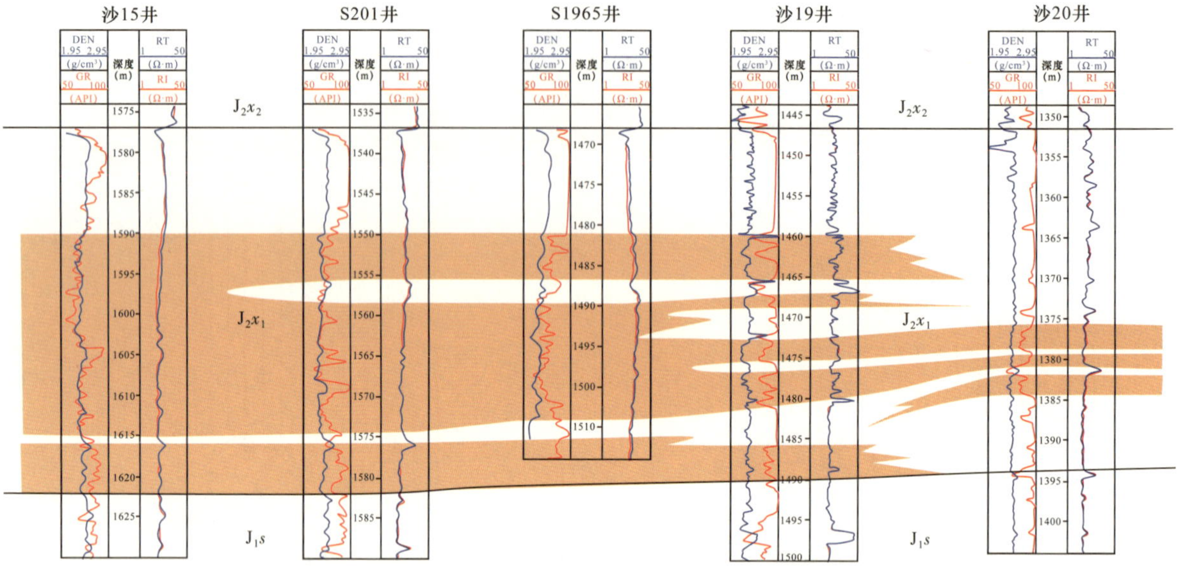

图 6-12 沙 19 井区侏罗系西山窑组一段砂体对比图

图注 ① 沙 19 井区侏罗系西山窑组自上而下分为两个砂层组，分别为 J_2x_2、J_2x_1，其中 J_2x_1 为主力储层，沉积厚度稳定，厚度 40~50m，上部有厚约 10m 稳定分布的泥岩，中下部砂层发育，横向分布稳定；② 储层岩性主要为细砂岩及中砂岩。

表 6-4 沙 19 井区侏罗系西山窑组一段储层物性数据表

层位		孔隙度（%）			渗透率（mD）		
		样品数	变化范围	平均	样品数	变化范围	平均
J_2x_1	储层	76	17.00~26.91	22.71	76	0.063~95.052	2.821
	油层	53	17.82~26.91	23.32	53	0.063~95.053	4.225

表注 ① 储层孔隙度分布在 17%~26.91%，平均为 22.71%；渗透率分布在 0.063~95.052mD，平均为 2.821mD；② 油层孔隙度分布在 17.82%~26.91%，平均为 23.32%；渗透率分布在 0.063~95.053mD，平均为 4.225mD。含油饱和度为 62%。

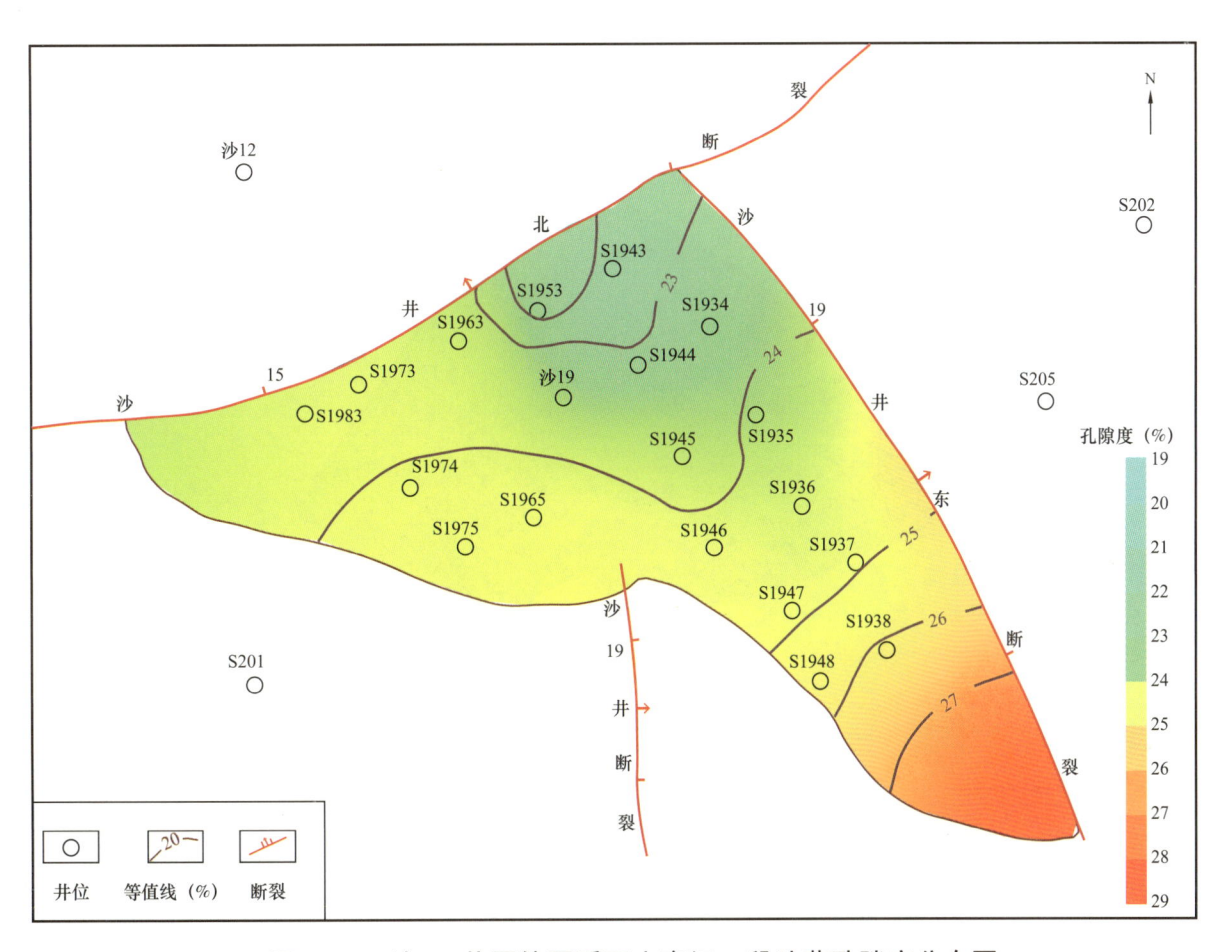

● 图 6-13 沙 19 井区侏罗系西山窑组一段油藏孔隙度分布图

图注 ① 沙 19 井西山窑组油藏平均孔隙度分布在 21%～28%，主体在 23%～26%；② 油藏东南部 S1938 井区出现孔隙度高值，物性较好。

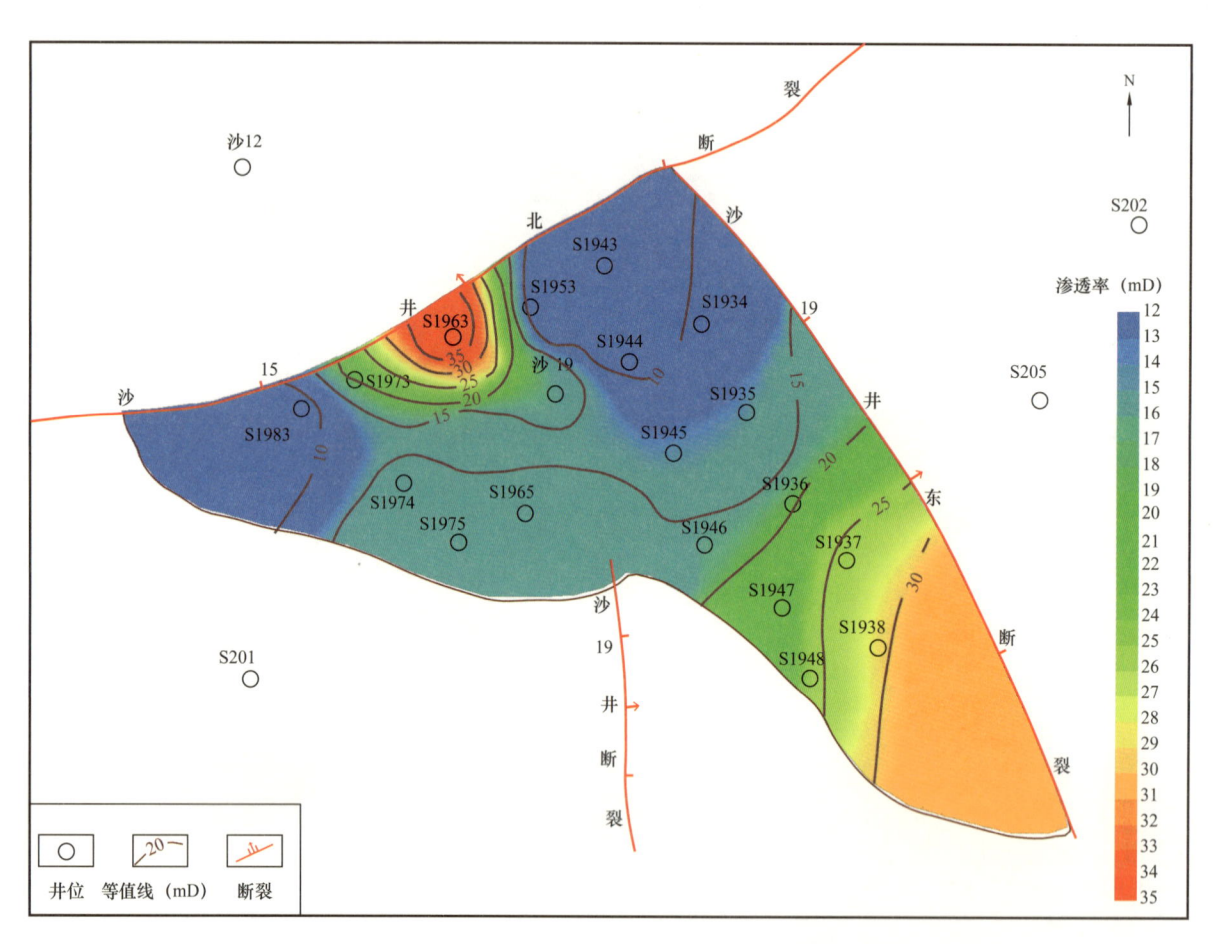

图 6-14 沙 19 井区侏罗系西山窑组一段油藏渗透率分布图

图注 ① 沙 19 井区西山窑组油藏平均渗透率分布在 5~40mD，主体分布在 5~20mD；② 油藏东南部 S1938 井区及北部 S1963 井区出现渗透率高值，渗流能力较强。

(a) 沙19井，J_2x_1，1464.27m，灰绿色粉砂岩，小型交错层理 　　(b) 沙19井，J_2x_1，1468.25m，灰色块状细砂岩

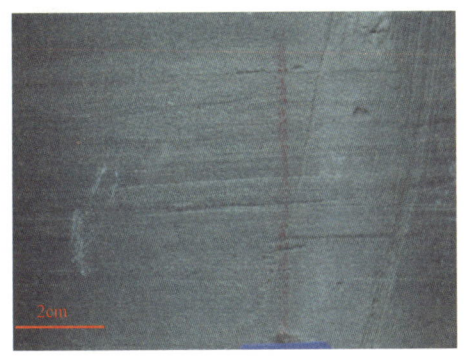

(c) 沙19井，J_2x_1，1481.00m，灰色粉砂岩，平行层理 　　(d) 沙19井，J_2x_1，1483.42m，灰色泥质粉砂岩，波状层理

● 图 6-15　沙 19 井区西山窑组岩心照片

图注　① 沙 19 井区侏罗系西山窑组一段岩石类型主要为粉细砂岩；② 发育平行层理、碳质条带；③ 沉积构造观察统计反映西山窑组一段沉积时水动力条件较弱，沉积环境为三角洲环境。

(a) 沙19井，J_2x_1，1469.78m，细砂岩，粒间孔缝 ×100  (−)　　(b) 沙19井，J_2x_1，1470.3m，粉细砂岩，粒间孔 ×100 (−)

● 图 6-16　沙 19 井区西山窑组铸体薄片照片

图注　① 根据铸体薄片鉴定分析，储层储集空间以原生粒间孔、剩余粒间孔为主，平均含量为 77%、23%；② 压实作用较弱，云母、千枚岩等塑性碎屑虽经压实变形，有的呈假杂基状，但其含量少，主要岩石组分的凝灰岩等半塑性碎屑并未发生变形，加之石英的次生加大一方面破坏了原生孔隙，更主要的是其存在对孔隙起了较强的支撑作用，使更多的原生孔隙得以保存；③ 碎屑颗粒分选好，磨圆度为次棱角状，以孔隙—压嵌型胶结为主要胶结类型；接触方式以点—凹凸式为主。

(a) 沙19井，J_2x_1，1468.47m，不规则状高岭石

(b) 沙19井，J_2x_1，1473.30m，蠕虫状高岭石

(c) 沙19井，J_2x_1，1473.30m，蠕虫状高岭石

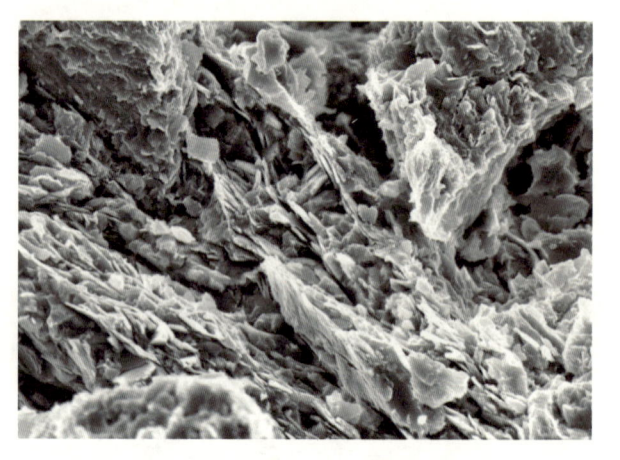

(d) 沙19井，J_2x_1，1481.50m，定向片状伊利石

● 图6-17　沙19井区西山窑组扫描电镜图

图注　①沙19井区侏罗系西山窑组一段泥质含量平均为3%；②黏土矿物以高岭石（50%）为主，其次为伊/蒙混层（29%）、伊利石（13%）、绿泥石（8%）；③黏土矿物形态有不规则状、蠕虫状和定向片状。

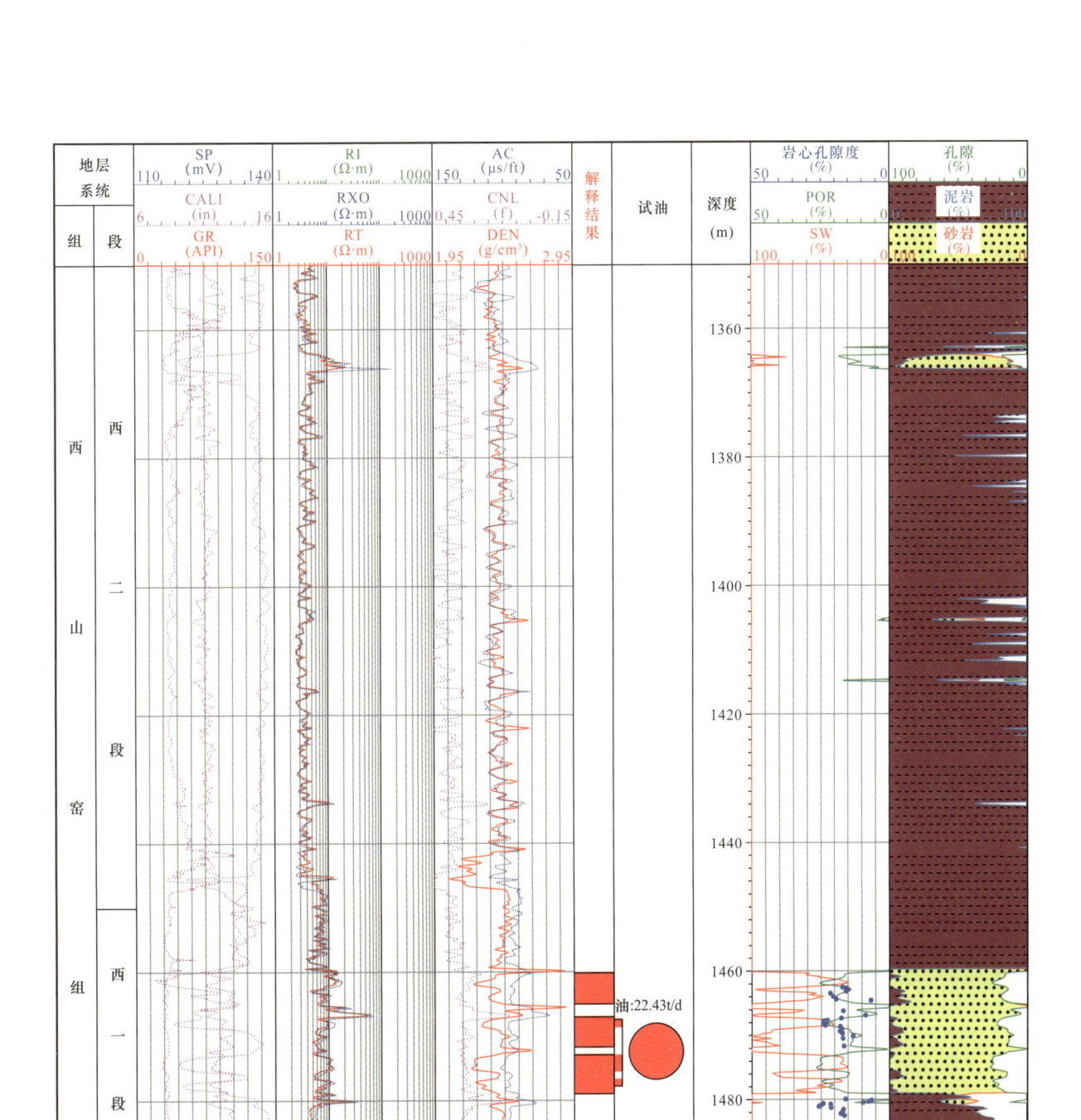

图 6-18 沙 19 井侏罗系西山窑组测井解释成果图

图注 ①沙 19 井共解释油层 15.7m/3 层；②累计试油 10.4m/1 层，获得油层 10.4m/1 层。

（六）油藏剖面

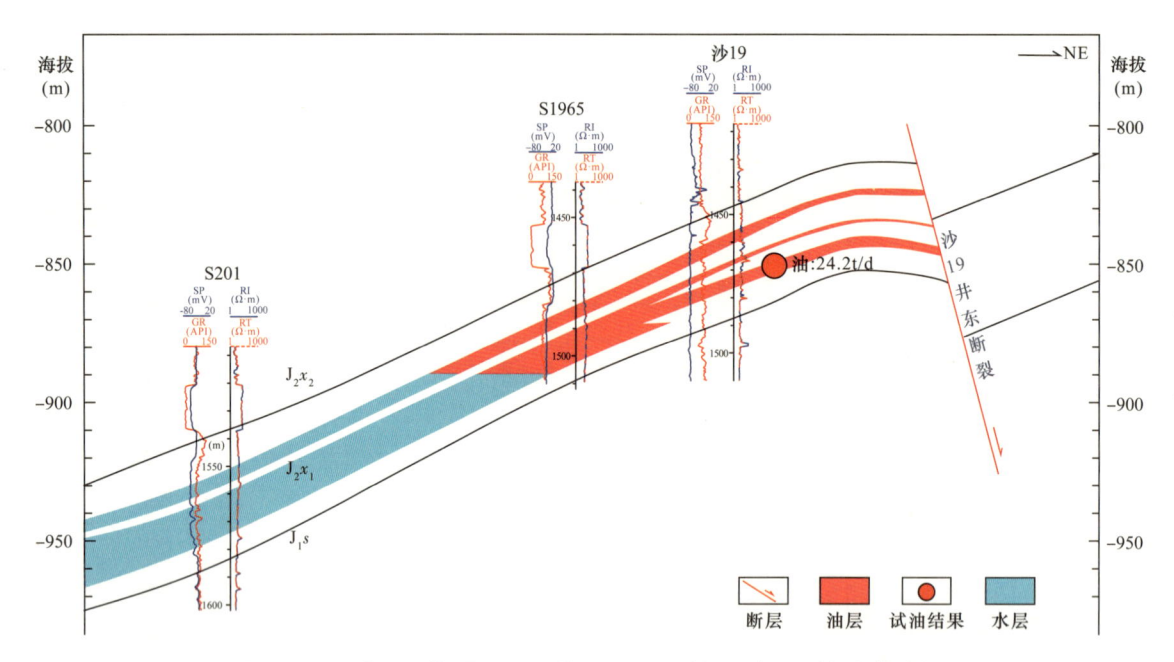

● 图 6-19　沙 19 井区 S201 井—S1965 井—沙 19 井油藏剖面图

图注　① 沙 19 井区侏罗系西山窑组油藏为受断裂控制的断块构造油藏，油水界面海拔 –890m；② 西山窑组一段平均有效厚度 12.6m。

（七）流体性质

表 6-5　沙 19 井区侏罗系西山窑组一段地面原油性质参数表

层位	密度（g/cm³）	50℃黏度（mPa·s）	含蜡量（%）	凝固点（℃）
J_2x_1	0.808	1.52	9.2	12

表注　油藏原油密度在 0.800~0.815g/cm³，平均为 0.808g/cm³；50℃黏度为 0.91~2.72mPa·s，平均为 1.52mPa·s；含蜡量变化范围在 6.98%~14.53%，平均为 9.2%；凝固点为 12℃。

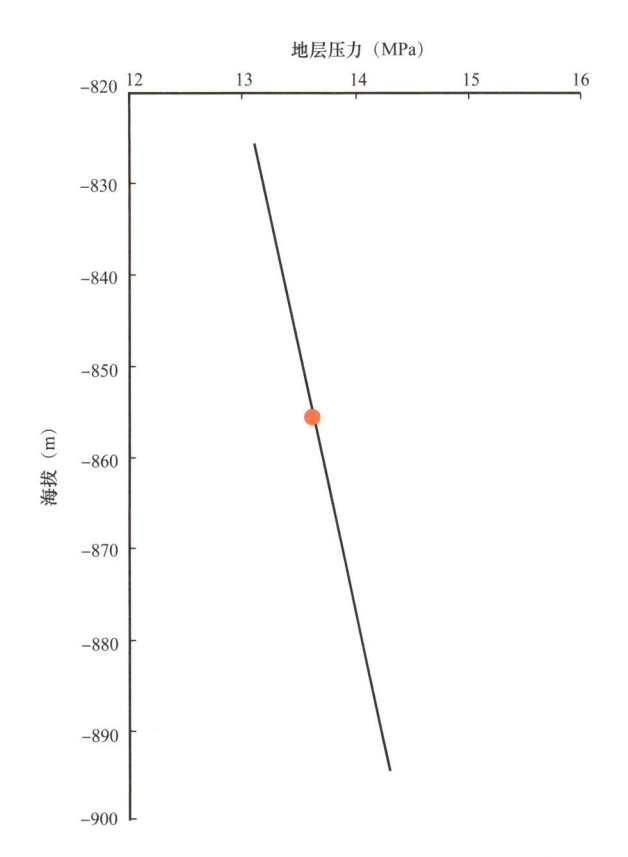

● 图 6-20　沙 19 井区侏罗系西山窑组油藏地层压力梯度图

图注　根据沙 19 井试油地层测试（井段 1473.0～1475.5m）外推压力 13.63MPa，折算至油藏中部地层压力为 13.67MPa，压力系数为 0.942，实测温度为 55.4℃。

（八）成藏模式

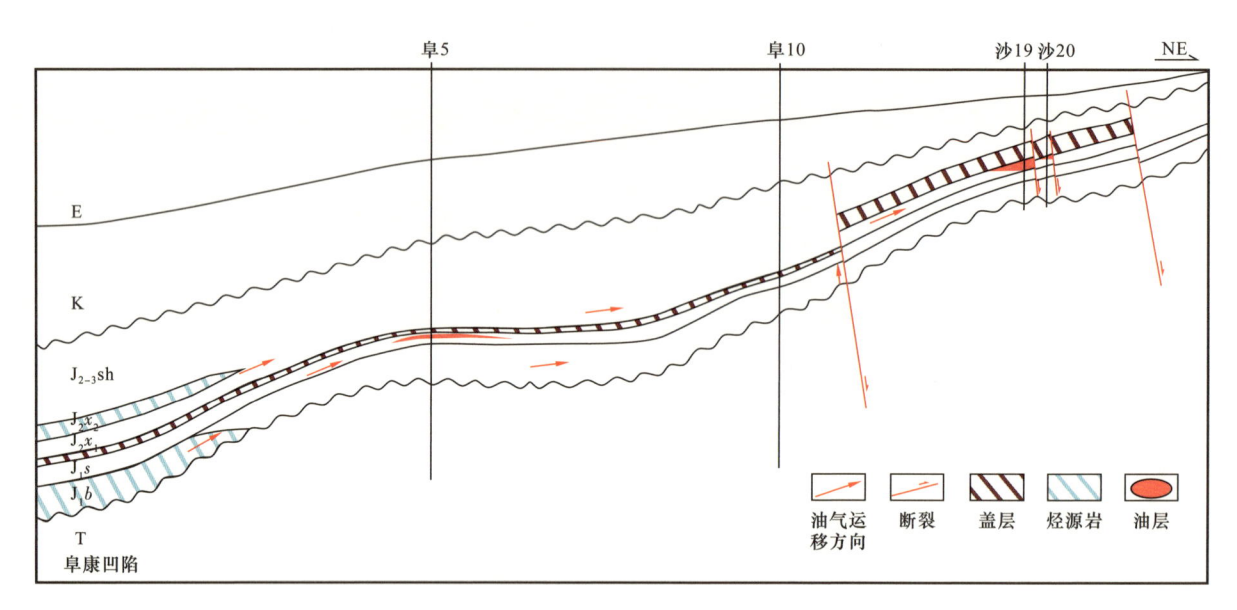

图 6-21　沙北油田侏罗系油气成藏模式图

图注　① 沙北油田沙 19 井区块侏罗系西山窑组油藏生储盖组合为：阜康凹陷侏罗系西山窑组、八道湾组为主要烃源层，侏罗系西山窑组一段砂岩为储层，侏罗系西山窑组二段泥岩为盖层；② 沙 19 井区块侏罗系西山窑组油藏成藏期为晚白垩世，阜康凹陷深部的侏罗系烃源岩进入成熟生烃阶段，通过断裂运移到侏罗系西山窑组成藏；③ 沙南断块区位于阜康凹陷边缘，且是一个自海西运动以来持续性的凸起，位于油气运移的通道上，空间匹配性好。正断层主要发育在中生界侏罗系和白垩系内，主要起到油气再分配和调整的作用。

二、开发特征

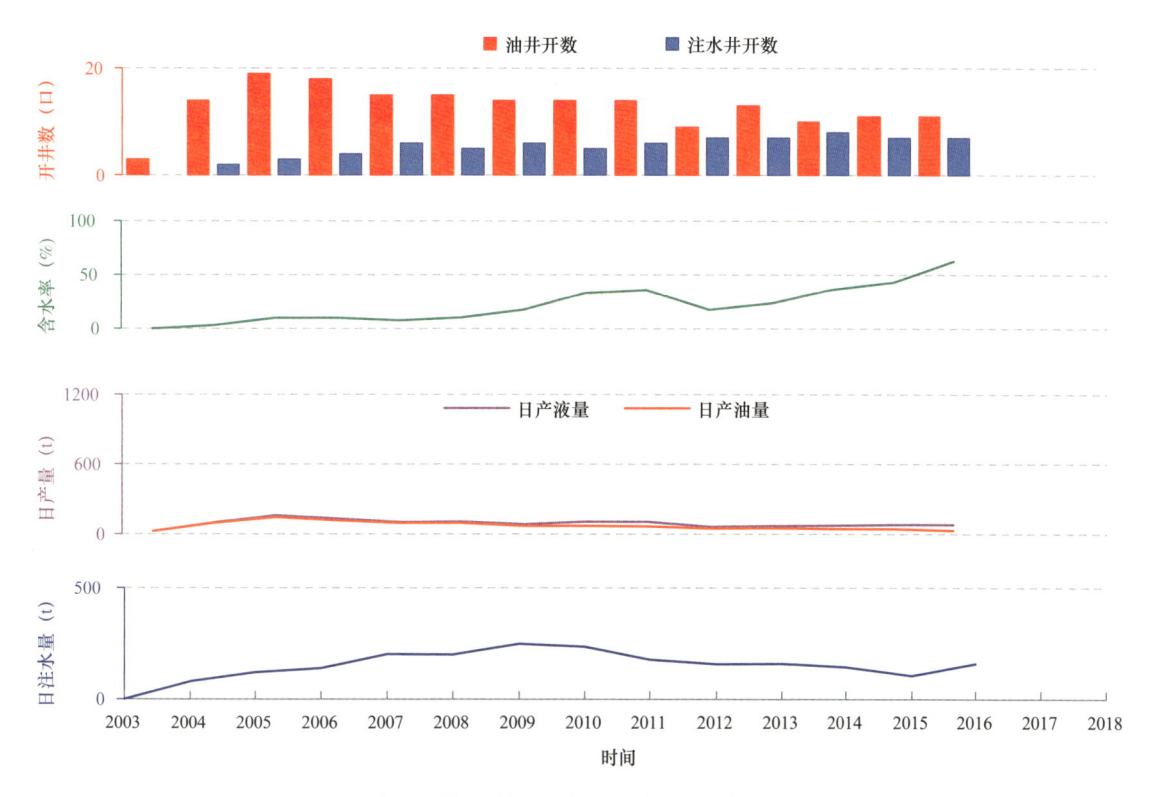

● 图 6-22　沙 19 井区侏罗系西山窑组油藏年度综合开发曲线

图注　沙 19 井区侏罗系西山窑组油藏累计生产原油 36.6×10⁴t，平均年产油 2.7×10⁴t，2005 年达高峰产油量 4.3×10⁴t，采出程度 13.43%，综合含水 62.65%，因位于自然保护区内，已于 2017 年关停。

第三节　沙 20 井区侏罗系西山窑组油藏

一、石油地质特征

（一）构造特征

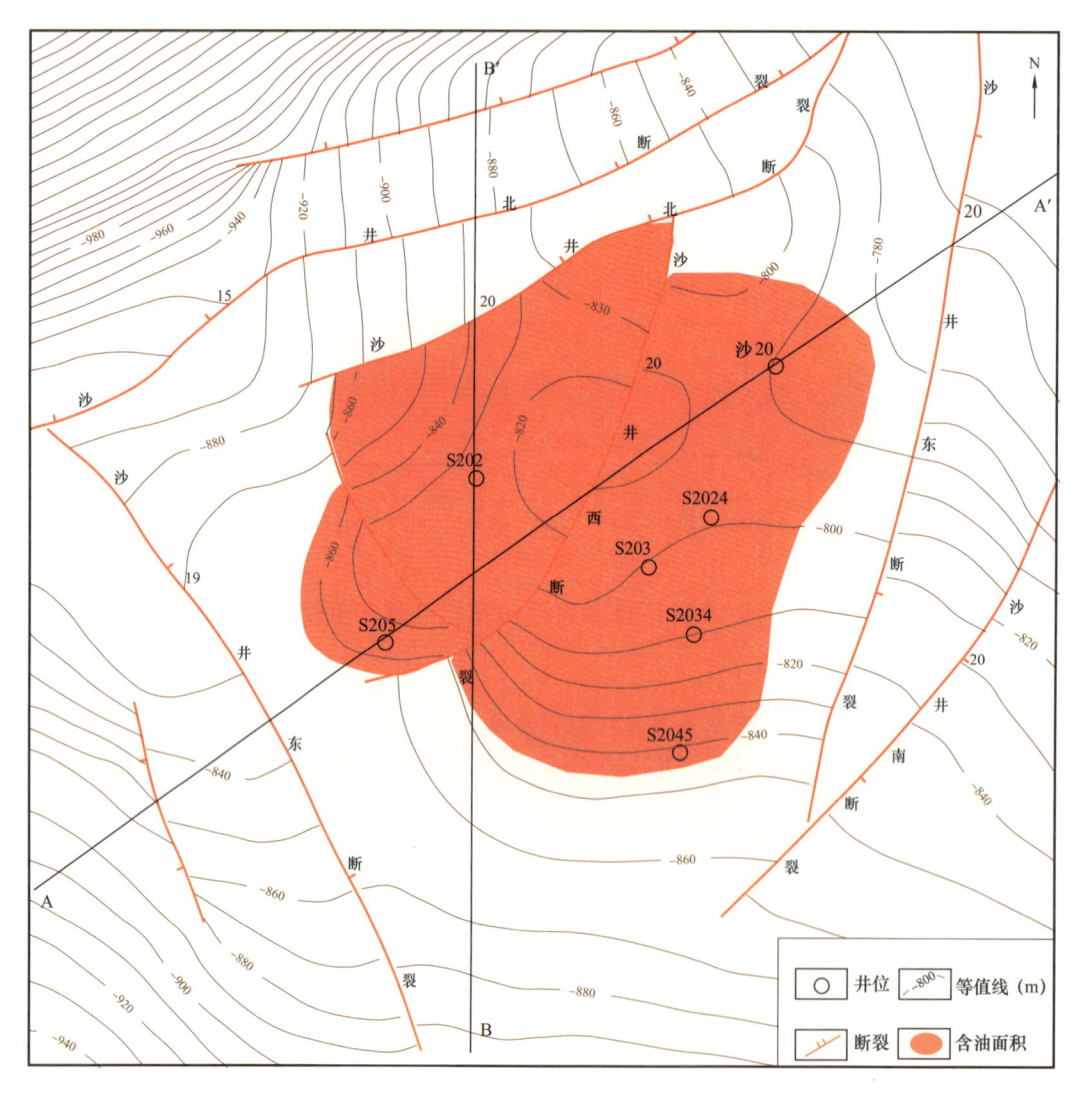

图 6-23　沙 20 井区侏罗系西山窑组一段顶面构造图

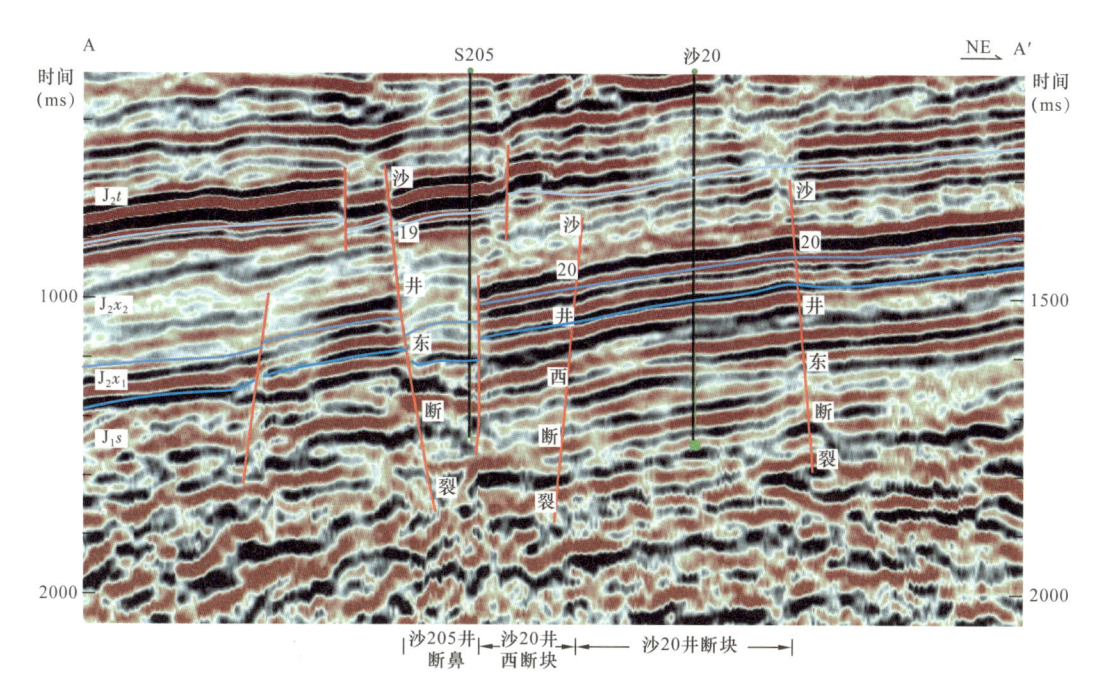

● 图 6-24　过沙 205 井—沙 20 井地震地质解释剖面

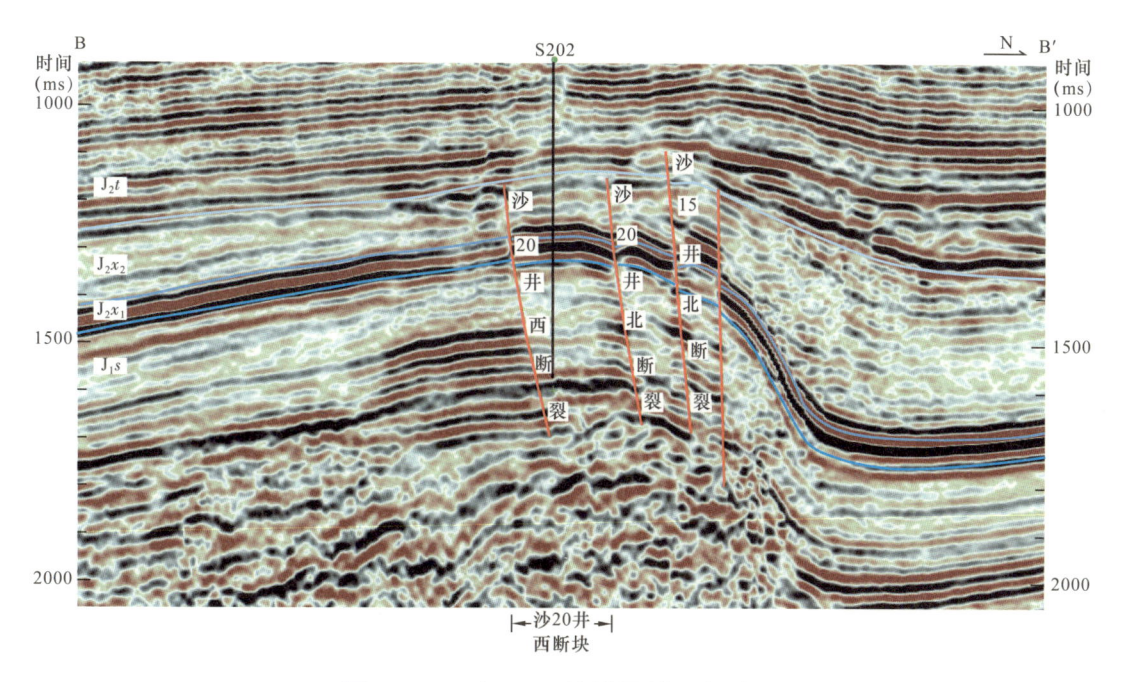

● 图 6-25　过 S202 井地震地质解释剖面

图注　沙 20 井西断块位于沙南断块区近东西向延伸的轴部，是受沙 20 井北断裂、沙 20 井西断裂和沙 202 井西断裂所控制的断块构造圈闭，面积 0.89km²，闭合度 70m，高点埋深 1422m；沙 20 井断块受沙 20 井北断裂、沙 20 井西断裂和沙 20 井东断裂所控制的断块构造圈闭，圈闭面积 2.86km²，闭合度 90m，高点埋深 1392m；沙 205 井断鼻受沙 202 井西断裂控制，面积 0.22 km²，闭合度 14m。

表 6-6 沙 20 井区块断裂要素表

断裂名称	断层性质	断开层位	断距（m）	断层产状			
^	^	^	^	走向	倾向	倾角	延伸长度（km）
沙 20 井西断裂	正	J—K	15	NNE	W	60°～70°	2
沙 20 井北断裂	正	J—K	20	NE—SW	NW	60°～70°	3
沙 202 井西断裂	正	J—K	20	NNW	NW	60°～70°	1

表注 沙 20 井区主控断裂有三条，均为正断裂，断距在 15～20m。

（二）地层分布

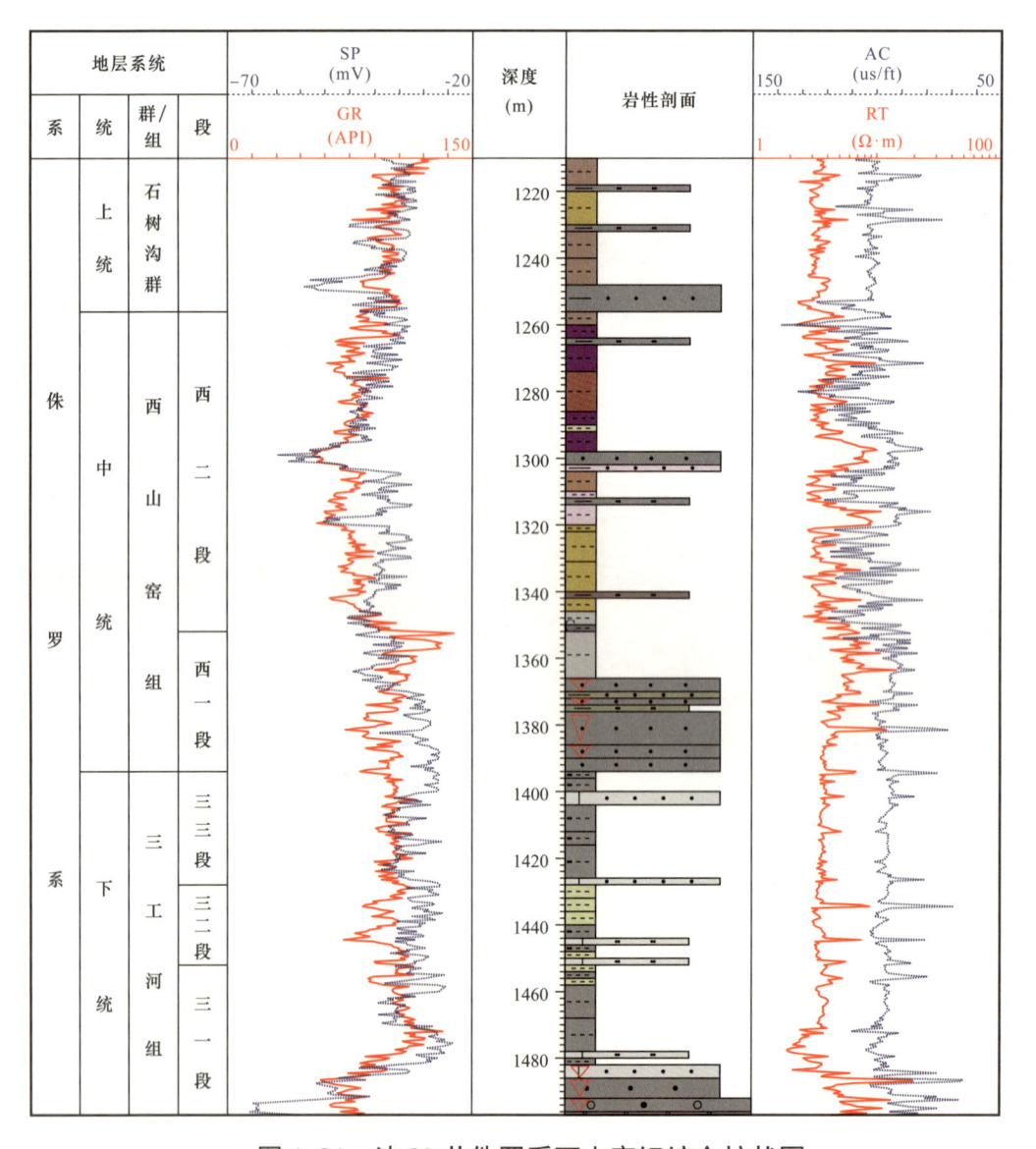

● 图 6-26 沙 20 井侏罗系西山窑组综合柱状图

表 6-7　沙 20 井区侏罗系厚度数据表

井号	完钻层位	地层厚度（m）			
		侏罗系			
		石树沟群	西山窑组		三工河组
		$J_{2-3}sh$	J_2x_2	J_2x_1	J_1s
沙 20 井	J_1b	58	98	31	113
沙 202 井	J_1s	62	97	37	32（未穿）
沙 203 井	J_1s	62	82	31	34（未穿）
沙 2024 井	J_1s	59	86	40	39（未穿）
沙 2034 井	J_1s	63	82	35	41（未穿）
沙 2045 井	J_1s	66	97	36	25（未穿）
沙 205 井	J_1b	54	116	41	115

图表注　① 钻揭的地层有侏罗系八道湾组、三工河组（J_1s，厚度 110~120m）、西山窑组（J_2x，厚度 30~45m）、石树沟群；② 目的层侏罗系西山窑组与下伏三工河组呈整合接触，与上覆石树沟群呈假整合接触。西山窑组一段（J_2x_1）为主要含油层。

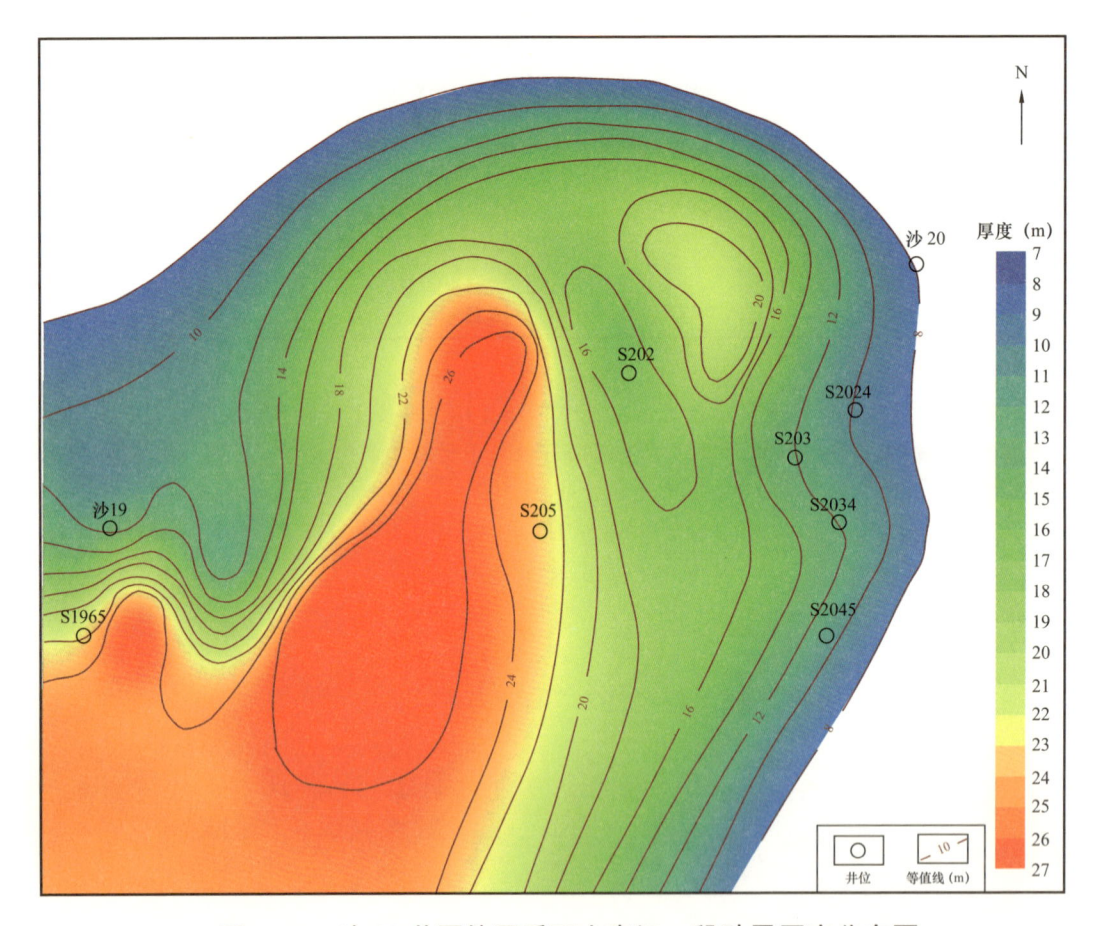

● 图 6-27 沙 20 井区侏罗系西山窑组一段砂层厚度分布图

图注 ① 沙 20 井区侏罗系西山窑组一段沉积厚度在 30~50m，砂层厚度在 8~26m，平均为 16.7m；② 砂层厚度由北向南增厚，S205 井西山窑组一段砂层厚 23m。

(三) 沉积特征

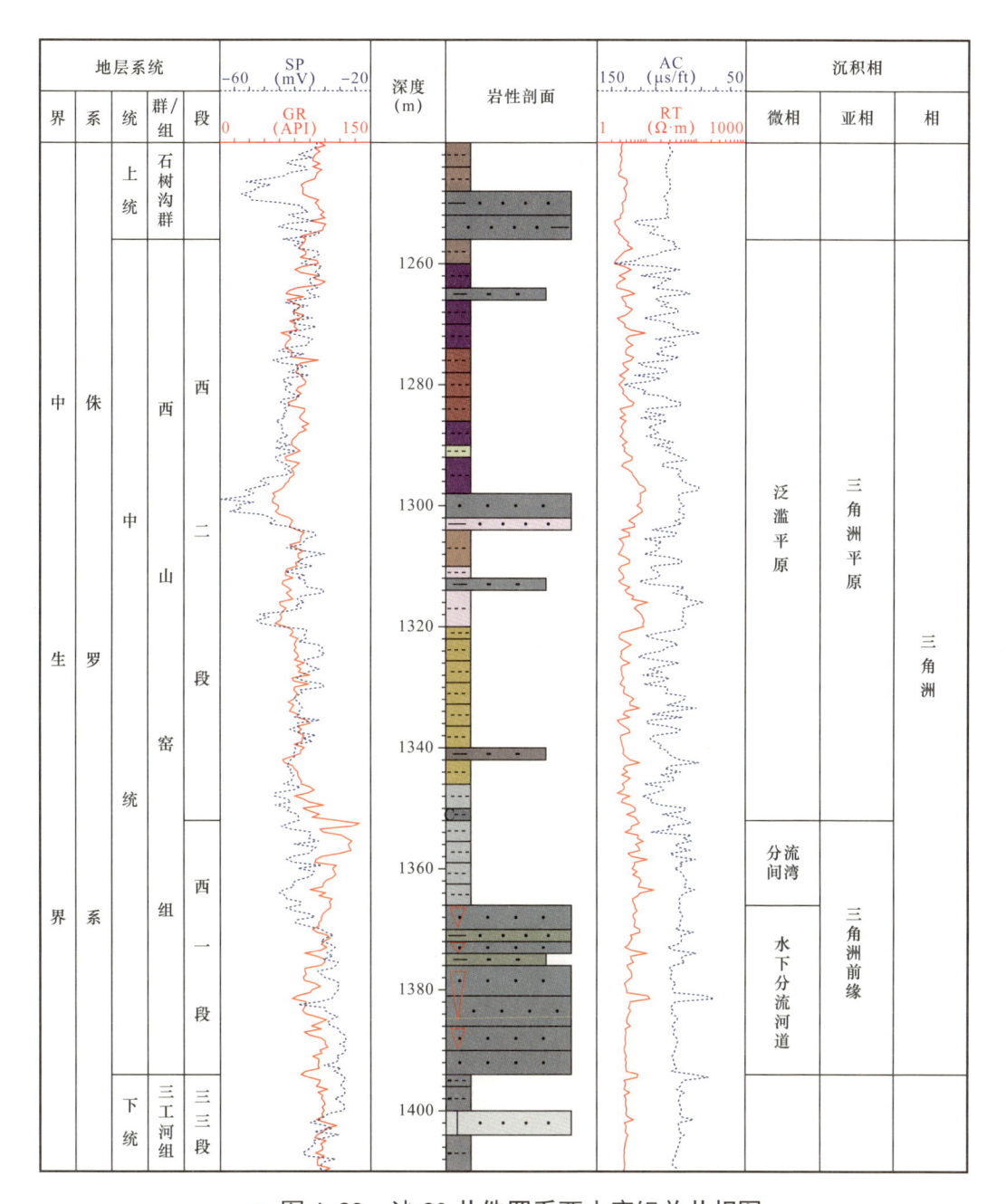

图 6-28 沙 20 井侏罗系西山窑组单井相图

图注 ① 沙 20 井区侏罗系西山窑组主要发育三角洲前缘及平原亚相；② 主力储层为水下分流河道及席状砂，电阻率曲线幅度低，$3.6 \leqslant RT < 17.1 \Omega \cdot m$，伽马曲线上表现为齿化箱形，$68.6 \leqslant GR < 111.4 API$，自然电位曲线较平直，$-39.3 \leqslant SP < -26.4 mV$。

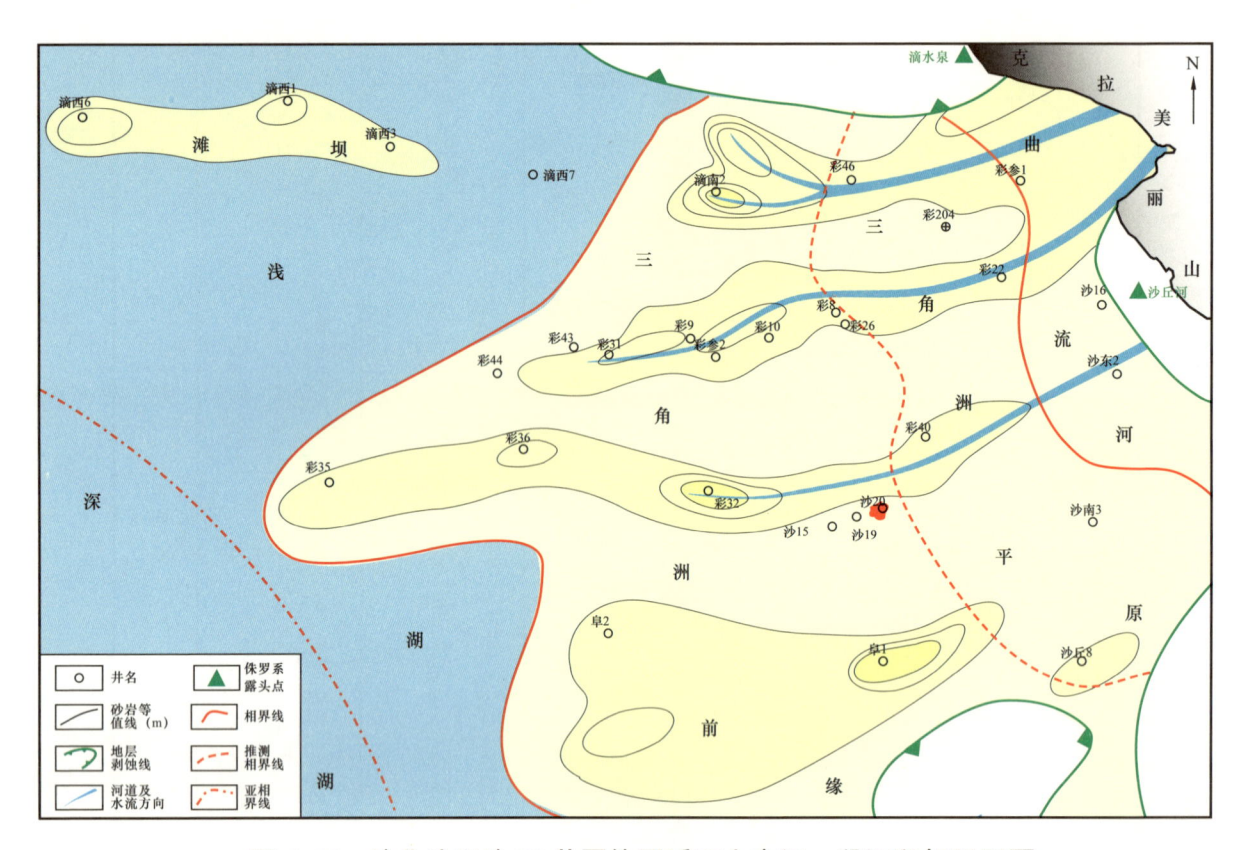

● 图 6-29 沙北油田沙 20 井区侏罗系西山窑组一段沉积相平面图

图注 ① 区域上看沙北油田侏罗系西山窑组发育三角洲沉积，物源来自东北克拉美丽山；② J_2x_1 广泛发育三角洲前缘水下分流河道及席状砂沉积。

（四）油源分析

沙20，J_2x，1375.8m，油浸细砂岩

阜13，J_1s，4117.52m，灰黑色泥岩

TIC

TIC

m/z217甾烷

m/z217甾烷

m/z191萜烷

m/z191萜烷

伽马蜡烷

伽马蜡烷

● 图 6-30　沙 20 井区侏罗系西山窑组油藏油源对比图

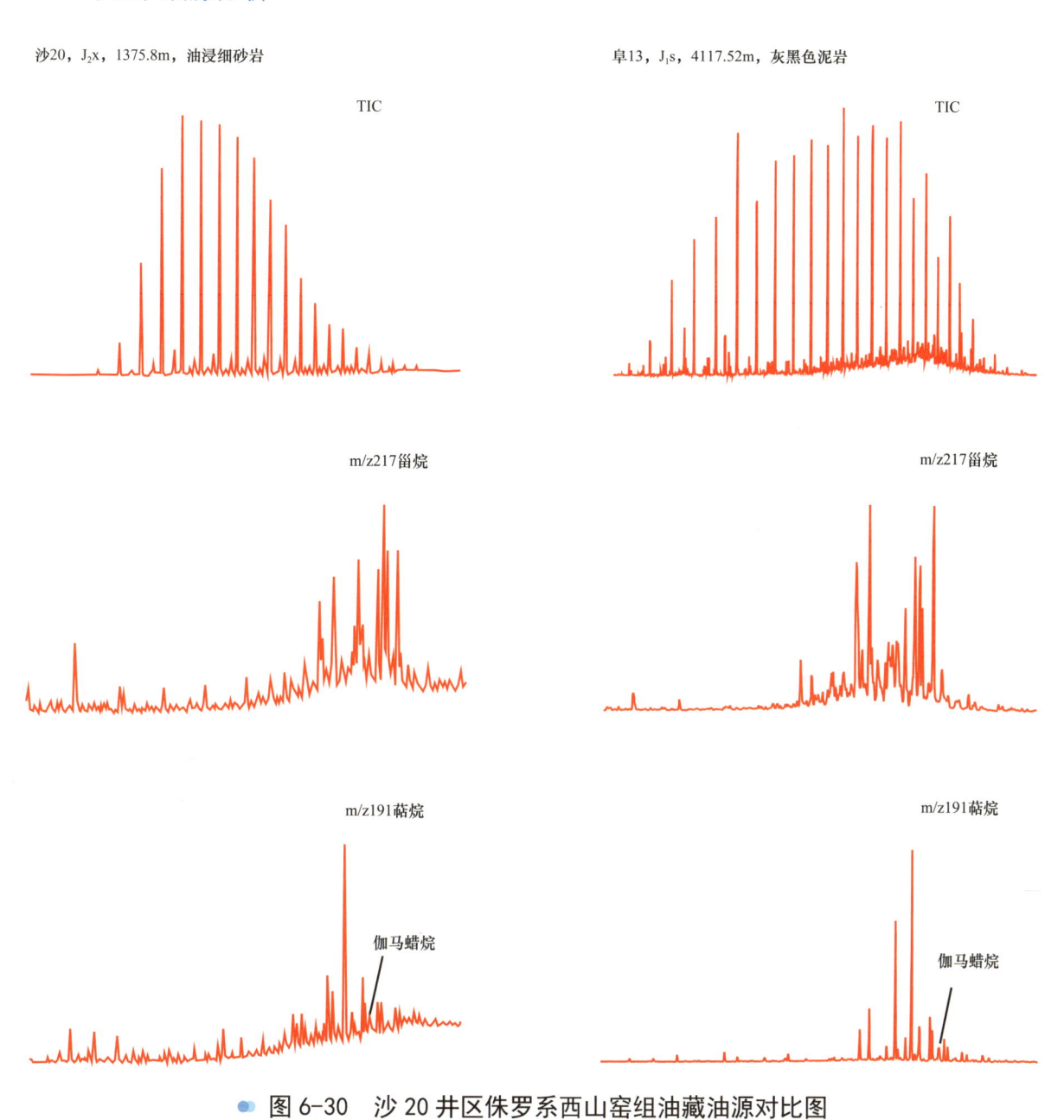

图注　① 沙北油田沙 20 井区侏罗系原油形成于淡水环境，母质类型以腐殖型为主；② 沙 20 井区侏罗系原油为成熟阶段原油；③ 烃源层和烃源区主要为阜康凹陷侏罗系烃源岩。

(五) 储层特征

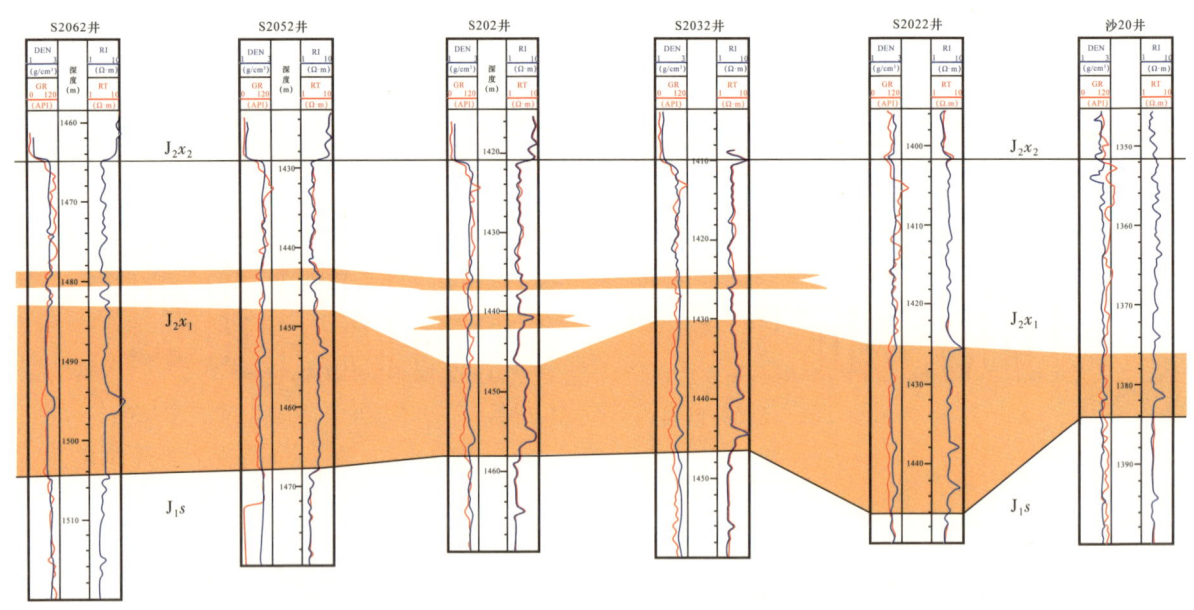

图 6-31　沙 20 井区侏罗系西山窑组砂体对比图

图注　① 沙 20 井区侏罗系西山窑组自上而下分为两个砂层组，分别为 J_2x_2、J_2x_1，其中 J_2x_1 为主力储层，沉积厚度稳定，厚度 30～50m，上部有厚约 10m 稳定分布的泥岩，中下部砂层发育，横向分布稳定。砂层厚度从西南向东北方向有减薄趋势；② 储层岩性主要为细砂岩及中砂岩。

表 6-8　沙 20 井区侏罗系西山窑组一段储层物性数据表

层位		孔隙度（%）			渗透率（mD）		
		样品数	变化范围	平均	样品数	变化范围	平均
J_2x_1	储层	175	13.3～31.6	24.8	175	0.04～264	12.656
	油层	168	18.8～31.6	25.19	168	0.241～264	12.663

表注　① 储层孔隙度分布在 13.3%～31.6%，平均为 24.8%；渗透率分布在 0.04～264mD，平均为 12.656mD；② 油层孔隙度分布在 18.8%～31.6%，平均为 25.19%；渗透率分布在 0.241～264mD，平均为 12.663mD。

第六章 沙北油田

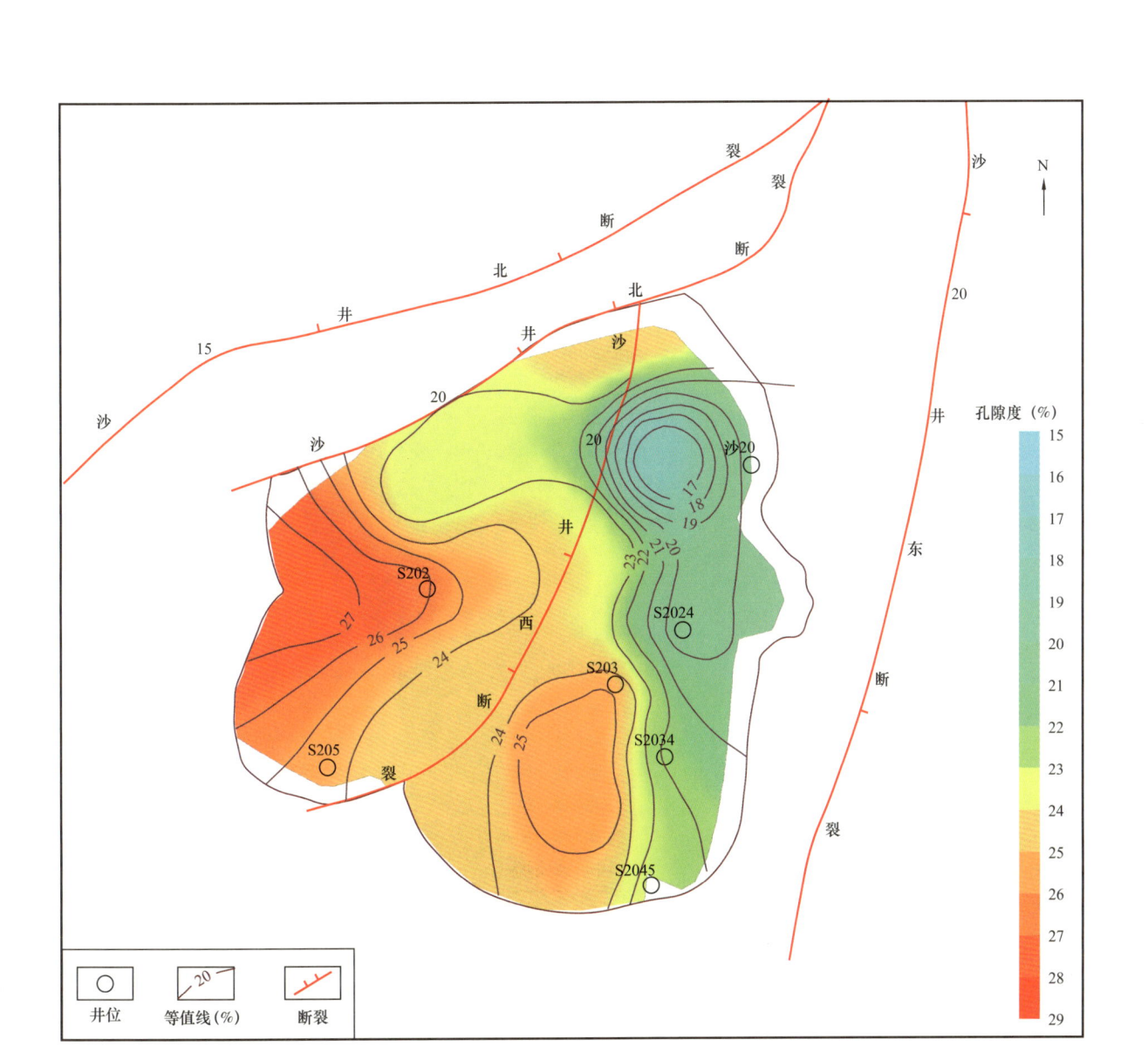

● 图 6-32 沙 20 井区侏罗系西山窑组一段油藏孔隙度分布图

图注 ① 沙 20 井侏罗系西山窑组一段孔隙度平均分布在 16%~28%，主体分布在 20%~27%；
② S202、S205、S203 井区出现孔隙度高值，物性较好。

181

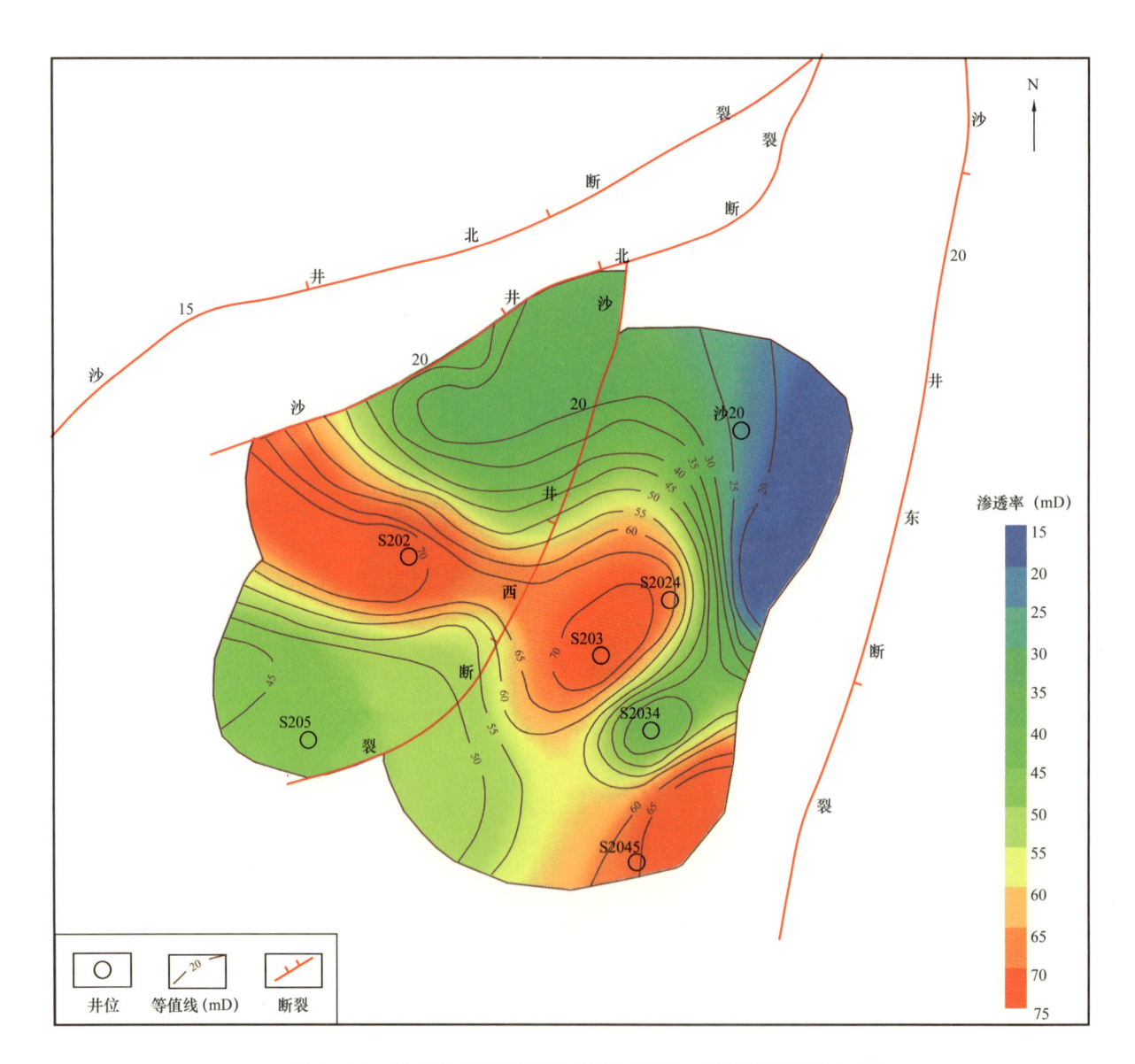

● 图 6-33 沙 20 井区侏罗系西山窑组一段渗透率分布图

图注 ① 沙 20 井侏罗系西山窑组一段储层渗透率分布在 15~75mD，主体分布在 35~70mD；② 在 S202 井区、S203 井区出现渗透率异常高值，渗流能力较强。

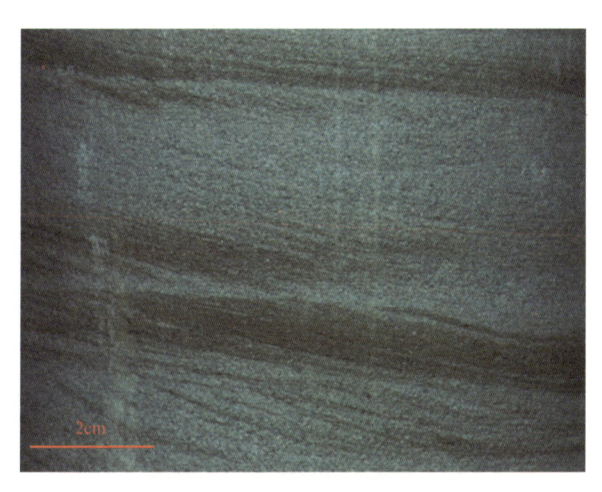

(a) 沙20井，J_2x_1，1379.55m，灰绿色细砂岩，黄褐色铁质浸染条带，交错层理

(b) 沙20井，J_2x_1，1379.85m，灰绿色细砂岩，斜层理

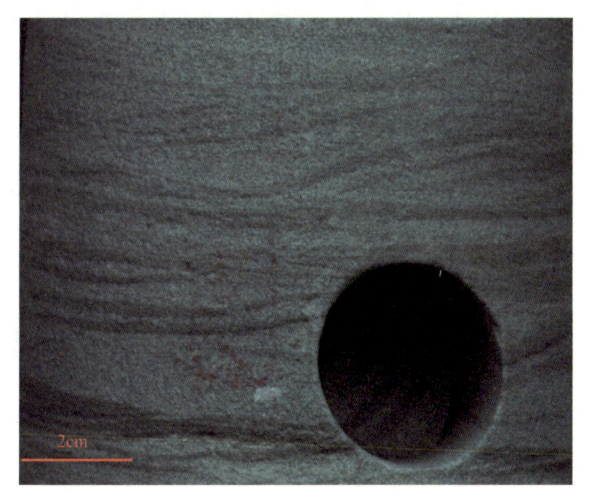

(c) 沙20井，J_2x_1，1386.12m，灰色细砂岩，交错层理

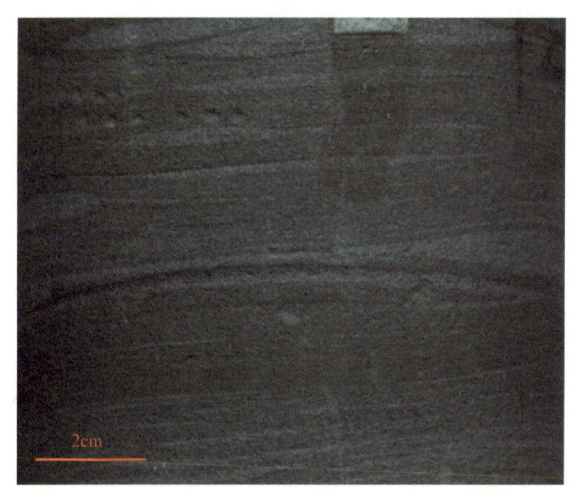

(d) 沙20井，J_2x_1，1387.28m，灰色泥质细砂岩，交错层理

● 图 6-34 沙 20 井区西山窑组岩心照片

图注 ①沙 20 井区侏罗系西山窑组一段岩石类型主要为细砂岩、中砂岩；②发育交错层理、斜层理；③沉积构造观察统计反映西山窑组为三角洲前缘沉积。

(a) 沙20井，J_2x_1，1370.62m，细砂岩，原生粒间孔、剩余粒间孔，×40（−）

(b) 沙20井，J_2x_1，1376.64m，粉细砂岩，原生粒间孔、剩余粒间孔，×100（−）

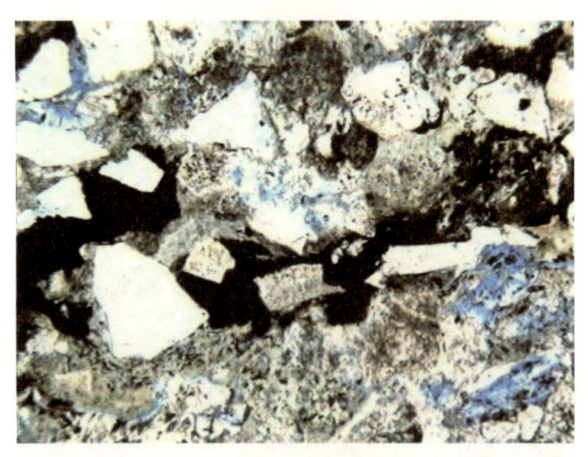

(c) 沙20井，J_2x_1，1383.73m，粉细砂岩，粒内溶孔、剩余粒间孔，×100（−）

(d) 沙20井，J_2x_1，1385.68m，细砂岩原生粒间孔、剩余粒间孔，×40（−）

图 6-35 沙 20 井区西山窑组铸体薄片照片

图注 ① 根据铸体薄片鉴定分析，储层储集空间主要有原生粒间孔、剩余粒间孔、粒内溶孔，平均含量分别为 30%、32%、29%；② 填隙物以高岭石为主，少量铁方解石；③ 胶结类型为孔隙—压嵌型，接触方式以点—凹凸式为主，颗粒分选好，磨圆度为次棱角状—次圆状。

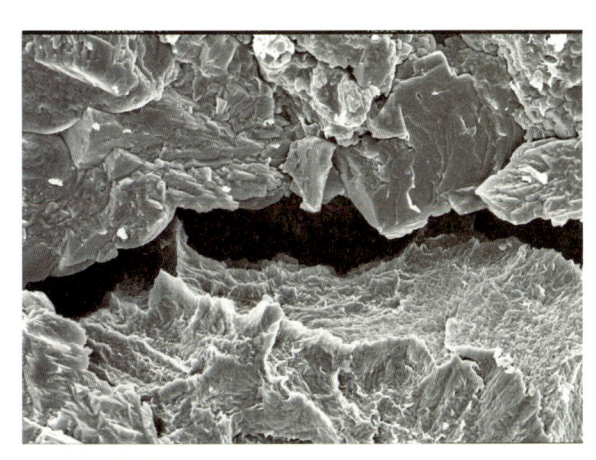

(a) 沙20井，J_2x_1，1372.76m，粒间缝与粒表伊/蒙混层

(b) 沙20井，J_2x_1，1372.76m，不规则片状绿泥石与伊/蒙混层

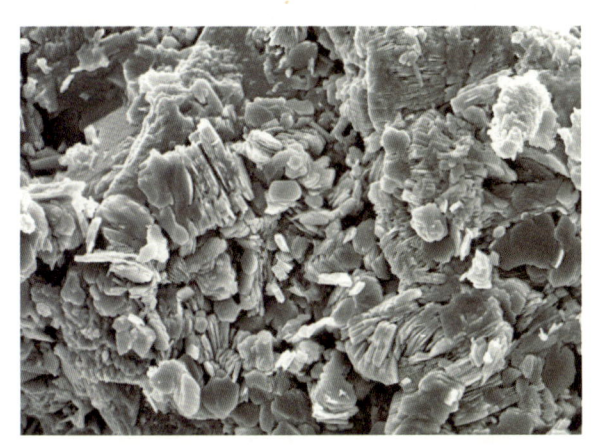

(c) 沙20井，J_2x_1，1376.64m，书页状及散片状高岭石

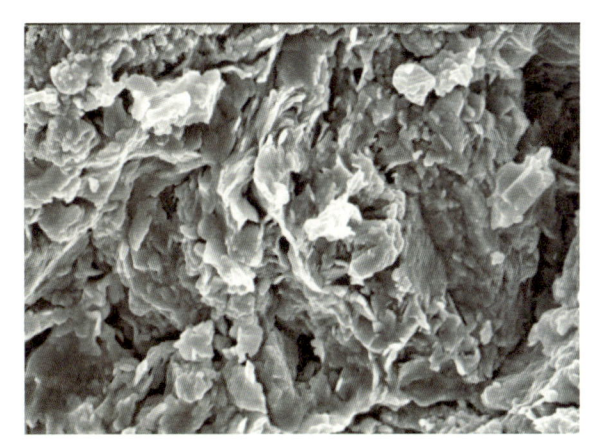

(d) 沙20井，J_2x_1，1376.64m，粒表弯曲片状伊利石

● 图6-36 沙20井区西山窑组扫描电镜图

图注 ①沙20井区侏罗系西山窑组一段泥质含量平均为3%；②黏土矿物以高岭石（59%）为主，其次为伊/蒙混层（25%）、伊利石（10%）、绿泥石（6%）；③黏土矿物形态有不规则状、散片状、蠕虫状和弯曲片状。

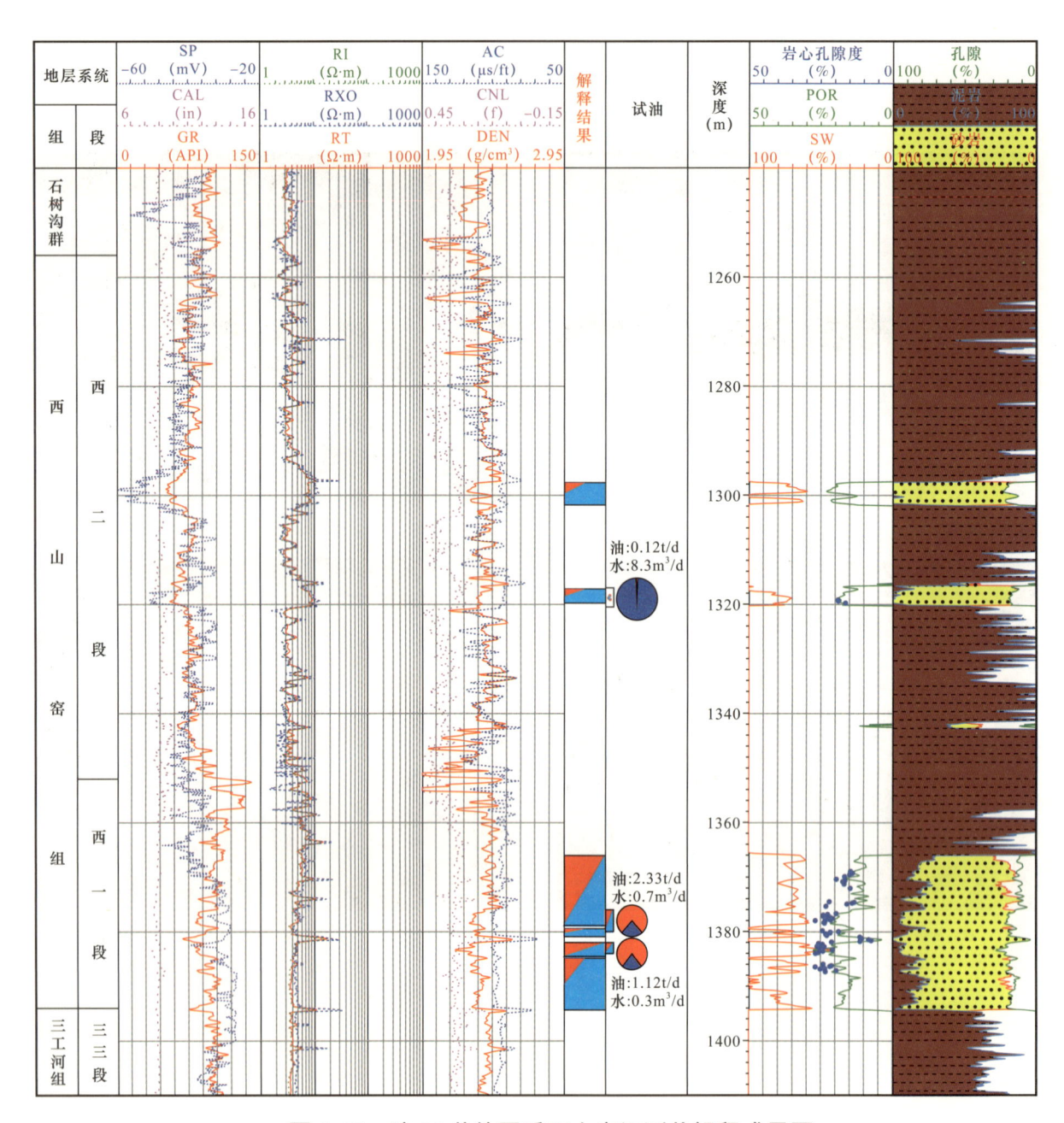

● 图 6-37　沙 20 井侏罗系西山窑组测井解释成果图

图注　① 沙 20 井西山窑组共解释油水同层 15.4m/2 层、含油水层 17.6m/4 层；② 累计试油 9.5m/3 层，获得油水同层 6m/2 层，含油水层 3.5m/1 层。

（六）油藏剖面

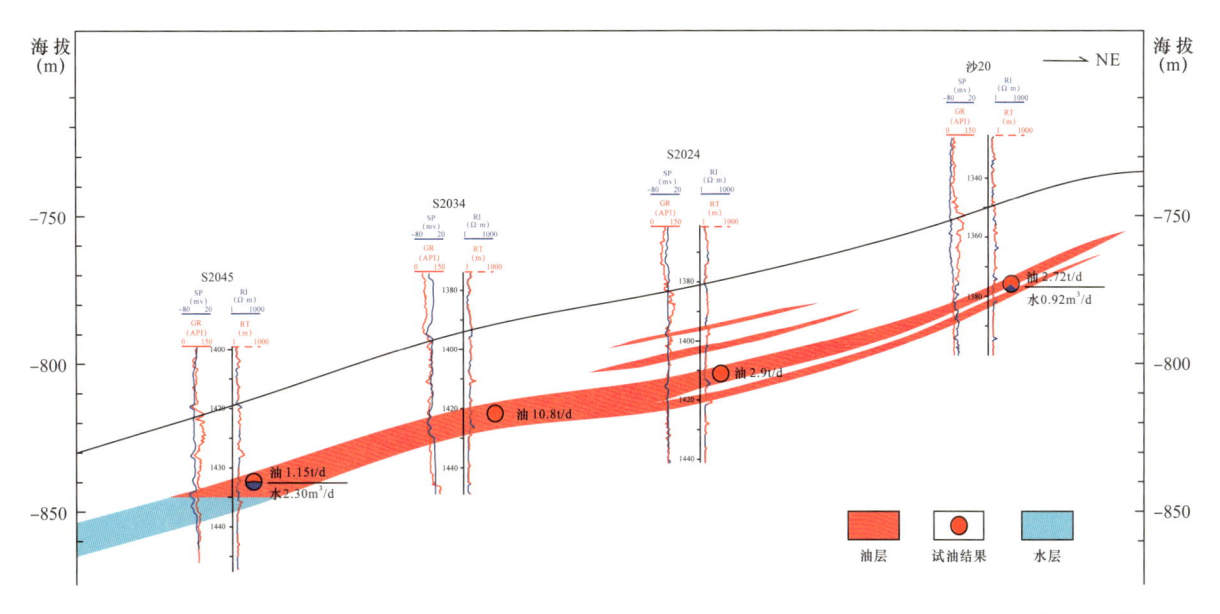

图 6-38　S20 井区过 S2045 井—SS2034 井—S2024 井——沙 20 井侏罗系西山窑组油藏剖面图

图注　① 沙 20 井区侏罗系西山窑组油藏平面上由断层分割为三个井区——沙 202 井区、沙 203 井区和沙 205 井区，油藏控制因素不同，具有不同的油水界面；② 沙 202 井区为受断裂控制的断块构造油藏，油藏高度 70m，中部埋深海拔 -835m；沙 203 井区为受构造和岩性控制的构造—岩性油藏，油藏高度 75m，中部埋深海拔 -807m；沙 205 井区为受断裂控制的断鼻构造油藏，油藏高度 14m，中部埋深海拔 -857m；③ 沙 202 井区油层平均有效厚度 10.7m；沙 203 井区油层平均有效厚度 4.2m；沙 205 井区油层平均有效厚度 4.5m。

（七）流体性质

表 6-9　沙 20 井区侏罗系西山窑组油藏地面原油性质参数表

层位	密度（g/cm³）	50℃黏度（mPa·s）	含蜡量（%）	凝固点（℃）
J_2x_1	0.802	1.76	8.7	11

表注　沙 20 井区油藏原油密度在 0.7964～0.8217g/cm³，平均为 0.802g/cm³；50℃黏度为 1.66～2.46mPa·s，平均为 1.76mPa·s；含蜡量变化范围在 5.98%～12.71%，平均为 8.7%；凝固点为 2～18℃，平均为 11℃。

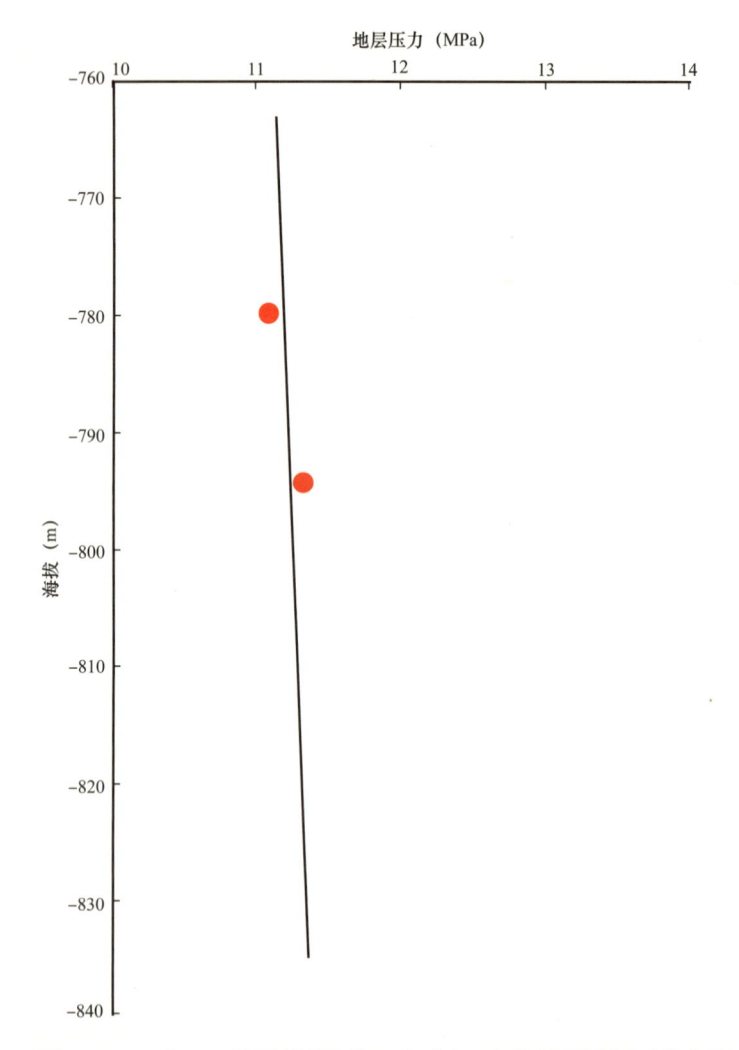

● 图 6-39　沙 20 井区侏罗系西山窑组油藏地层压力梯度图

图注　根据沙 20 井区 5 口井 5 个压力点资料，确定沙 20 井区地层中部压力为 11.11~11.33MPa，地层压力系数为 0.8。

二、开发特征

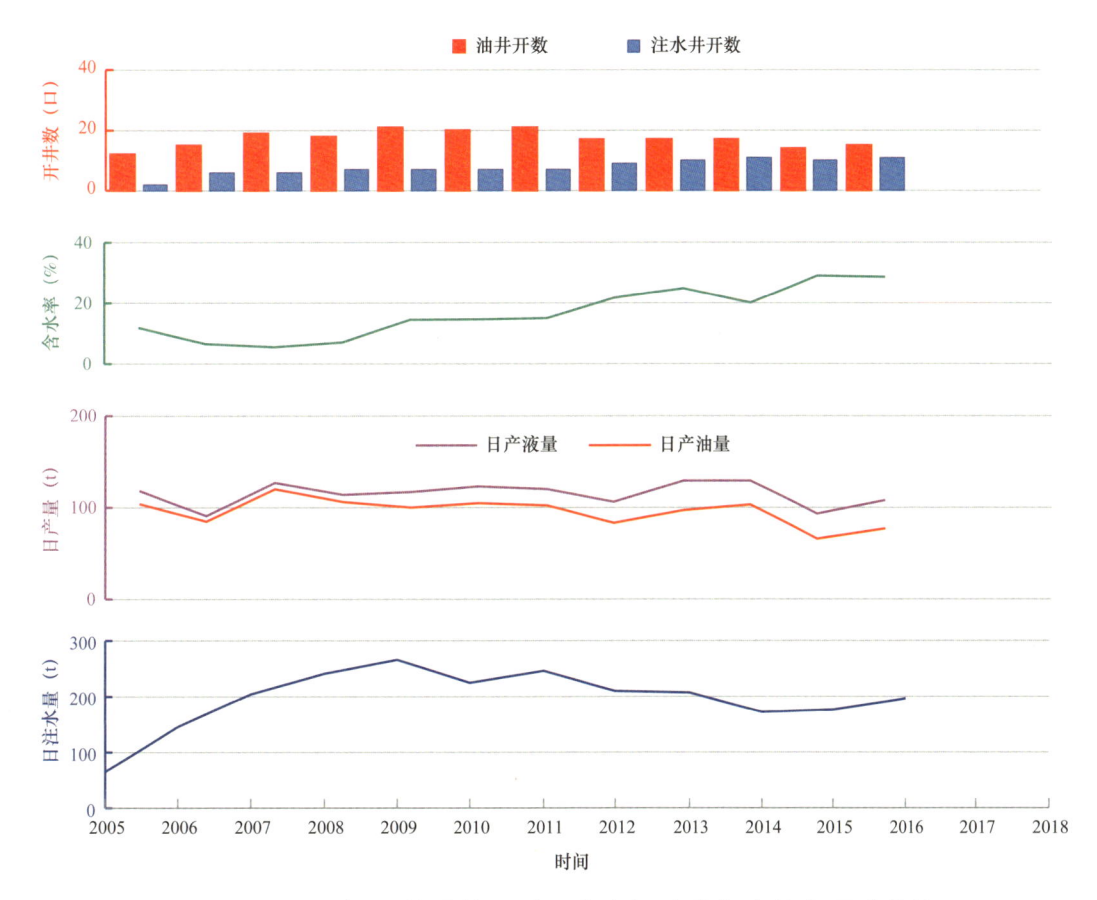

图 6-40　沙 20 井区侏罗系西山窑组油藏年度综合开发曲线

图注　沙 20 井区侏罗系西山窑组油藏累计生产原油 $39.8×10^4$t，平均年产油 $3.62×10^4$t，2008 年达高峰产油量 $4.0×10^4$t，采出程度 22.73%，综合含水 28.7%，因位于自然保护区内，已于 2017 年关停。

参 考 文 献

《中国油气田开发志》总编纂委员会.2011.中国油气田开发志·新疆油气区油（气）田卷（下卷）[M].北京：石油工业出版社.

曹剑，胡文瑄，姚素平，等.2007.准噶尔盆地油气运移基本方式与机理探讨[J].地学前缘，14（4）：143-150.

曹剑，胡文瑄，张义杰，等.2006.准噶尔盆地油气沿不整合运移的主控因素分析[J].沉积学报，24（3）：399-406.

陈建平，邓春萍，梁狄刚，等.2004.叠合盆地多烃源层混源油定量判析——以准噶尔盆地东部彩南油田为例[J].地质学报，78（2）：279-288.

陈建平，梁狄刚，王绪龙，等.2003.彩南油田多源混合原油的油源（三）——油源的地质、地球化学分析[J].石油勘探与开发，30（6）：41-44.

陈建平，梁狄刚，王绪龙，等.2003.彩南油田多源混合原油的油源（二）——原油地球化学特征、分类与典型原油油源[J].石油勘探与开发，30（5）：34-38.

陈建平，梁狄刚，王绪龙，等.2003.彩南油田多源混合原油的油源（一）——烃源岩基本地球化学特征与生物标志物特征[J].石油勘探与开发，30（4）：20-24.

陈建平，王绪龙，邓春萍，等.2016.准噶尔盆地油气源，油气分布与油气系统[J].地质学报，90（3）：421-450.

陈世加，黄海，邹贤利，等.2016.储层物性对多期原油成藏的控制作用研究——以准东火烧山地区二叠系平地泉组为例[J].天然气地球科学，27（11）：1953-1961.

程亮，王振奇，陈勇.2015.准噶尔盆地白家海凸起侏罗系油气成藏模式与勘探方向[J].科学技术与工程，15（25）：115-119.

范厚江.2014.准噶尔盆地滴水泉地区油气地球化学特征分析[D].成都：成都理工大学.

高鹏，李杨阳.2017.火烧山油田H_4^2精细地层划分与对比[J].中国锰业，35（6）：77-79.

郭红.2010.准噶尔盆地沙北油藏精细描述及变差函数的应用[D].北京：中国地质大学.

何登发，陈新发，况军，等.2010.准噶尔盆地石炭系烃源岩分布与含油气系统[J].石油勘探与开发，37（4）：397-408.

何俊波，陈世加，吴炳燕，等.2018.准噶尔盆地沙南油田原油来源分析[J].西安石油大学学报（自然科学版），33（1）：15-20.

胡平，石新璞，解宏伟.2002.准东白家海—五彩湾地区成藏动力学系统[J].新疆石油地质，23（4）：302-305+266.

胡平，石新璞，徐怀保，等.2004.白家海—五彩湾地区天然气成藏特征[J].新疆石油地质，25（1）：29-32.

解宏伟，田世澄，胡平.2008.准噶尔盆地东部石炭系火山岩成藏条件[J].特种油气藏，3：29-32+107.

靳军，刘洛夫，余兴云，等.2008.陆东—五彩湾地区石炭系火山岩气藏勘探进展[J].天然气工业，

28（5）：21-23+137-138.

赖世新，韩晓黎，屈伟，等.2009.准噶尔盆地三南—滴水泉凹陷及其周缘石炭系勘探前景［J］.新疆石油地质，30（3）：297-299.

雷德文，斯春松，徐洋，等.2015.准噶尔盆地侏罗—白垩系储层成因和评价预测［M］.北京：石油工业出版社.

李钢.2014.沙北油田西山窑组油藏工程调整方案研究［D］.青岛：中国石油大学（华东）.

李建萍.2006.火烧山油田地质及开采特征［D］.成都：西南石油大学.

李剑，姜正龙，罗霞，等.2009.准噶尔盆地煤系烃源岩及煤成气地球化学特征［J］.石油勘探与开发，36（3）：365-374.

李立诚.2012.准噶尔盆地油气勘探的哲学思考［M］.北京：石油工业出版社.

李文.2014.准噶尔盆地五彩湾凹陷二叠系平地泉组沉积演化与有利储层预测［D］.北京：中国地质大学.

李溪滨，姜建衡.1987.准噶尔盆地东部石油地质概况及油气分布的控制因素［J］.石油与天然气地质，8（1）：99-107.

李溪滨.1991.准噶尔盆地东部地区勘探回顾与建议［J］.新疆石油地质，12（1）：1-4.

李兴训，欧亚平，沈楠，等.2005.彩南油田石树沟群油气成藏规律［J］.新疆石油地质，26（2）：142-144.

李亚婷，任江龙.2014.火烧山油田H1储层沉积微相研究［J］.延安大学学报（自然科学版），33（3）：102-104.

刘男卿，德勒哈提，帕尔哈提，等.2016.火烧山油田二叠系将军庙—平地泉组沉积相分析［J］.西部探矿工程，28（10）：82-84.

刘铁成.2011.火烧山油田渗流特征分布及变化规律及其影响因素研究［D］.成都：西南石油大学.

刘文波.2009.准东火烧山油田火南、火8油藏精细描述［D］.北京：中国地质大学.

柳双权，曹元婷，赵光亮，等.2014.准噶尔盆地陆东—五彩湾地区石炭系火山岩油气藏成藏影响因素研究［J］.岩性油气藏，26（5）：23-29.

吕焕通，夏惠平，陈中红，等.2013.准噶尔盆地石炭系的划分、对比及分布［J］.地层学杂志，37（3）：353-360.

毛治国，邹才能，朱如凯，等.2010.准噶尔盆地石炭纪火山岩岩石地球化学特征及其构造环境意义［J］.岩石学报，26（1）：207-216.

苗建宇，周立发，张宏福，等.2004.新疆北部中二叠统烃源岩地球化学特征与沉积环境［J］.地质学报，33（6）：551-558.

彭希龄，朱伯生，吴庆福，等.1984.火烧山油田的发现与准噶尔盆地东部地区含油前景的展望［J］.新疆石油地质，3：16-26.

尚为新.2018.沙北油田沙20井区块油藏评价研究［D］.成都：西南科技大学.

石冰清，黄建华，张方圆.2012.新疆准噶尔盆地东北缘石炭系滴水泉组烃源岩评价［J］.科学技术与工程，12（23）：5718-5722+5727.

孙致学.2008.裂缝性油藏中高含水期开发技术研究［D］.成都：成都理工大学.

王建新.2011.准东滴水泉油田八道湾组退积型冲积扇沉积微相识别［J］.新疆石油地质，32（5）：

489-491.

王濮，刘志峰，李慧莉，等.2008.准噶尔盆地滴南凸起侏罗系层序地层学研究［J］.石油天然气学报，30（3）：50-56.

王淑芳，邹才能，侯连华，等.2013.噶尔盆地东部石炭系火山岩气藏石油地质特征及有利勘探方向分析［J］.地学前缘，20（2）：226-236.

王伟锋，张仲达.2019.准噶尔盆地五彩湾地区石炭系烃源岩演化及油气成藏过程［J］.天然气地球科学，30（4）：447-455.

王绪龙，唐勇，陈中红，等.2013.新疆北部石炭纪岩相古地理［J］.沉积学报，31（4）：571-579.

王绪龙，赵孟军，向宝力，等.2010.准噶尔盆地陆东—五彩湾地区石炭系烃源岩［J］.石油勘探与开发，37（5）：523-530.

王绪龙，支东明，王屿涛，等.2013.准噶尔盆地烃源岩与油气地球化学［M］.北京：石油工业出版.

王屿涛，兰文芳.1994.彩南油田油气成因及勘探方向［J］.新疆石油地质，15（1）：30-36.

王哲，金振奎，刘学功，等.2013.准噶尔盆地东部滴水泉地区侏罗系八道湾组沉积特征与沉积演化模式［J］.天然气地球科学，24（2）：282-291.

王志章，韩海英，刘月田，等.2010.复杂裂缝性油藏分阶段数值模拟及剩余油分布预测——以火烧山油田H4-1层为例［J］.新疆石油地质，31（6）：604-606.

吴小奇，刘德良，李振生.2012.准噶尔盆地陆东—五彩湾地区火山岩中天然气富集的主控因素［J］.高校地质学报，18（2）：318-327.

吴晓智，赵永德，李策.1996.准噶尔东北缘前陆盆地构造演化与油气关系［J］.新疆地质，14（4）：297-305.

向宝力，王绪龙，赵孟军，等.2010.准噶尔盆地陆东—五彩湾地区石炭系源岩演化及成藏时序［J］.石油与天然气地质，31（3）：347-352.

徐丽强，李胜利，于兴河，等.2016.辫状河三角洲前缘储层隔夹层表征及剩余油预测——以彩南油田彩9井区三工河组为例［J］.东北石油大学学报，40（4）：10-18+53.

徐丽强，李胜利，于兴河，等.2016.辫状河三角洲前缘储层构型分析——以彩南油田彩9井区三工河组为例［J］.油气地质与采收率，23（5）：50-57+82.

徐兴友.2005.准噶尔盆地东部克拉美丽地区石炭系烃源岩研究［J］.油气地质与采收率，12（1）：38-41+84.

徐勋诚.2012.沙北油田侏罗系西山窑组西一段油藏精细描述研究［D］.荆州：长江大学.

杨迪生，陈世加，李林，等.2012.克拉美丽气田油气成因及成藏特征［J］.天然气工业，32（2）：27-31+113.

杨飞，章学刚，庞秋维，等.2012.白家海凸起油气成藏主控因素分析［J］.重庆科技学院学报自然科学版，14（3）：34-36.

杨辉，文百红，张研，等.2009.准噶尔盆地火山岩油气藏分布规律及区带目标优选——以陆东—五彩湾地区为例［J］.石油勘探与开发，36（4）：419-427.

余淳梅，郑建平，唐勇，等.2004.准噶尔盆地五彩湾凹陷基底火山岩储集性能及影响因素［J］.地球科学，29（3）：303-308.

岳静 .2010. 准噶尔盆地五彩湾凹陷上石炭统沉积相研究［D］. 北京：中国地质大学 .

岳新建 .2003. 彩南油田彩 9 井区西山窑组低渗透砂岩油藏稳油控水地质油藏工程研究［D］. 成都：西南石油学院 .

张焕旭 .2014. 准噶尔盆地东道海子凹陷北环带重点构造油气来源及成藏研究［D］. 成都：西南石油大学 .

张生银，任本兵，姜懿洋，等 .2015. 准噶尔盆地东部石炭系天然气地球化学特征及成因［J］. 天然气地球科学，26（增刊 2）：148-157.

张义杰，况军，王绪龙，等 .2003. 准噶尔盆地油气勘探新进展［M］. 乌鲁木齐：新疆科学技术出版社 .

张义杰 .2003. 准噶尔盆地断裂控油的流体地球化学证据［J］. 新疆石油地质 24（2）：100-106.

赵宁，石强 .2012. 裂缝孔隙型火山岩储层特征及物性主控因素——以准噶尔盆地陆东—五彩湾地区石炭系火山岩为例［J］. 天然气工业，32（10）：14-23+108-109.

赵霞，贾承造，张光亚，等 .2008. 准噶尔盆地陆东—五彩湾地区石炭系中、基性火山岩地球化学及其形成环境［J］. 地学前缘，15（2）：272-279.